Fisica matematica discreta

Springer

Milano
Berlin
Heidelberg
New York
Hong Kong
London
Paris
Tokyo

S. Graffi, M. Degli Esposti

Fisica matematica discreta

Sandro Graffi
Dipartimento di Matematica
Università di Bologna, Bologna

Mirko Degli Esposti
Dipartimento di Matematica
Università di Bologna, Bologna

In copertina:
I numeri innamorati, di Giacomo Balla (1925)

Springer-Verlag Italia
una società del gruppo BertelsmannSpringer Science+Business Media GmbH

http://www.springer.it

ISBN 88-470-0212-5

Riprodotto da copia camera-ready fornita dagli autori
Progetto grafico della copertina: Simona Colombo, Milano
Stampato in Italia: Signum Srl, Bollate (Milano)

SPIN: 10947081

Introduzione

Nell'anno accademico 2000/2001 hanno avuto inizio i corsi previsti dal nuovo ordinamento degli studi universitari, noto a tutti come "3+2". Le caratteristiche fondamentali del nuovo ordinamento sono queste: si comincia con un ciclo di istruzione triennale che permette di conseguire un titolo di studio, Laurea breve; il laureato che ne è in possesso può poi proseguire gli studi per un ulteriore ciclo biennale al termini del quale consegue la cosiddetta Laurea specialistica. Il risultato principale atteso dai promotori del riordino è la diminuzione del fenomeno dell'abbandono degli studi prima del conseguimento della laurea; a questo scopo si vuole che già la laurea breve dia agli studenti una preparazione adeguata all'immissione nel mondo del lavoro. Ne consegue che il riordino necessariamente comporta una ristrutturazione profonda dei contenuti dei tradizionali corsi di laurea quadriennali o quinquennali. Le scorciatoie tipo compressione in tre anni di quanto si faceva in quattro, oppure cancellazione pura e semplice dell'ultimo anno, comprensibili data la fretta dimostrata dal governo nel portare a termine una simile rivoluzione, avranno a nostro parere vita breve.

La ristrutturazione si presenta particolarmente delicata nei corsi di Laurea scientifici "duri" (Matematica, Fisica, Ingegneria) perché essa porta con sé lo smantellamento del glorioso biennio, pilastro e vanto della formazione nelle scienze esatte nel nostro paese. I tradizionali corsi annuali di Analisi Matematica, Geometria ecc. vengono progressivamente sostituiti da vari "moduli" semestrali strutturati in modo non dissimile dai corsi di "Calculus" o "Linear Algebra" professati nelle Università americane. Un simile alleggerimento aggrava ulteriormente la difficoltà di toccare nell'insegnamento prelaurea almeno alcuni degli sviluppi recenti della matematica.

L'Università di Bologna ha ritenuto pertanto di introdurre qualche variazione di rilievo rispetto al passato nel pianificare il nuovo ciclo triennale per la laurea in Matematica: l'insegnamento della Fisica (termodinamica, elettromagnetismo, ottica) viene posposto al secondo e al terzo anno, quando gli studenti dovrebbero essere già in possesso delle nozioni matematiche adeguate; l'insegnamento della Meccanica propriamente detta viene poi affidato ai corsi di Fisica matematica anch'essi nel secondo e nel terzo anno. La maggiore novità è forse proprio l'istituzione di un corso di Fisica matematica I, dedicato alla Fisica matematica discreta. Esso ha uno scopo dichiaratamente ambizioso: familiarizzare gli studenti con aspetti anche abbastanza moderni della teoria dei sistemi dinamici facendo quasi del tutto a meno dell'apparato matematico di analisi, algebra e geometria che viene sviluppato nei corsi paralleli omonimi. L'uso della simulazione numerica al calcolatore, sempre più importante nello studio dei sistemi dinamici, costituisce parte integrante di questo processo di familiarizzazione. Oltre ad abituare fin da subito gli studenti a mettere le mani sul calcolo scientifico, si spera che la presentazione di questi argomenti possa contribuire a due ulteriori processi formativi di sicuro valore: da una parte, vedere nascere in modo spontaneo concetti matematici profondi e sottili (ad esempio, gli insiemi di Cantor) e osservarli all'opera nel concreto; dall'altra, abituarsi fin da subito, anche se in casi semplicissimi, a lavorare con la matematica per analizzare quantitativamente le scienze della natura.

Ringraziamo calorosamente Pierluigi Contucci, Alessandro Gambini, Bruno Monastero, Andrea Monti e Nadir Zanchetta, e ancora di più Michele Benzi ed Emanuela Caliceti, per avere letto accuratamente queste note, correggendo numerosissimi errori e dando consigli preziosi per il miglioramento dell'esposizione.

Bologna,
giugno 2003

Mirko Degli Esposti
Sandro Graffi

Commento sull'uso del calcolatore

Saper affiancare ad un linguaggio matematico rigoroso un uso responsabile e proficuo della sperimentazione al calcolatore costituisce, a nostro avviso, una necessità formativa impellente nelle nuove realtà universitarie e lavorative. Riteniamo inoltre che la sperimentazione matematica attraverso il calcolatore sia un esercizio assai utile per meglio comprendere ed assimilare i concetti e i metodi esposti.

In quasi tutti i capitoli del libro si offrono pertanto spunti e suggerimenti che invitano lo studente a ricreare al calcolatore alcuni dei modelli o degli esempi presentati.

A questo scopo notiamo che esistono diversi linguaggi di programmazione e, più in generale, diversi ambienti *software*[1] in grado di simulare questi e tanti altri modelli fisico-matematici. Ad esempio, tutte le visualizzazioni grafiche usate in questo libro possono essere ricreate ed esplorate attraverso innumerevoli *applet*[2] presenti in rete che non richiedono nessuna esperienza di programmazione.

In questo libro si è scelto di usare *Mathematica*© 4.1 [Wol] come strumento per l'esplorazione dei fenomeni trattati. Questo strumento è tanto potente (almeno a nostro avviso) quanto facile da apprendere. Per questo motivo abbiamo deciso di non imporre a priori una metodologia sperimentale ma di lasciare al lettore la libertà di scegliere se e come ricreare al calcolatore i modelli trattati.

Per i lettori interessati ad approfondire come *Mathematica*© possa essere usato per l'esplorazione sperimentale, è a disposizione un documento (un *notebook* nel linguaggio di *Mathematica*©) che discute e riporta la sperimentazione numerica degli argomenti trattati in questo libro.
Il documento è disponibile all'indirizzo:

www.dm.unibo.it/~desposti/fmd.html,

oppure contattando gli autori: desposti@dm.unibo.it

---

[1] Ad esempio MatLab©, Mapple©, oppure *Mathematica*©.

[2] Piccoli e specifici programmi che, tramite un qualsiasi *browser* (navigatore) di rete, eseguono e visualizzano i risultati dei più svariati algoritmi.

Indice

1 Esempi introduttivi ... 1
1.1 La formula dell'interesse composto ... 1
1.2 Ricorrenze a due termini ed incremento esponenziale ... 7
1.3 Limiti all'incremento esponenziale. La mappa logistica ... 11
1.4 Ricorrenze a tre termini: numeri di Fibonacci ... 12

2 Successioni, serie e frazioni continue ... 23
2.1 Generalità ... 23
2.2 Limite di una successione ... 25
2.3 Alcuni teoremi fondamentali sui limiti ... 31
2.4 Serie numeriche ... 34
2.5 Successioni di 0 e 1 ... 40
2.6 Frazioni continue ... 46

3 Successioni aleatorie ed elementi di probabilità ... 57
3.1 Alcuni esempi fondamentali ... 57
3.2 Frequenza, probabilità, distribuzione ... 59
3.3 Successioni di prove indipendenti ... 62
3.4 Variabili aleatorie finite ... 67
3.5 La legge debole dei grandi numeri e le fluttuazioni normali ... 73
3.6 Convergenza in media di Cesaro e legge forte dei grandi numeri 81
3.7 Alcuni problemi elementari di teoria della probabilità ... 84

4 Dinamica discreta ... 95
4.1 Generalità ... 95
4.2 Orbite, punti fissi, periodicità ... 101
4.3 Caratterizzazione dei punti fissi ... 103
4.4 Punti periodici e orbite periodiche ... 106
4.5 Punti fissi. Stabilità, instabilità, attrazione, repulsione ... 110
4.6 Il problema di Collatz ... 114

5 **Studio della mappa logistica** 117
5.1 Rappresentazione grafica delle orbite 117
5.2 L'iperbolicità dei punti periodici 120
5.3 La mappa logistica al crescere del parametro 124
5.4 L'insieme ternario di Cantor 126
5.5 La mappa logistica genera un insieme di Cantor 131
5.6 La dinamica simbolica 135
5.7 Mappe espandenti sulla circonferenza 141
5.8 Mappa logistica sull'insieme di Cantor e dinamica simbolica... 145
5.9 Dipendenza delicata dalle condizioni iniziali. Caos 148

6 **Biforcazioni e transizione al caos** 153
6.1 Esempi di biforcazioni 153
6.2 Biforcazioni: nodo-sella e raddoppio di periodo 157
6.3 Caos tramite infiniti raddoppiamenti di periodo 159

7 **Dinamica discreta bidimensionale** 173
7.1 Qualche richiamo di algebra lineare 173
7.2 Autovalori e autovettori. Iterazione di matrici 178
7.3 Dinamica discreta ed iterazione di matrici 2×2 192
7.4 Dinamica discreta ed automorfismi del toro 199
7.5 Dinamica iperbolica sul toro e caos 206
7.6 La transitività topologica e il mescolamento 212

8 **Cenni sui biliardi nel piano** 217
8.1 Il gioco del biliardo come modello matematico 217
8.2 Il biliardo circolare 220
8.3 Giocare a biliardo in un' ellisse 223
8.4 Biliardi in tavoli poligonali 227
8.5 Biliardi quadrati 227
8.6 Biliardi caotici: lo stadio di Bunimovich 232

Appendice 235
A.1 Dimostrazione del Teorema 5.1 235
A.2 Dimostrazione dei Teoremi 6.1, 6.2, 6.3 236
A.3 Dimostrazione delle proposizioni sulla derivata di Schwarz 238

Bibliografia 243

Indice Analitico 245

1

Esempi introduttivi

Cominciamo con lo studiare due esempi: la formula dell'interesse composto e i numeri di Fibonacci.

Arriveremo così al concetto di successione, poi a quello di ricorrenza a due e a tre termini e ne studieremo gli andamenti.

1.1 La formula dell'interesse composto

Si depositi in banca la somma di denaro A ad un interesse annuo costante x.

Esercizio 1.1. Supponendo di non prelevare nulla né di effettuare alcun ulteriore deposito, quale sarà l'ammontare totale del deposito a seguito degli interessi composti maturati dopo n anni?

Soluzione. Dopo un anno l'interesse maturato è xA e quindi il saldo vale $A + xA = A(1 + x)$. Dopo due anni l'interesse sarà $A(1 + x)x$ e il saldo $A(1 + x) + A(1 + x)x = A(1 + x)^2$. Dopo tre anni l'interesse sarà $A(1 + x)^2 x$ e il saldo $A(1 + x)^2 + A(1 + x)^2 x = A(1 + x)^3$. Chiaramente dopo n anni l'ammontare totale sarà $A(1 + x)^n$.

Esercizio 1.2. Se l'interesse è il 5%, in quanti anni il capitale iniziale A raddoppierà? (Si usi una calcolatrice).

Soluzione. Dopo n anni il capitale diventerà $A(1 + 0.05)^n$ e sarà il doppio di quello iniziale quando $A(1 + 0.05)^n = 2A$ cioè $(1 + 0.05)^n = 2$. Prendendo il logaritmo naturale di ambo i membri si trova $n = \dfrac{\ln 2}{\ln(1.05)}$. Ora $\ln 2 \sim 0.693$ e $\ln(1.05) \sim 0.0488$. Il simbolo $A \sim B$ significa che il valore numerico di A è circa uguale a quello di B. Non abbiamo bisogno per il momento di precisare ulteriormente questo concetto. Quindi $n \sim 14.5$. Concludendo: il capitale raddoppierà in meno di quindici anni.

Questo fenomeno si chiama spesso raddoppio del capitale *nominale*, perché non si tiene conto della perdita del potere d'acquisto della moneta. Per il capitale vero, o capitale *reale*, quello in cui si tiene invece conto di questa perdita (che provoca prima o poi la *svalutazione*, di solito rispetto a monete più solide), il discorso è diverso. Tutti noi osserviamo che anno dopo anno con una quantità fissa di denaro, ad esempio 100 euro, si comprano sempre meno cose. Questa perdita è dovuta all'inflazione, fenomeno economico sul quale non è nostro compito insistere. Ci limitiamo a ricordare che se f è il tasso di inflazione la perdita di potere d'acquisto, denotata p, è data da

$$p = 1 - \frac{1}{1+f} = \frac{f}{1+f}$$

Se ad esempio un chilo di zucchine costa un euro e dopo un anno ne costa 1.5 il tasso di inflazione sarà stato del 50%; tuttavia con un euro si compreranno 666 grammi di zucchine, e quindi la perdita di potere d'acquisto dell'euro sarà stata del $33,3\%$ circa.

Nella realtà, quindi, per calcolare l'aumento (o la diminuzione) del capitale *reale* dovremo tenere conto anche del tasso di inflazione.

Esercizio 1.3. Se il tasso di inflazione si mantiene costantemente superiore di un punto percentuale al tasso di interesse, cosa succederà al capitale iniziale A dopo averlo lasciato in banca 15 anni alle condizioni precedenti?

Soluzione. Sia x il tasso di interesse; se il tasso di inflazione si mantiene costantemente superiore di un punto percentuale al tasso di interesse, esso sarà $x + 0.01$. Pertanto, per il ragionamento precedente, dopo un anno il capitale A si sarà ridotto a $A = A(1 + x - x - 0.01) = A(1 - 0.01)$, dopo 2 anni a $A(1 - 0.01)^2$ e dopo 15 anni a $A(1 - 0.01)^{15}$. Ora $(1 - 0.01)^{15}$ vale circa 0.86. Pertanto il capitale iniziale perde più di un decimo del suo valore. Se il tasso di svalutazione si mantiene costantemente di due punti percentuali superiore al tasso di interesse, la diminuzione percentuale dopo 15 anni è $(1 - 0.02)^{15}$ che vale circa 0.674. Quindi dopo 15 anni il capitale iniziale perde circa un terzo del suo valore. Poiché non può succedere praticamente *mai* che il tasso di interesse sia superiore a quello di inflazione (altrimenti le banche sarebbero sempre in perdita), ed anzi succede spesso che gli sia molto inferiore, questo spiega il perché la gente cerchi di investire i propri risparmi in vari modi ritenuti più redditizi invece che depositarli in banca.[1]

[1] In realtà, detto r il tasso di interesse nominale, quello al netto dell'inflazione vale $d = (r - f)/(r + f)$. Tale tasso netto è molto ben approssimato dal valore $r - f$ usato nella soluzione per tassi di inflazione piccoli.

Definizione 1.1

1. *Il prodotto* $1 \cdot 2 \cdot 3 \cdots n$ *dei primi* n *numeri naturali si denota* $n!$ *(e si legge* n *fattoriale). Si ha* $1! = 1$ *e per convenzione si pone poi* $0! = 1$.
2. *Dato il numero naturale* $0 \le k \le n$*, si denota* $\binom{n}{k}$ *la frazione*

$$\binom{n}{k} := \frac{n!}{k!(n-k)!} \tag{1.1}$$

e la si chiama coefficiente binomiale.

Ad esempio:

$$\binom{n}{0} = \frac{n!}{0!(n)!} = 1; \quad \binom{n}{1} = \frac{n!}{1!(n-1)!} = n;$$

$$\binom{n}{2} = \frac{n!}{2!(n-2)!} = \frac{n(n-1)}{2};$$

$$\binom{n}{k} = \frac{n!}{k!(n-k)!} = \frac{n(n-1)\cdots(n-k+1)}{k!} = \binom{n}{n-k}$$

$$\binom{n}{n} = \frac{n!}{n!(0)!} = 1 = \binom{n}{0}$$

Osservazione 1.1.

1. I coefficienti binomiali sono tutti numeri interi positivi nonostante siano definiti dalla frazione (1.1). Essa è in realtà una frazione apparente. Infatti, poiché

$$\binom{n}{k} = \frac{n!}{k!(n-k)!} = \frac{n(n-1)\cdots(n-k+1)\cdot(n-k)\cdots 1}{(n-k)\cdots 1 \cdot k!}$$
$$= \frac{n(n-1)\cdots(n-k+1)}{k!}$$

basta far vedere che $n(n-1)\cdots(n-k+1)$ è divisibile per $k! = 1 \cdot 2 \cdots k$. Controlliamo la validità di questa affermazione. Per $k = 1$ è ovvia. Per $k = 2$, il numeratore $n(n-1)$ è sicuramente un numero pari perché prodotto di due numeri consecutivi di cui uno certamente è pari; quindi è divisibile per $2! = 2$. Se $k = 3$, il numeratore è $n(n-1)(n-2)$, che è divisibile per 2 perché lo è il suo fattore $n(n-1)$, e lo è anche per 3 perché è il prodotto di tre numeri consecutivi: uno di questi è necessariamente divisibile per tre perché fra tre numeri consecutivi c'è sempre un multiplo di 3. Quindi $n(n-1)(n-2)$ è divisibile per $1 \cdot 2 \cdot 3 = 3!$. Procedendo sempre allo stesso modo, si trova che il prodotto di k numeri consecutivi è divisibile per k. Concludendo, il prodotto dei k numeri consecutivi $n(n-1)\cdots(n-k+1)$ è divisibile per $1!2!\cdots k = k!$.

2. Si noti poi che i coefficienti binomiali non cambiano sostituendo k con $n-k$:
$$\binom{n}{n-k} = \frac{n!}{(n-k)!k!} = \binom{n}{k} : \tag{1.2}$$

Vale allora la formula detta del *binomio di Newton* [2]:

$$(x+y)^n = x^n + \binom{n}{1} x^{n-1}y + \binom{n}{2} x^{n-2}y^2 + \ldots + \binom{n}{n-1} xy^{n-1} + y^n \tag{1.3}$$

Usiamo l'abbreviazione di scrivere la somma degli $n+1$ numeri $a_0, a_1, \ldots, a_n$ tramite il simbolo $\sum$ (detto *sommatoria*), cioè:

$$\sum_{k=0}^{n} a_k := a_0 + \ldots + a_n$$

in cui l'indice in basso corrisponde al primo addendo e quello in alto all'ultimo. Allora potremo riscrivere la (1.3) nella sua forma abituale

$$(x+y)^n = \sum_{k=0}^{n} \binom{n}{k} x^k y^{n-k} \tag{1.4}$$

dove abbiamo tenuto conto del fatto che $\binom{n}{0} = \binom{n}{n} = 1$. Per $k=2$ ritroviamo la formula del quadrato del binomio $(x+y)^2 = x^2 + 2xy + y^2$, per $n=3$ quella del cubo del binomio $(x+y)^3 = x^3 + 3x^2y + 3xy^2 + y^3$, ecc. In particolare, dunque, per $y=1$:

$$(1+x)^n = \sum_{k=0}^{n} \binom{n}{k} x^k \tag{1.5}$$

Esercizio 1.4. Dimostrare la formula (1.4).

Soluzione. Dimostriamo la formula per induzione. Anzitutto ricordiamo il *Principio dell'induzione matematica* che formuleremo così:

Sia $P(n)$ un'affermazione che dipende dal numero naturale $n \in \mathbb{N}$. Sia P vera per $n=1$. Se la validità di P per $n=N$ implica la validità di $P(N+1)$ allora $P(n)$ è vera $\forall\, n \in \mathbb{N}$.

[2] La formula del binomio di Newton chiarisce perché la frazione $\binom{n}{k}$ si chiama coefficiente binomiale. Isaac Newton (Woolsthorpe 1642- Londra 1727), lo scopritore delle leggi della meccanica e della gravitazione universale, Professore a Cambridge e Direttore della Zecca di Londra. Il suo contributo più importante alla matematica pura, ottenuto contemporaneamente a Gottfried Wilhelm Leibnitz (Lipsia 1646-Hannover 1716), ed in concorrenza poco amichevole con lui, è l'invenzione del calcolo infinitesimale. Leibnitz fu matematico di statura pari a quella di Newton, e superiore a lui come filosofo.

Qui l'affermazione $P(n)$ è la validità della formula (1.4). Essa è ovviamente vera per $n = 1$. Assumendone la validità per $n = N$, dimostriamola per $n = N + 1$. In altre parole, ammettendo che sia

$$(x+y)^N = \sum_{k=0}^{N} \binom{N}{k} x^k y^{N-k}$$

dobbiamo dimostrare che si ha anche:

$$(x+y)^{N+1} = \sum_{k=0}^{N+1} \binom{N+1}{k} x^k y^{N+1-k}$$

Osserviamo anzitutto che è sufficiente dimostrare l'affermazione per $y = 1$: è sufficiente cioè dimostrare la (1.5). Infatti se quest'ultima è vera si ha, ponendo $t = \frac{x}{y}$:

$$(x+y)^n = y^n(1+t)^n = y^n \sum_{k=0}^{n} \binom{n}{k} t^k =$$

$$\sum_{k=0}^{n} \binom{n}{k} y^n \left(\frac{x}{y}\right)^k = \sum_{k=0}^{n} \binom{n}{k} x^k y^{n-k}$$

Ricaviamo anzitutto alcune proprietà dei coefficienti binomiali.

(a)

$$\binom{n}{k} = \frac{k+1}{n+1} \binom{n+1}{k+1}, \quad k = 0, \ldots, n$$

Infatti:

$$\binom{n+1}{k+1} = \frac{(n+1)!}{(k+1)!(n-k)!} = \frac{n+1}{k+1} \binom{n}{k}, \quad 0 \le k \le n$$

(b)

$$\binom{n}{k} = \frac{n+1-k}{n+1} \binom{n+1}{k}, \quad k = 0, \ldots, n$$

Infatti: $0 \le k \le n$

$$\frac{n+1-k}{n+1} \binom{n+1}{k} = \frac{n+1-k}{n+1} \frac{(n+1)!}{k!(n+1-k)!} = \frac{n!}{(n-k)!k!} = \binom{n}{k},$$

Possiamo ora fare vedere che

$$(1+x)^N = \sum_{k=0}^{N} \binom{N}{k} x^k \quad \text{implica} \quad (1+x)^{N+1} = \sum_{k=0}^{N+1} \binom{N+1}{k} x^k.$$

Si ha:

$$
\begin{aligned}
(1+x)^{N+1} &= (1+x)(1+x)^N = (1+x)\sum_{k=0}^{N}\binom{N}{k}x^k = \\
&= \sum_{k=0}^{N}\binom{N}{k}x^k + \sum_{k=0}^{N}\binom{N}{k}x^{k+1} = \\
&= \sum_{k=0}^{N}\frac{N+1-k}{N+1}\binom{N+1}{k}x^k + \sum_{k=0}^{N}\frac{k+1}{N+1}\binom{N+1}{k+1}x^{k+1} = \\
&= \sum_{k=0}^{N}\frac{N+1-k}{N+1}\binom{N+1}{k}x^k + \sum_{k=1}^{N+1}\frac{k}{N+1}\binom{N+1}{k}x^k = \\
&= \sum_{k=1}^{N}\frac{N+1}{N+1}\binom{N+1}{k}x^k + 1 + x^{N+1} = \sum_{k=0}^{N+1}\binom{N+1}{k}x^k
\end{aligned}
$$

e ciò conclude la dimostrazione.

Esercizio 1.5. Dimostrare la formula:

$$\sum_{k=0}^{n}\binom{n}{k} = 2^n, \qquad n = 0, 1, 2, \ldots$$

Esercizio 1.6. Verificare per calcolo diretto che i numeri $\binom{n}{k}$ soddisfano la relazione seguente (triangolo di Tartaglia[3]. Il triangolo di Tartaglia è noto anche come triangolo di Pascal[4]).

$$
\begin{array}{c}
1 \\
1 \quad 1 \\
1 \quad 2 \quad 1 \\
1 \quad 3 \quad 3 \quad 1 \\
1 \quad 4 \quad 6 \quad 4 \quad 1 \\
1 \quad 5 \quad 10 \quad 10 \quad 5 \quad 1 \\
\ldots\ldots\ldots\ldots\ldots\ldots\ldots
\end{array}
$$

I numeri $A(1+x)^n : n = 0, 1, 2, \ldots$ generati dalla formula dell'interesse composto sono un esempio concreto di un concetto matematico molto generale, le *successioni numeriche.*

[3] Una nota storica su Niccolò Tartaglia si trova nel capitolo successivo.

[4] Blaise Pascal (Clermont-Ferrand 1623-Parigi 1662), matematico, fisico e filosofo. Inventò la prima macchina calcolatrice meccanica per facilitare il lavoro del padre, Étienne Pascal, che gestiva l'esattoria delle tasse per la Normandia.

Definizione 1.2 *Dicesi* successione *(reale) una qualsiasi applicazione* $f : \mathbb{N} \cup \{0\}$ *in* $\mathbb{R}$*:*

$$n \mapsto f(n) = a_n.$$

Osservazione 1.2.

1. Notazioni equivalenti per la successione $n \mapsto f(n) = a_n$ sono: a_n, $a(n)$, $\{a_n\}$,$(a_n)_{n \in \mathbb{N}}$, $\{a_n\}_{n=0}^{\infty}$, $a_0, a_1, \ldots$, ecc.. Si comincia la numerazione da 0 per convenzione; sarebbe del tutto equivalente cominciarla da 1, e definire la successione come un'applicazione da $\mathbb{N}$ in $\mathbb{R}$. Nel seguito lo faremo spesso senza dirlo esplicitamente.
2. Il numero a_n si dice anche *termine generale* della successione.
3. Tutti i casi considerati in precedenza sono esempi particolari di successioni.
4. È utile tracciare, per ora anche a mano, il grafico di alcune successioni elementari nel piano cartesiano e invitiamo lo studente a studiare le seguenti:

$$(a) \quad a_n = n; \qquad (b) \quad a_n = \frac{1}{n}; \qquad (c) \quad a_n = n^2;$$
$$(d) \quad a_n = a^n, a > 1; \qquad (e) \quad a_n = a^n, a < 1; \qquad (f) \quad a_n = c, \forall n \in \mathbb{N}$$

Le successioni formeranno l'oggetto di gran lunga principale di questo corso. Cominciamo coll'esaminarne alcune classi molto significative.

1.2 Ricorrenze a due termini ed incremento esponenziale

La formula dell'interesse composto è soluzione particolare del seguente problema generale:
Trovare, per $n = 1, 2, \ldots$ *la successione dei numeri* a_n *definita induttivamente nel modo seguente:*

$$a_0 = \alpha; \qquad a_{n+1} = \lambda a_n \tag{1.6}$$

dove λ *e* α *sono fissati numeri reali.*
In generale, una successione $a_0, a_1, a_2, \ldots, a_n, \ldots$ di numeri reali si dice *definita induttivamente* o *per induzione* quando

1. Viene assegnato a_0;
2. Si definisce a_n in termini di a_{n-1}, $a_{n-2} \ldots$, e a_0.

La (1.6) è un esempio di successione definita induttivamente. La legge di induzione è che ogni termine è proporzionale al precedente con la medesima costante di proporzionalità. La relazione (1.6) si dice anche, per ragioni evidenti, *relazione di ricorrenza a due termini*, e il numero α *condizione iniziale* se si pone $a_0 = \alpha$. Induttivamente, si ottiene subito $a_1 = \lambda\alpha, a_2 = \lambda^2\alpha, \ldots$ e in generale

$$a_n = \lambda^n \alpha, \qquad n = 0, 1, 2, \ldots \tag{1.7}$$

Questa successione si chiama *progressione geometrica* di *ragione* λ.

Un altro esempio è rappresentato dalla legge di induzione seguente:

$$a_0 = \alpha; \qquad a_n = a_{n-1} + \beta$$

Si ottiene immediatamente:

$$a_n = \alpha + n\beta. \tag{1.8}$$

Questa successione si chiama *progressione aritmetica* di *ragione* β

È immediato osservare che per la progressione geometrica vale quanto segue:

$$\begin{cases} \dfrac{|a_n|}{|a_{n-1}|} = |\lambda| > 1 \text{ se } |\lambda| > 1 \\ \\ \dfrac{|a_n|}{|a_{n-1}|} = |\lambda| < 1 \quad \text{se} \quad |\lambda| < 1 \end{cases} \tag{1.9}$$

mentre

$$\begin{cases} a_n = \alpha \; \forall n \text{ se } \lambda = 1 \\ a_n = (-1)^n \alpha \; \forall n \text{ se } \lambda = -1 \end{cases} \Longrightarrow |a_n| = |\alpha| \text{ se } |\lambda| = 1 \tag{1.10}$$

In altre parole, i numeri a_n crescono o decrescono (in valore assoluto) *della medesima quantità* ad ogni passo. Questa proprietà si esprime dicendo che il *tasso di crescita*[5] *al passo* n della successione numerica a_n, definito da $\tau(n) := \dfrac{|a_{n+1}|}{|a_n|}$ è costante. Più precisamente, si parlerà di tasso di crescita se $\tau(n) > 1$, e di tasso di *decrescita* se $\tau(n) < 1$. Equivalentemente, si dice che la successione a_n soddisfa la *legge dell'incremento esponenziale* (se $|\lambda| > 1$) o del *decremento esponenziale* (se $|\lambda| < 1$).

Dunque le locuzioni di incremento (o decremento) esponenziale o *geometrico* sono sinonimi.

Osservazione 1.3.

1. È bene notare che la soluzione (1.7) della legge di ricorrenza a due termini definita induttivamente dalla (1.6) costituisce l'esempio più semplice di *evoluzione deterministica*: data la legge (1.6), la conoscenza del *dato iniziale* α determina in modo univoco tutti gli elementi a_n.
2. L'incremento esponenziale è una crescita molto "rapida". Facciamo qualche esempio numerico di confronto con crescite di altro tipo, ad esempio con la successione a_n definita dalla legge $a_n := n^p, n = 0, 1, \dots$ dove $p > 0$. Per definizione, si tratta della legge di incremento di potenza di esponente p. $a_n = n^{-p}$ definisce la legge di decremento di potenza di esponente p. Per confrontare le due crescite confrontiamo il loro tasso, cioè il rapporto

[5] In inglese: rate of increase.

fra ogni termine e quello che lo precede. Sappiamo che il tasso di crescita è costante per la legge esponenziale. Calcoliamolo per la legge di potenza. Si ha

$$\frac{|a_n|}{|a_{n-1}|} = \frac{(n+1)^p}{n^p} = \frac{n^p(1+1/n)^p}{n^p} = \left(1+\frac{1}{n}\right)^p$$

D'altra parte $(1+1/n)^p$ decresce all'aumentare di n: infatti

$$\left(1+\frac{1}{(n+1)}\right)^p < \left(1+\frac{1}{n}\right)^p \quad \text{dato che} \quad \frac{1}{(n+1)} < \frac{1}{n}.$$

Dunque il tasso di crescita *diminuisce* con n, e al crescere di n diventerà prima o poi più piccolo di qualsiasi costante $\lambda > 1$ che è il tasso di crescita esponenziale crescente. Pertanto la crescita di potenza è meno rapida di qualunque crescita esponenziale. Facendo il ragionamento analogo per il decremento si conclude che il decremento esponenziale è più veloce di quello di qualsiasi legge di potenza reciproca $\frac{1}{n^p}$, $p > 0$.

3. Supponendo per comodità $a_n > 0$ fissiamo un sistema di assi cartesiani in cui nelle ascisse riportiamo n e nelle ordinate $\ln n$. Si dice in tal caso che si sta usando una *scala logaritmica.* (Con $\ln n$, o talvolta $\log n$ indichiamo il *logaritmo naturale* del numero n, cioè il logaritmo in base e, dove e è il numero di Nepero. Comunque la scala logaritmica può essere definita mettendo in ordinata il logaritmo di n in qualsiasi base). Riportiamo ora i punti λ^n in tale scala. Se in ascissa riportiamo n, in ordinata riporteremo $n \ln \lambda$. I punti si ottengono quindi aggiungendo sempre la medesima quantità cioè $\ln \lambda$, al punto precedente. Ricordiamo ora che si dice *progressione aritmetica di ragione* α ogni successione definita induttivamente da $a_1 = \beta, a_{n+1} = a_n + \alpha$, dove $\beta \in \mathbb{R}$ è arbitrario. In tal modo si ha $a_2 = \alpha + \beta$, $a_3 = 2\alpha + \beta, \ldots, a_{n+1} = n\alpha + \beta, \ldots$. I punti della successione $a_n = \lambda^n$ si dispongono quindi in una progressione aritmetica di ragione $\ln \lambda$. In altre parole, il logaritmo trasforma progressioni geometriche in progressioni aritmetiche. La ragione sarà positiva se $\ln \lambda > 0$ cioè $\lambda > 1$, e dunque se la ragione della progressione geometrica è maggiore di 1; sarà negativa se $\ln \lambda < 0$ cioè $\lambda < 1$, e dunque se la ragione della progressione geometrica è minore di 1. Essi stanno quindi sulla retta di equazione $y = \ln \lambda x$ di coefficiente angolare $\ln \lambda$, e pertanto crescono *linearmente.* Viceversa, se in scala logaritmica vediamo che i dati si dispongono in progressione aritmetica, concluderemo che la successione cresce o decresce esponenzialmente, cioè come λ^n con $\lambda > 1$ o $0 < \lambda < 1$. In altre parole la scala logaritmica trasforma crescite esponenziali in crescite lineari, molto più facili da riconoscere a prima vista in un grafico.

Esercizio 1.7.

1. Si considerino le successioni $a_n = n! := 1 \cdot 2 \cdot 3 \cdots n$; $b_n = \lambda^n$. Si dimostri applicando il ragionamento precedente che il tasso di crescita di a_n è

maggiore di quello di b_n (*prima o poi il fattoriale cresce più velocemente di qualsiasi esponenziale*).

2. Si considerino le successioni $a_n = n! := 1\cdot 2\cdot 3 \cdots n$; $b_n = n^n$. Applicando il ragionamento precedente dimostrare che il tasso di crescita di a_n è minore di quello di b_n. (n^n *cresce più velocemente del fattoriale*).
3. Dimostrare che l'esponenziale trasforma progressioni aritmetiche in progressioni geometriche. In altre parole, dimostrare che se $a_{n+1} = a_n + \beta, n = 0, 1, \ldots$, allora
$$\frac{e^{a_{n+1}}}{e^{a_n}} = \alpha$$
e calcolare la ragione α.

Esempio 1.1. La legge dell'interesse composto è un esempio di incremento esponenziale ($\lambda = 1 + x$). La legge della perdita di valore della moneta a tasso di svalutazione costante è un esempio di decremento esponenziale ($\lambda = 1 - x$). Esempi significativi di incrementi come n^n li incontreremo nel capitolo successivo.

Esercizio 1.8. Assumendo che una generazione duri in media 25 anni, trovare il numero massimo degli antenati di ciascuno di noi nell'anno mille.

Soluzione. n generazioni fa ciascuno di noi aveva 2^n antenati (2 genitori, 4 nonni, 8 bisnonni, ecc.); costoro non erano però a priori tutti distinti, cosicché 2^n è a priori solo il loro numero massimo. Dall'anno mille a oggi sono trascorse 40 generazioni, per cui ciascuno di noi avrebbe potuto avere al più 2^{40} antenati. Si noti però che $2^{40} = (2^{10})^4 = (1024)^4 > 1000^4 = 10^{12} =$ 1000 miliardi. La popolazione mondiale nell'anno mille era sicuramente meno di 500 milioni di persone. Dunque il risultato è palesemente assurdo. Gia nel 1450, ad esempio, cioè 22 generazioni fa, ciascuno di noi avrebbe dovuto avere $2^{22} > 1$ miliardo di antenati. Basterebbe dunque risalire al 1450, quando il numero totale degli abitanti della terra era ben lontano dal raggiungere il miliardo (raggiunto solo verso il 1900), per concludere che ciascuno di noi è parente di ciascun giapponese, ciascun indio della Terra del Fuoco e ciascun aborigeno australiano. La soluzione di questo apparente paradosso è evidente: i nostri antenati non sono tutti distinti. Anzi, queste stime rozze mostrano chiaramente come la molteplicità dei nostri antenati sia alta, ed in ultima analisi quanto la composizione etnica della popolazione mondiale sia stabile.

1.3 Limiti all'incremento esponenziale. La mappa logistica

Il tasso di incremento costante ad ogni passo che produce l'incremento esponenziale è un'approssimazione molto rozza per questioni tipo l'aumento della popolazione di una specie e la diffusione delle epidemie. Sia p_n la popolazione dopo n generazioni, oppure il numero di persone contagiate da una malattia qualsiasi dopo n anni. Domanda:
Come varierà la popolazione alla generazione successiva, o come aumenterà il contagio l'anno seguente?
La legge più semplice che si possa immaginare è che l'aumento sia direttamente proporzionale alla popolazione presente (nel caso del contagio, a quella dei malati). Dunque si suppone $p_{n+1} = kp_n$; $k > 0$ da cui segue come sappiamo la legge esponenziale $p_n = k^n p_0$. Ora qui si possono avere due casi non banali: $k > 1$ o $k < 1$ (per $k = 1$ si ha banalmente $p_n = p_0$ per ogni n). Nel primo caso la popolazione cresce esponenzialmente, e il contagio anche; nel secondo la popolazione decresce esponenzialmente, e il contagio tende ad esaurirsi. Non ci sono altre possibilità. Le cose però non vanno così. L'esempio più recente è costituito dal contagio dell'AIDS: all'inizio si temeva l'incremento esponenziale, poi si è visto che il tasso di crescita è fortemente diminuito, salvo che in alcuni paesi africani dove le contromisure sono praticamente inesistenti. Quindi un modello simile è troppo rozzo. Oggi si sa che può descrivere, nel caso delle epidemie, al più la loro fase iniziale.

Un modello un pò meno rozzo, che si applica alla crescita delle popolazioni, incorpora un'assunzione in più: quella che la crescita non possa superare un certo valore, detto *valore limite*. L'esistenza di questo valore può essere dovuto alle cause più diverse, quali la disponibilità di cibo, di spazio, l'equilibrio con altre specie, ecc., sulle quali non è il caso di entrare qui. Sia L questo valore limite. Passando eventualmente alle percentuali di popolazione di una specie rispetto a tutte o parte delle altre, potremo sempre assumere $L = 1$. Dire che L è un valore limite significa che la popolazione dovrà decrescere dopo avere raggiunto questo valore. D'altra parte, ci si aspetta crescita finché la popolazione non ha raggiunto il valore L. Assumendo senza ledere la generalità $L = 1$ il modello più semplice che incorpora queste due richieste è il seguente:

$$p_{n+1} = kp_n(1 - p_n) \tag{1.11}$$

dove k è una costante numerica che può assumere valori diversi a seconda delle circostanze. La "legge" (1.11) viene chiamata *mappa logistica.* Si tratta ancora di una ricorrenza a due termini, e quindi l'evoluzione è completamente determinata una volta fissato il dato iniziale p_0. Si noti tuttavia che essa è quadratica (cioè è definita da una funzione polinomiale di secondo grado), e quindi notevolmente più complicata di quella lineare che si risolve subito tramite elevamento a potenza come abbiamo appena visto.

La ricorrenza dà infatti origine ad una composizione $n-$esima della medesima funzione. Sia infatti $f(p) := kp(1 - p)$. Allora la (1.11) può essere considerata come l'iterazione $n-$esima di f, cioè la composizione n-esima di f con sé stessa. Infatti la ricorrenza

$$\begin{aligned} p_1 &= f(p_0) = kp_0(1-p_0);\ p_2 = f(p_1) = kp_1(1-p_1); \\ p_3 &= f(p_2) = kp_2(1-p_2),\ \dots \end{aligned}$$

può essere riscritta così (si faccia attenzione a non cadere nell'errore frequente di confondere la composizione di una funzione con sé stessa n volte con l'elevamento della funzione medesima alla potenza n):

$$p_1 = f(p_0);\ \ p_2 = (f \circ f)(p_0);\ p_3 = (f \circ f \circ f)(p_0); \dots, p_n = (f \circ f \circ f \dots \circ f)(p_0)$$

A questo proposito si ricordi che se il codominio J della funzione $f(x)$ definita su un intervallo $I_1 \subset \mathbb{R}$ è contenuto nell'intervallo $I_2 \subset \mathbb{R}$ sul quale supponiamo definita la funzione $g(x)$, allora la funzione composta $g \circ f$ è definita così: $(g \circ f)(x) = g(f(x))$, $\forall\, x \in I_1$. Ad esempio:

$$\begin{aligned} f &: \mathbb{R} \to [-1,1], x \mapsto f(x) = \cos x;\ I_1 = \mathbb{R},\ J = [-1,1]; \\ g &: \mathbb{R} \to \mathbb{R}_+, \quad x \mapsto \frac{1}{1+x^2};\quad I_2 = \mathbb{R}; \\ g \circ f &: \mathbb{R} \to \mathbb{R}_+, \quad x \mapsto (g \circ f)(x) = \frac{1}{1+\cos^2 x} \end{aligned}$$

(Un altro errore frequente da evitare è ritenere che l'operazione di composizione fra due funzioni sia commutativa: $g \circ f \neq f \circ g$!. Nell'esempio precedente infatti $(f \circ g)(x) = \cos\left(\dfrac{1}{1+x^2}\right)$. Addirittura $f \circ g$ può essere definita mentre $g \circ f$ no. Esempio: $f(x) = \sqrt{x}$, definita per $x > 0$, e $g(x) = -3$ definita $\forall\, x \in \mathbb{R}$. Allora $(g \circ f)(x) = -3$ mentre $(f \circ g)$ non esiste).

Vedremo nel Cap.4 che le soluzioni di questa ricorrenza dipendono in maniera estremamente delicata dal dato iniziale p_0, nel senso che dati iniziali vicini a piacere possono dare origine ad evoluzioni radicalmente diverse. Ciò fa sì che l'insieme delle sue soluzioni sia assai ricco di strutture interessanti.

1.4 Ricorrenze a tre termini: numeri di Fibonacci

Abbiamo visto degli esempi di ricorrenze a due termini, con incremento costante o no. Esse sono leggi deterministiche, nel senso che permettono di generare la soluzione conoscendo solo il termine iniziale e danno origine alla legge dell'incremento o del decremento esponenziale quando l'incremento o il decremento sono costanti.

Trattiamo ora le ricorrenze a tre termini, sempre con incrementi costanti, che sono ancora leggi deterministiche. Cominciamo con un celebre esempio (contenuto nel *Liber abaci* di Leonardo Fibonacci[6]).

[6] Leonardo Fibonacci, o Leonardo Pisano, autore del *Liber abaci*, pubblicato nel 1202, dal quale sono tratti gli esempi seguenti, fu un matematico attivo a Pisa

Esempio 1.2. *Un uomo colloca una coppia di conigli in un luogo isolato da ogni lato da un muro. Quante coppie di conigli saranno generate a partire da questa nell'arco di un anno supponendo che ogni nuova coppia partorisca dopo due mesi e che ogni coppia fertile ne generi una nuova ogni mese?*

Impostazione della soluzione. Sia a_n il numero di coppie di conigli al mese n. Al mese $n+2$ il numero a_{n+2} delle coppie di conigli sarà il numero a_{n+1} delle coppie presenti al mese precedente aumentato dal numero delle coppie nuove nate, uguale al numero delle coppie che hanno generato una nuova coppia. Per essere in grado di generare una coppia deve essere fertile; ogni coppia impiega due mesi a raggiungere la fertilità; dunque il numero delle coppie fertili è a_n. Pertanto il numero a_n soddisfa la relazione $a_{n+2} = a_{n+1} + a_n$.

Il problema ammette quindi la seguente formulazione generale:

Esercizio 1.9. (Numeri di Fibonacci). Trovare le successioni di numeri naturali $a_0, a_1, a_2, a_3 \dots$ in cui ogni elemento è la somma dei due precedenti.

Nel caso i primi due termini della successione siano 0 e 1, si ottengono i cosiddetti *numeri di Fibonacci* F_n.

Soluzione. Denotiamo a_n il generico numero naturale cercato. Allora la condizione che a_n deve essere la somma dei due precedenti si scrive così:

$$a_{n+2} = a_{n+1} + a_n. \tag{1.12}$$

Calcoliamo a titolo di esempio alcuni termini della successione di Fibonacci: $F_0 = 0$, $F_1 = 1$,$F_2 = 1$, $F_3 = 2$, $F_4 = 3$, $F_5 = 5$, $F_6 = 8$, $F_7 = 13$, $F_8 = 21$, $F_9 = 34$, $F_{10} = 55$, $F_{11} = 89, \dots$. Che tipo di crescita ha questa successione? Se calcoliamo il rapporto fra ogni termine e quello precedente otteniamo:

$$\frac{F_2}{F_1} = 1, \frac{F_3}{F_2} = 2, \frac{F_4}{F_3} = \frac{3}{2} = 1.5, \frac{F_5}{F_4} = \frac{5}{3} = 1.6666\dots, \frac{F_6}{F_5} = \frac{8}{5} = 1.6,$$
$$\frac{F_7}{F_6} = \frac{13}{8} = 1.625\dots, \frac{F_8}{F_7} = \frac{21}{13} = 1.615\dots, \frac{F_9}{F_8} = \frac{34}{21} = 1.619\dots,$$
$$\frac{F_{10}}{F_9} = \frac{55}{34} = 1.618\dots, \frac{F_{11}}{F_{10}} = \frac{89}{55} = 1.618\dots$$

Questi rapporti tendono ad una costante maggiore di 1; l'indicazione che se ne trae è un incremento esponenziale. Cerchiamo allora le soluzioni a_n della (1.12) sotto forma di legge di incremento esponenziale. Poniamo a tal fine $a_n = \lambda^n$ e

nella prima metà del XIII secolo, vissuto fra il 1170 e il 1250. Fu il primo a portare in Occidente la matematica araba, all'epoca la più sviluppata perché anche non aveva mai perso il contatto con la tradizione ellenistica, che aveva appreso in vari anni di soggiorno ad Algeri praticando il commercio. In particolare il *Liber abaci* introdusse in Europa le cifre arabe e la numerazione decimale con la virgola. È documentata anche la sua presenza alla corte di Federico II.

cerchiamo di determinare λ. Sostituendo $a_n = \lambda^n$, $a_{n+1} = \lambda^{n+1}$, $a_{n+2} = \lambda^{n+2}$ nella (1.12) troviamo subito la condizione di esistenza del numero λ voluto:

$$\lambda^{n+2} = \lambda^{n+1} + \lambda^n \Longrightarrow \lambda^2 = \lambda + 1 \tag{1.13}$$

L'equazione di secondo grado $\lambda^2 - \lambda - 1 = 0$ ha due radici reali λ_1 e λ_2, date da

$$\lambda_{1,2} = \frac{1 \pm \sqrt{5}}{2} \tag{1.14}$$

Pertanto ambedue le successioni λ_1^n e λ_2^n, $n = 0, 1, \ldots$ soddisfano la ricorrenza (1.12). Siano α_1 e α_2 numeri reali arbitrari. Allora si vede subito che anche tutte le successioni b_n della forma $b_n := \alpha_1\lambda_1^n + \alpha_2\lambda_2^n$ soddisfano la ricorrenza. Infatti:

$$\begin{aligned} b_{n+2} &= \alpha_1\lambda_1^{n+2} + \alpha_2\lambda_2^{n+2} = \alpha_1(\lambda_1^{n+1} + \lambda_1^n) + \alpha_2(\lambda_2^{n+1} + \lambda_2^n) \\ &= \quad \alpha_1\lambda_1^{n+1} + \alpha_2\lambda_2^{n+1} + \alpha_1\lambda_1^n + \alpha_2\lambda_2^n = b_{n+1} + b_n \end{aligned}$$

Tutte le successioni della forma $\alpha_1 a_n + \alpha_2 b_n$ con α_1 e α_2 numeri reali arbitrari si dicono *combinazioni lineari* delle successioni a_n e b_n. Allora possiamo affermare che tutte le combinazioni lineari delle soluzioni λ_1^n e λ_2^n sono ancora soluzioni. Questa è una proprietà fondamentale delle equazioni lineari come la (1.12), sulla quale torneremo. Equazioni del tipo (1.12) si dicono lineari perché sono espressioni di primo grado nelle a_n. Ad esempio, l'equazione $a_{n+1} = \lambda a_n^2$ *non* è lineare, e nemmeno lo è l'equazione $a_{n+2} = a_n a_{n+1}$. (Poiché un'equazione di primo grado nelle due variabili (x, y) del tipo $Ax + By + C = 0$ definisce una retta nel piano cartesiano, equazioni di tal fatta si dicono lineari). Ora bisogna determinare quali fra le infinite successioni b_n soddisfano la ricorrenza di Fibonacci: a tale scopo imponiamo ad ogni successione b_n di soddisfare le condizioni iniziali richieste, e cioè $b_0 = 0, b_1 = 1$. Poiché $b_0 = \alpha_1 + \alpha_2$ e $b_1 = \alpha_1\lambda_1 + \alpha_2\lambda_2$ si ottengono le due condizioni

$$\begin{cases} \alpha_1 + \alpha_2 = 0 \\ \alpha_1\lambda_1 + \alpha_2\lambda_2 = 1 \end{cases}$$

Si tratta di un sistema lineare di due equazioni nelle due incognite α_1 e α_2. La prima equazione implica $\alpha_2 = -\alpha_1$, e la seconda $\alpha_1 = \dfrac{1}{\lambda_1 - \lambda_2} = \dfrac{1}{\sqrt{5}}$. Questa coppia di valori di α_1 e α_2 è l'unica soluzione del sistema. Pertanto la successione

$$\begin{aligned} F_n &:= \frac{1}{\lambda_1 - \lambda_2}(\lambda_1^n - \lambda_2^n) = \frac{1}{2^n\sqrt{5}}[(\sqrt{5}+1)^n - (1-\sqrt{5})^n] \\ &= \frac{1}{\sqrt{5}}\left[\left(\frac{\sqrt{5}+1}{2}\right)^n - \left(\frac{1-\sqrt{5}}{2}\right)^n\right] \end{aligned} \tag{1.15}$$

soddisfa la ricorrenza $F_{n+2} = F_{n+1} + F_n$ con $F_0 = 0$, $F_1 = 1$ per costruzione. Dunque F_n è l'n-esimo numero di Fibonacci. (Si noti che i numeri a_n sono comunque interi nonostante la comparsa degli irrazionali $\sqrt{5}$: le potenze pari di $\sqrt{5}$ nella differenza si cancellano, e le potenze dispari danno un numero intero dopo essere state divise per $1/\sqrt{5}$ a fattor comune). È chiaro anche che la successione F_n che risolve il problema è unica: se ce ne fosse un'altra, denotata c_n, i primi due termini devono comunque essere $c_0 = 0$ e $c_1 = 1$; poiché la relazione di ricorrenza è la stessa, $c_{n+2} = c_{n+1} + c_n$ e quindi $c_n = F_n$ per ogni n.

Calcoliamo infine il numero totale delle coppie di conigli generate dopo un anno a partire dall'unica coppia; Invece di fare un calcolo esatto, facciamo una rapida stima numerica basata sulla (1.15), nella quale prenderemo $n = 12$. Anzitutto notiamo che $|\frac{1-\sqrt{5}}{2}| \sim 0.62$, mentre $|\frac{1+\sqrt{5}}{2}| \sim 1.62$. (Si osservi che questo numero coincide, a meno della terza cifra decimale, con la legge di incremento che avevamo ottenuto esaminando la crescita dei primi 12 termini). Pertanto, dato che $n = 12$, potremo senz'altro trascurare il secondo esponenziale rispetto al primo. Dunque:

$$F_{12} \sim \frac{(1.62)^{12}}{2.24} > \frac{(1.6)^{12}}{2.24} \sim 140$$

Concludiamo dunque che in un anno saranno generate almeno 140 coppie di conigli.

Osserviamo che dopo due anni ci saranno almeno $\frac{(1.6)^{24}}{2.24^2} = 140 \times 140 = 19600$ coppie, dopo 3 anni $19600 \times 140 = 2.744.000$ coppie, dopo 4 anni $2.744.000 \times 140 = 384.160.000$ coppie, dopo 5 anni più di 53 miliardi. Non si deve pensare che questo modello sia del tutto irrealistico: un fenomeno del genere si verificò in Australia attorno al 1840 quando vi fu importata una coppia di conigli, animali fino ad allora sconosciuti in quel continente. Essi trovarono un *habitat* talmente favorevole (spazio e cibo a volontà, assenza di predatori, ecc.) che presero a riprodursi con legge esponenziale devastando in pochi anni tutte le colture. Fu necessario importare dei predatori come le volpi per porre un limite alla proliferazione dei conigli. Vedremo in seguito il modello più semplice per descrivere il fenomeno della limitazione alla crescita esponenziale.

Osservazione 1.4. L'equazione di secondo grado $\lambda^2 - \lambda - 1 = 0$ è ben nota fin dall'antichità per un motivo molto diverso. La si ottiene infatti uguagliando il prodotto dei medi con quello degli estremi nella *divina proporzione*

$$x : a = a : (x - a) \Longrightarrow x^2 - ax - a^2 = 0 \Longrightarrow x_{1,2} = a\frac{1 \pm \sqrt{5}}{2}$$

che in parole si enuncia così: il tutto x sta alla parte a come la parte a sta al tutto meno la parte $x - a$. La soluzione $x_1 = a\frac{1+\sqrt{5}}{2}$ definisce $a = \frac{2}{\sqrt{5}+1}x_1 = \frac{\sqrt{5}-1}{2}x_1$ come la *sezione aurea* del segmento x_1. Equivalentemente, il numero irrazionale

$$\frac{\sqrt{5}-1}{2} = 0.6180339887498948482045868343 7\ldots$$

si chiama talvolta media aurea, o numero aureo. La divina proporzione si chiama così perché l'altezza del rettangolo che costituisce la pianta di ogni tempio greco è la sezione aurea della base. L'irrazionalità della sezione aurea del segmento fu un'altra delle sensazionali scoperte dei pitagorici, al pari di quella dell'irrazionalità del rapporto fra diagonale e lato di un quadrato.

Osservazione 1.5. Con il medesimo metodo seguito per trovare i numeri di Fibonacci si risolvono *tutte* le relazioni di ricorrenza a tre termini ad incrementi costanti (o, equivalentemente, a coefficienti costanti) purché siano note le condizioni iniziali, cioè i primi due numeri della successione che si cerca.

Si tenga però ben presente che ricorrenze lineari di questo tipo sono comunque casi molto particolari: in altre parole non c'è da sperare che questo metodo funzioni per ricorrenze diverse da quelle a tre o più termini (che vedremo dopo) a coefficienti costanti.

Una *relazione di ricorrenza a tre termini a coefficienti costanti* fra numeri reali $A_n, n = 0, 1, \ldots$ è definita in generale nel modo seguente

$$A_{n+2} = aA_{n+1} + bA_n \tag{1.16}$$

dove a e b sono assegnati numeri reali, per semplicità positivi.

Esercizio 1.10. Determinare il termine generico A_n sapendo che $A_0 = p, A_1 = q$, dove p, q sono assegnati numeri reali.

Soluzione. Si procede come nel caso dei numeri di Fibonacci, cercando la soluzione sotto la forma $A_n = \lambda^n$. Sostituendo nella (1.16) si trova l'equazione di secondo grado (detta *equazione caratteristica* della ricorrenza)

$$\lambda^2 - a\lambda - b = 0 \Longrightarrow \lambda_{1,2} = \frac{a \pm \sqrt{a^2+4b}}{2}$$

Poiché $b > 0$ ambedue le radici sono reali, e ovviamente distinte: $\lambda_1 \neq \lambda_2$. Si considerino allora tutte le successioni b_n della forma generale $b_n := \alpha_1\lambda_1^n + \alpha_2\lambda_2^n$. Ripetendo senza alcuna variazione il ragionamento fatto per la successione di Fibonacci, concludiamo che anche tutte queste soddisfano la ricorrenza (si noti che la ricorrenza (1.16) è lineare per ogni scelta della coppia (a, b)). Determiniamo ancora α_1 e α_2 richiedendo alla successione b_n di soddisfare le condizioni $b_0 = p$, $b_1 = q$. Imponendo queste uguaglianze ai termini con $n = 0$ e $n = 1$ della forma generale troviamo il sistema lineare di due equazioni nelle due incognite α_1 e α_2:

$$\begin{cases} \alpha_1 + \alpha_2 = p \\ \alpha_1\lambda_1 + \alpha_2\lambda_2 = q \end{cases}$$

la cui unica soluzione è la coppia

$$\alpha_1 = \frac{q - p\lambda_2}{\lambda_1 - \lambda_2} = \frac{q - p(a - \sqrt{a^2 + 4b})/2}{\sqrt{a^2 + 4b}};$$

$$\alpha_2 = p - \alpha_1 = p - \frac{q - p(a - \sqrt{a^2 + 4b})/2}{\sqrt{a^2 + 4b}}$$

Una volta determinati α_1 e α_2 la soluzione per il termine generico A_n sarà:

$$A_n = \frac{q - p(a - \sqrt{a^2 + 4b})/2}{\sqrt{a^2 + 4b}} \left[\frac{a + \sqrt{a^2 + 4b}}{2}\right]^n + \qquad (1.17)$$

$$(p - \frac{q - p(a - \sqrt{a^2 + 4b})/2}{\sqrt{a^2 + 4b}}) \left[\frac{a - \sqrt{a^2 + 4b}}{2}\right]^n$$

Osservazione 1.6.

1. Osserviamo esplicitamente che la soluzione appena scritta è unica una volta assegnati i due dati iniziali p, q. Il ragionamento fatto per la successione di Fibonacci vale in generale: se ce ne fosse un'altra, i primi due termini devono coincidere con p, q e quindi per ricorrenza anche tutti gli altri devono coincidere. La formula precedente per A_n mostra anche la sua dipendenza esplicita dai dati iniziali p e q.
2. Il primo esponenziale della (1.17) scompare se $\alpha_1 = 0$ cioè se $q = p(a - \sqrt{a^2 + 4b})/2$ ovvero $q = \lambda_2 p$. Il secondo invece scompare se $\alpha_2 = 0$ cioè se $q = \lambda_1 p$. Sappiamo dalla geometria analitica che le due equazioni $q = \lambda_1 p$ e $q = \lambda_2 p$ rappresentano due rette passanti per l'origine nel piano cartesiano $\mathbb{R}^2$ in cui denotiamo le ascisse p e le coordinate q, rispettivamente. I coefficienti angolari di queste due rette sono λ_1 e λ_2, rispettivamente. Poiché $\lambda_1 \cdot \lambda_2 = -b$, se $b = 1$ queste due rette sono anche ortogonali, perché, ricordiamo, condizione necessaria e sufficiente affinché due rette siano ortogonali è che il prodotto dei loro coefficienti angolari valga -1.

Osservazione 1.7. Naturalmente la legge dell'incremento esponenziale determinata dalla relazione di ricorrenza a due termini che abbiamo visto in precedenza è un caso particolare di questa trattazione. Data infatti la relazione di ricorrenza $A_{n+1} = aA_n$, con $A_0 = p$, ponendo $A_n = \lambda^n$ e sostituendo si ha subito $\lambda = a$ e quindi $A_n = a^n p$.

Si noti però che ciò richiede che la relazione di ricorrenza abbia luogo fra due termini successivi. Saltandone uno l'incremento (o il decremento) esponenziale può sparire e può apparire un comportamento oscillatorio. Si consideri ad esempio la ricorrenza $a_{n+2} = -a_n$. Sia $a_0 = p, a_1 = q$. Allora si ha subito $a_2 = -p, a_3 = -q, a_4 = p, a_5 = q \dots$ e in generale

$$a_{2n} = (-1)^n p, \qquad a_{2n+1} = (-1)^n q \tag{1.18}$$

Per chi conosce i numeri complessi. Possiamo considerare la ricorrenza $a_{n+2} = -a_n$ come un caso particolare della (1.16) con $a = 0$, $b = -1$. Il procedimento di soluzione precedente si applica direttamente anche in questo caso. L'equazione caratteristica, ottenuta inserendo $a_n = \lambda^n$, $a_{n+2} = \lambda^{n+2}$ nella $a_{n+2} = -a_n$ è $\lambda^2 + 1 = 0$ con le radici $\lambda_{1,2} = \pm i$. Allora avremo la soluzione generale $a_n = \alpha_1 i^n + \alpha_2 (-i)^n = \alpha_1 e^{in\pi/2} + \alpha_2 e^{-in\pi/2}$. Ora $a_0 = \alpha_1 + \alpha_2$ e $a_1 = i\alpha_1 - i\alpha_2$. Quindi se imponiamo le condizioni iniziali troviamo $\alpha_1 + \alpha_2 = p$ e $i\alpha_1 - i\alpha_2 = q$ da cui

$$\alpha_1 = \frac{3p + iq}{2}, \qquad \alpha_2 = \frac{-p - iq}{2}$$

e pertanto

$$a_n = \frac{1}{2}\left[e^{in\pi/2}(3p + iq) + e^{-in\pi/2}(-p - iq)\right] \Longrightarrow$$
$$a_{2n} = (-1)^n p, \; a_{2n+1} = (-1)^n q.$$

Si vede subito che questa successione, lungi dal crescere o decrescere esponenzialmente, si ripete periodicamente: $a_{2n+2} = (-1)^{n+2} p = a_{2n}$, $a_{2n+3} = (-1)^{n+2} q = a_{2n+1}$.
Non si deve però pensare che basti saltare un termine nella ricorrenza per fare sparire l'incremento esponenziale. Consideriamo infatti la ricorrenza $a_{n+2} = b a_n$, $b > 0$; l'equazione caratteristica (al solito si pone $a_n = \lambda^n$, $a_{n+2} = \lambda^{n+2}$ e si sostituisce nella ricorrenza) è $\lambda^2 - b = 0$ da cui $\lambda_{1,2} = \pm\sqrt{b}$. La soluzione generale è $a_n = \alpha_1 b^{n/2} + \alpha_2 (-1)^n b^{n/2}$; quindi comunque si scelgano le condizioni iniziali, cioè per ogni scelta di α_1, α_2, vi sarà incremento esponenziale se $b > 1$ e decremento esponenziale se $0 < b < 1$.

Il procedimento precedente si può generalizzare immediatamente alla relazione di ricorrenza a p termini, $p > 2$, definita nel modo seguente:

$$A_{n+p} = a_1 A_{n+p-1} + a_2 A_{n+p-2} + \ldots + a_p A_n \tag{1.19}$$

dove $a_1, \ldots, a_p$ sono assegnati numeri reali. Siano poi assegnate le condizioni iniziali, cioè i primi p termini della successione A_n : $A_0 = q_0, A_1 = q_1, \ldots, A_{p-1} = q_{p-1}$. Facendo al solito la posizione $A_n = \lambda^n$ e sostituendo nella (1.19) si ottiene la corrispondente equazione caratteristica

$$\lambda^p - a_1 \lambda^{p-1} - \ldots - a_{p-1}\lambda - a_p = 0 \tag{1.20}$$

Si tratta dell'equazione algebrica di grado p nella sua forma più generale.
Ricordiamo dall'algebra i seguenti importantissimi risultati:

1. Sia $Q_p(\lambda)$ un polinomio di grado p sul campo complesso $\mathbb{C}$. (Possiamo sempre assumere, senza ledere la generalità, che il coefficiente di λ^p sia 1). Allora $\lambda_1 \in \mathbb{C}$ è per definizione una *radice di molteplicità* ν_1, $1 \le \nu_1 \le p$ o equivalentemente uno *zero* (di pari molteplicità) del polinomio $Q_p(\lambda)$, cioè $Q_p(\lambda_1) = 0$, se $Q_p(\lambda)$ è divisibile per $(\lambda - \lambda_1)^{\nu_1}$. Ciò significa che esiste ed è unico un polinomio $R_p(\lambda)$ di grado $p - \nu_1$ con $R_p(\lambda_1) \neq 0$ tale che $Q_p(\lambda) = (\lambda - \lambda_1)^{\nu_1} R_p(\lambda)$. Le radici di molteplicità 1 si dicono *semplici*.
2. (Teorema fondamentale dell'algebra): Ogni polinomio di grado p, a coefficienti reali o complessi, ammette esattamente p radici nel campo complesso $\mathbb{C}$. Ogni radice è contata un numero di volte pari alla sua molteplicità. Denotate $\lambda_1, \dots, \lambda_k$ le radici distinte, $1 \le k \le p$, con molteplicità rispettive $\nu_1, \dots, \nu_k$, si ha $\nu_1 + \dots + \nu_k = p$ e (assumendo sempre che il coefficiente di λ^n valga 1) vale la fattorizzazione
$$Q_p(\lambda) = (\lambda - \lambda_1)^{\nu_1} \cdot (\lambda - \lambda_2)^{\nu_2} \cdots (\lambda - \lambda_k)^{\nu_k}$$
3. Se i coefficienti di Q_p sono tutti reali, e μ è una sua radice, $Q_p(\mu) = 0$, lo è anche la sua complessa coniugata $\overline{\mu}$ perché $Q_p(\overline{\mu}) = \overline{Q_p(\mu)}$ e $\overline{Q_p(\mu)} = 0$ se $Q_p(\mu) = 0$. In altre parole: *Le radici di un polinomio a coefficienti reali diverse da quelle reali sono coppie di numeri complessi coniugati.*
4. Le equazioni del tipo $f(\lambda) = 0$ dove $f(\lambda)$ non è riconducibile ad un polinomio tramite operazioni elementari ma una funzione con certe proprietà di regolarità che non è necessario precisare qui sono dette *trascendenti*. Esempi di equazioni trascendenti sono le equazioni trigonometriche. A differenza delle equazioni algebriche, le equazioni trascendenti possono anche non ammettere alcuna soluzione, od ammetterne infinite. Ad esempio, l'equazione esponenziale $e^\lambda = 0$ non ha soluzioni nel campo complesso. L'equazione $\sin(\lambda) = 0$ ammette le infinite soluzioni $\lambda_n = n\pi$, $n \in \mathbb{Z}$.

Dunque l'equazione $Q_p(\lambda) = 0$ ammette sempre p radici, dove si conta ogni radice un numero di volte pari alla sua molteplicità (ad esempio, l'equazione $x^2 - 2x + 1 = (x-1)^2 = 0$ ha due radici, perché si conta due volte la radice doppia $x = 1$). Queste radici sono però in generale numeri complessi (in questo caso, dato che i coefficienti del polinomio sono reali, se c'è una radice complessa deve esserci necessariamente anche la radice complessa coniugata). Per evitare di considerare fin d'ora numeri complessi (vedi sotto) ammettiamo senz'altro che le radici dell'equazione caratteristica siano tutte reali e semplici, e denotiamole $\lambda_1, \dots, \lambda_p$. Quindi $\lambda_1 \neq \lambda_2 \dots \neq \lambda_p$. Allora si può ripetere senza variazione alcuna il ragionamento precedente per concludere che la soluzione unica della ricorrenza a p termini (1.19) è:

$$A_n = \alpha_1 \lambda_1^n + \alpha_2 \lambda_2^n + \dots + \alpha_p \lambda_p^n \tag{1.21}$$

dove i coefficienti $\alpha_1, \dots, \alpha_p$ sono l'unica soluzione del sistema lineare non omogeneo di p equazioni in p incognite:

$$\begin{cases} \alpha_1 + \alpha_2 + \ldots + \alpha_p = q_0 \\ \alpha_1\lambda_1 + \alpha_2\lambda_2 + \ldots + \alpha_p\lambda_p = q_1 \\ \ldots\ldots\ldots\ldots\ldots\ldots\ldots\ldots \\ \alpha_1\lambda_1^{p-1} + \alpha_2\lambda_2^{p-1} + \ldots + \alpha_p\lambda_p^{p-1} = q_{p-1} \end{cases} \tag{1.22}$$

Come sopra, questo sistema risulta dalla richiesta che la successione definita dalla (1.21) soddisfi le condizioni iniziali assegnate, perché $A_0 = \alpha_1 + \ldots + \alpha_p$, $A_1 = \alpha_1\lambda_1 + \ldots + \alpha_p\lambda_p$, ..., $A_{p-1} = \alpha_1\lambda_1^{p-1} + \ldots + \alpha_p\lambda_p^{p-1}$. Si osservi però che, a differenza del caso precedente, per $p > 2$ la soluzione dell'equazione (1.20) è molto complicata. Infatti le formule risolutive delle equazioni algebriche di terzo e quarto grado[7] esistono ma sono molto complicate e quindi di scarsa utilità immediata. Inoltre per $p > 4$ non si può in alcun modo scrivere una formula risolutiva, comunque complicata[8] Bisogna quindi risolvere in via

[7] Dette *formule di Cardano.* Gerolamo Cardano (Pavia 1501-Roma 1576), medico, ingegnere e matematico, forse il più famoso scienziato del Cinquecento, fu Professore a Pavia e a Padova di matematica, e di Medicina a Bologna dal 1560 al 1564. La sua opera più famosa è l'*Ars magna*, un trattato generale di matematica, fisica, ingegneria, medicina, pubblicato a Venezia nel 1545. In realtà la formula risolutiva dell'equazione di terzo grado fu scoperta per primo da Scipione Dal Ferro (Bologna 1476-1526, noto anche come Scipione Ferreo, o Scipio Ferreus), anch'egli Professore a Bologna, e quella di quarto grado da Ludovico Ferrari (Bologna 1522-1565), allievo di Cardano. Esse furono poi ritrovate da Niccolò Tartaglia (Niccolò Fontana detto Niccolò Tartaglia, Brescia 1499-Venezia 1557) anch'egli Professore a Bologna dal 1544 al 1553, e Gerolamo Cardano nel corso delle "matematiche disfide" dell'epoca. La posta della disfida era la cattedra. Ad esempio, il figlio di Scipione Dal Ferro, avendo trovato fra le carte del padre la formula risolutiva dell'equazione di terzo grado, sfidò Tartaglia a ritrovarla. Tartaglia la ritrovò. Altrimenti avrebbe dovuto cedergli la cattedra. La soluzione delle equazioni algebriche di terzo e quarto grado, assieme alla scoperta dei numeri complessi necessaria per questa impresa, è forse il risultato scientifico più importante mai ottenuto nel nostro Ateneo. I numeri complessi sono trattati sistematicamente per la prima volta nel trattato *Algebra* di Rafael Bombelli (Bologna 1526-Roma 1572), anch'egli professore a Bologna, apparso nel 1571. È bene ricordare anche che le formule risolutive dell'epoca non erano scritte tramite le espressioni letterali di oggi (l'uso dei simboli letterali fu introdotto da Cartesio un secolo dopo), ma in parole, e più precisamente in terzine dantesche. Ad esempio, oggi noi scriviamo x^3; Cardano scriveva "La cosa al cubo". L'unità immaginaria i veniva chiamata da Bombelli "più di meno" (oggi scriviamo $i = \sqrt{-1}$), e l'unità immaginaria $-i$ "meno di meno" (oggi scriviamo $-i = -\sqrt{-1}$). Analogamente le locuzioni "più di più" e "meno di più" corrispondono ai simboli attuali $\sqrt{1} = \pm 1$. In questo modo egli elencava *tutte* le soluzioni dell'equazione $x^4 = 1$. Chi abbia interesse ad approfondire questi argomenti può leggere ad esempio il libro di Ettore Bortolotti, *Storia della matematica nell'Università di Bologna*, Zanichelli (1947).

[8] Ciò segue dal fatto che in generale un'equazione algebrica di grado $p > 4$ non è risolubile per radicali (teorema di Ruffini-Abel). Paolo Ruffini(Valentano 1765-Modena 1822), fu medico e matematico. Niels Henrik Abel (Stavanger 1802-Froland 1829), fu un grande matematico norvegese perfezionatosi a Parigi.

approssimata l'equazione algebrica e il sistema lineare per potere utilizzare la (1.21).

Esercizio 1.11. *(Per chi conosce già cosa sono i determinanti, le regole di operazione su di essi, nonché i sistemi di equazioni lineari di n equazioni in n incognite e come si risolvono).*
Il sistema lineare (1.22) ha una ed una sola soluzione perché il determinante dei coefficienti non è nullo. Vogliamo dimostrare che questa affermazione è vera sotto la nostra ipotesi $\lambda_1 \neq \lambda_2 \neq \ldots \neq \lambda_p$ calcolando questo determinante, noto come *determinante di Vandermonde*[9].

Soluzione. Vogliamo dimostrare la formula

$$V_p := \det \begin{pmatrix} 1 & 1 & \ldots 1 \\ \lambda_1 & \lambda_2 & \ldots \lambda_p \\ \ldots & & \\ \lambda_1^{p-1} & \lambda_2^{p-1} & \ldots \lambda_p^{p-1} \end{pmatrix} = \prod_{1 \leq l < k \leq p} (\lambda_k - \lambda_l) \tag{1.23}$$

(casi particolari: $V_1 = 1, V_2 = \lambda_2 - \lambda_1$). Questa formula implica che V_p è nullo se e solo se almeno due radici coincidono.

Osservazione 1.8. Il simbolo $\prod_{k=1}^{n} a_k$ è la notazione abbreviata del prodotto $a_1 \cdot a_2 \cdots a_n$ degli n numeri $a_1, \ldots, a_n$, e si chiama *produttoria.*

Procediamo per induzione: supponiamo vera la formula per V_{p-1}, e dimostriamola per V_p.

A tale scopo, sottraiamo dall'ultima riga la penultima moltiplicata per λ_1; poi sottraiamo dalla penultima la terz'ultima moltiplicata per λ_1, e così via fino a sottrarre dalla seconda la prima moltiplicata per λ_1. Tutte queste operazioni, ciascuna delle quali come sappiamo non altera il valore del determinante, hanno l'effetto di riscrivere V_p sotto la forma

$$V_p = \det \begin{pmatrix} 1 & 1 & \ldots 1 \\ 0 & \lambda_2 - \lambda_1 & \ldots \lambda_p - \lambda_1 \\ 0 & \lambda_2^2 - \lambda_1 \lambda_2 & \ldots \lambda_p^2 - \lambda_1 \lambda_p \\ \ldots & & \\ 0 & \lambda_2^{p-1} - \lambda_1 \lambda_2^{p-2} & \ldots \lambda_p^{p-1} - \lambda_1 \lambda_p^{p-2} \end{pmatrix}$$

da cui, sviluppando secondo gli elementi della prima colonna:

$$V_p = \det \begin{pmatrix} \lambda_2 - \lambda_1 & \ldots \lambda_p - \lambda_1 \\ \lambda_2^2 - \lambda_1 \lambda_2 & \ldots \lambda_p^2 - \lambda_1 \lambda_p \\ \ldots & \\ \lambda_2^{p-1} - \lambda_1 \lambda_2^{p-2} & \ldots \lambda_p^{p-1} - \lambda_1 \lambda_p^{p-2} \end{pmatrix}$$

[9] Joseph Vandermonde (Parigi 1735-1796), chimico e matematico francese. Ebbe un ruolo di rilievo negli avvenimenti rivoluzionari.

Ora la prima colonna ammette il fattor comune $\lambda_2 - \lambda_1$, la seconda colonna il fattor comune $\lambda_3 - \lambda_1$; in generale la $j-1$-esima colonna il fattor comune $\lambda_j - \lambda_1$, $1 \leq j \leq p$. Pertanto, eseguendo i raccoglimenti (si ricordi che moltiplicare una riga o una colonna di un determinante per un numero equivale a moltiplicare tutto il determinante per quel numero) otteniamo

$$V_p = (\lambda_2 - \lambda_1)(\lambda_3 - \lambda_1)\cdots(\lambda_p - \lambda_1)\det\begin{pmatrix} 1 & 1 & \dots 1 \\ \lambda_2 & \lambda_3 & \dots \lambda_p \\ \dots & & \\ \lambda_2^{p-2} & \lambda_2^{p-2} & \dots \lambda_p^{p-2} \end{pmatrix}$$

Ora il determinante che compare in quest'ultima formula è per definizione il determinante di Vandermonde di ordine $p-1$. Pertanto

$$V_p = (\lambda_2 - \lambda_1)(\lambda_3 - \lambda_1)\cdots(\lambda_p - \lambda_1)V_{p-1}$$

Per l'ipotesi induttiva

$$V_{p-1} = \prod_{2 \leq l < k \leq p} (\lambda_k - \lambda_l)$$

Possiamo quindi concludere

$$\begin{aligned} V_p &= (\lambda_2 - \lambda_1)(\lambda_3 - \lambda_1)\cdots(\lambda_p - \lambda_1)V_{p-1} \\ &= (\lambda_2 - \lambda_1)(\lambda_3 - \lambda_1)\cdots(\lambda_p - \lambda_1) \prod_{2 \leq l < k \leq p} (\lambda_k - \lambda_l) \\ &= \prod_{1 \leq l < k \leq p} (\lambda_k - \lambda_l) \end{aligned}$$

il che dimostra la formula (1.23).

2

Successioni, serie e frazioni continue

Il materiale fin qui accumulato ci fa capire che occorre esaminare le successioni da un punto di vista più generale. Richiameremo qui le definizioni e i risultati più importanti sulle successioni, rimandando il lettore ad un qualsiasi testo di Analisi matematica per i necessari approfondimenti.

In particolare, ci soffermeremo su due importantissimi casi particolari delle successioni: le *serie numeriche*, che permettono in certe circostanze di sommare infiniti numeri, e le *frazioni continue*, un algoritmo fondamentale che permette una interpretazione *dinamica* e sta alla base di svariati problemi fisici.

2.1 Generalità

Definizione 2.1 *Sia a_n una successione di numeri reali. Allora essa si dice:*

(a) limitata *se $\exists\ M > 0$ tale che $|a_n| \leq M$, $\forall\, n \in \mathbb{N} \cup \{0\}$;*

(b) monotona crescente (o monotona non decrescente) *se $a_n \leq a_{n+1}$, $\forall n \in \mathbb{N} \cup \{0\}$; (monotona)* strettamente crescente *se $a_n < a_{n+1}$, $\forall n \in \mathbb{N} \cup \{0\}$;*

(c) monotona decrescente (o monotona non crescente) *se $a_n \geq a_{n+1}$, $\forall n \in \mathbb{N} \cup \{0\}$; (monotona)* strettamente decrescente *se $a_n > a_{n+1}$, $\forall n \in \mathbb{N} \cup \{0\}$;*

(d) periodica *di periodo N se esiste $N \in \mathbb{N}$ tale $a_{n+N} = a_n$, $\forall\, n \in \mathbb{N} \cup \{0\}$.*

Esempio 2.1.

(a) La successione $a_n = \lambda^n$ è limitata se $|\lambda| \leq 1$ perché in tal caso $|\lambda|^n \leq 1$. La successione a_n è strettamente crescente se $\lambda > 1$, strettamente decrescente se $0 < \lambda < 1$, costante se $\lambda = 1$.

(b) La successione $a_n = (n+1)^\alpha$ è limitata se $\alpha \leq 0$, perché $|(n+1)^\alpha| \leq 1$ $\forall n \in \mathbb{N} \cup \{0\}$; non è limitata se $\alpha > 0$. a_n è inoltre strettamente crescente se $\alpha > 0$ e strettamente decrescente se $\alpha < 0$. Infatti, sia $\alpha > 0$. Allora

$a_{n+1} = (n+2)^\alpha > (n+1)^\alpha = a_n$ perché $n+2 > n+1$. Allo stesso modo, se $\alpha < 0$ la successione è strettamente decrescente perché $1/(n+2) < 1/(n+1)$. Ognuna delle successioni precedenti è monotona.

(c) La successione $0, a, 0, a, \ldots$ è periodica di periodo 2, la successione

$$a, b, c, a, b, c, a, b, c, a, b, c, a, b, c, a, b, c, a, b, c \ldots$$

è periodica di periodo 3, ecc. La successione $a_n = \sin(2\pi n/N)$ è periodica di periodo N. Infatti $a_{n+N} = \sin(2\pi(n+N)/N) = \sin(2\pi n/N + 2\pi) = \sin(2\pi n/N) = a_n$.

(d) *Ogni successione periodica è limitata.* Infatti i soli elementi distinti di una successione periodica di periodo N sono gli N numeri $a_0, \ldots, a_{N-1}$. Quindi ovviamente esiste la costante M richiesta dalla definizione. Basta sceglierla maggiore degli N numeri $|a_0|, \ldots, |a_{N-1}|$.

(e) La legge dell'incremento esponenziale genera successioni strettamente crescenti; quella del decremento esponenziale, successioni strettamente decrescenti. La relazione di ricorrenza di Fibonacci genera una successione strettamente crescente; la relazione $a_{n+2} + a_n = 0$ genera successioni limitate ma non monotone come abbiamo visto nell'osservazione 4.6 del Capitolo precedente.

(f) Altri esempi di successioni monotone, o crescenti o decrescenti, limitate, sono i seguenti: la successione $a_{n+1} = 1 - \dfrac{1}{(n+1)^2}$ è strettamente crescente, perché $a_{+1} - a_n = 1 - \dfrac{1}{(n+2)^2} - 1 + \dfrac{1}{(n+1)^2} = \dfrac{1}{(n+1)^2} - \dfrac{1}{(n+2)^2} > 0$ ed è limitata perché $0 \leq a_n \leq 1\ \forall n$. Allo stesso modo, la successione $a_n = \dfrac{1}{(n+1)^2}$ è strettamente decrescente, perché $a_{n+1} - a_n = \dfrac{1}{(n+2)^2} - \dfrac{1}{(n+1)^2} = \dfrac{1}{(n+2)^2} - \dfrac{1}{(n+1)^2} < 0$ ed è limitata perché $0 \leq a_n \leq 1\ \forall n$.

È comodo e anche divertente usare qualche volta il calcolatore, sfruttando le sue capacità di calcolo e di visualizzazione grafica, per farsi una rapida idea dell'andamento della successione. In particolare, questo strumento ci permette spesso di esplorare il comportamento di a_n al crescere di n.

Ad esempio, data una successione $a_0, a_1, a_2, \ldots$ di numeri reali possiamo, come primo semplice esperimento, riportare su un piano cartesiano le coppie di punti $(0, a_0), (1, a_1), (2, a_2), \ldots$. Sull'asse delle ascisse riportiamo la variabile *discreta* n (cioè i numeri 1, 2, 3...), mentre riporteremo sulle ordinate il corrispondente valore a_n[1] È poi utile all'interpretazione grafica unire con un segmento di retta due punti successivi (n, a_n), $(n+1, a_{n+1})$. Riportiamo in

---

[1] Per *variabile discreta* intenderemo una variabile che assume valori multipli dei numeri naturali. In altre parole, la differenza fra un valore della variabile discreta e quello successivo è costante.

figura 2.1 e 2.2 alcuni semplici esempi di visualizzazione grafica di successioni ottenuti in questo caso usando l'ambiente di sviluppo matematico *Mathematica* [Wol]. Il calcolatore è lo strumento ideale per costruire innumerevoli

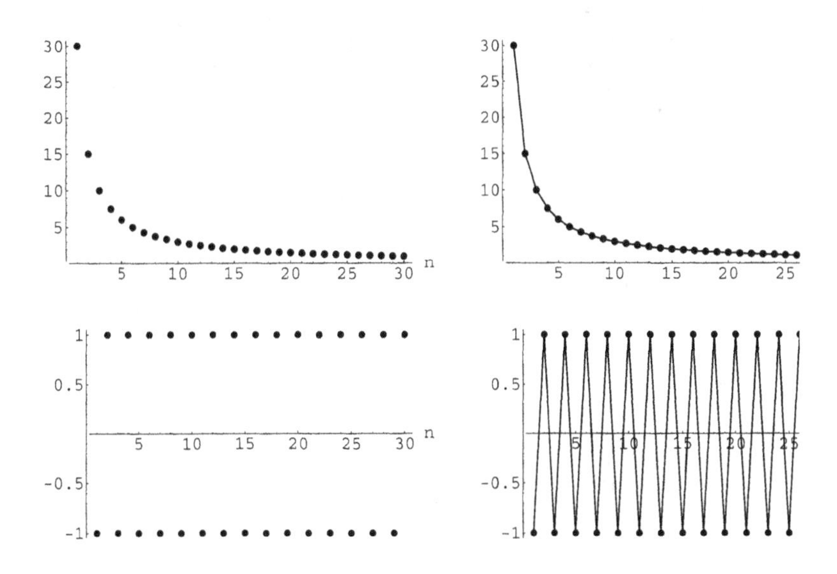

Fig. 2.1. Visualizzazione grafica delle successioni $a_n = \frac{30}{n}$ (alto) e $a_n = (-1)^n$ (basso), rispettivamente

esempi simili a quelli che ora discuteremo.

2.2 Limite di una successione

La nozione fondamentale per le successioni è quella di limite[2] Prima di ricordarne la definizione, facciamo un esempio.

Esempio 2.2. Consideriamo la successione $a_n = \dfrac{n+1}{n+2}$. Si ha:

$$a_0 = \frac{1}{2}, a_1 = \frac{2}{3}, a_2 = \frac{3}{4}, \ldots, a_8 = \frac{9}{10} = 0.9, \ldots,$$
$$a_{98} = \frac{99}{100} = 0.99, \ldots, a_{998} = \frac{999}{1000} = 0.999\ .$$

[2] Per chi conosce già la nozione di limite per le funzioni numeriche: la nozione è la medesima. Per le successioni si può definire solo il limite per $n \to \infty$ perché l'infinito è il solo "punto di accumulazione" dei numeri naturali. La nozione di limite è stata isolata da Augustin-Louis Cauchy (Parigi 1789-Parigi 1857), il fondatore della moderna Analisi matematica, che fu Professore all'École Polytechnique, poi all'Università di Torino nel 1831, e rientrò infine a Parigi nel 1839.

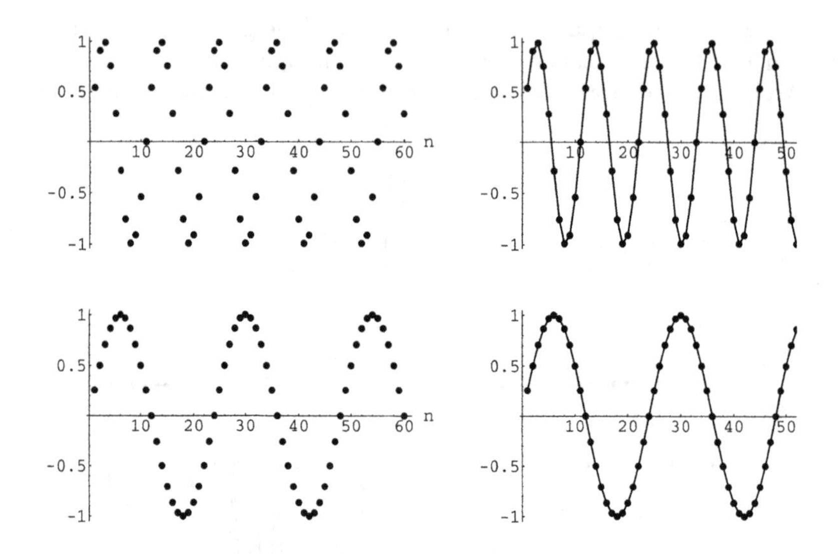

Fig. 2.2. Visualizzazione grafica delle successioni $a_n = \sin(2\pi n/11)$ (alto) e $a_n = \sin(2\pi n/24)$ (basso), rispettivamente

Dunque al crescere di n si osserva che i valori della successione si avvicinano a 1, pur se il valore 1 non viene assunto per alcun n dato che l'uguaglianza $n + 1 = n + 2$ non ammette soluzione.

Consideriamo l'ulteriore esempio della successione $a_n = \frac{1}{n}$, $n \in \mathbb{N}$. Si ha:

$$a_1 = 1,\ a_2 = \frac{1}{2}, \ldots, a_{10} = \frac{1}{10} = 0.1, \ldots,$$
$$a_{100} = \frac{1}{100} = 0.01, \ldots, a_{1000} = \frac{1}{1000} = 0.001, \ldots$$

Al crescere di n i valori di questa successione si avvicinano a 0, pur se, ancora, il valore 0 non viene assunto per alcun n dato che l'uguaglianza $\frac{1}{n} = 0$ non può sussistere. La nozione di limite formalizza questo tipo di fenomeno.

Definizione 2.2 *Data la successione a_n e il numero $l \in \mathbb{R}$, si dice che a_n tende al limite l per $n \to \infty$, e si scrive*

$$\lim_{n \to \infty} a_n = l \tag{2.1}$$

se, $\forall \epsilon > 0$, $\exists N(\epsilon) \in \mathbb{N}$ tale che $\forall n > N(\epsilon)$ si ha $|a_n - l| < \epsilon$ o, equivalentemente, $l - \epsilon < a_n < l + \epsilon$.

Osservazione 2.1.

1. Equivalentemente, si dice che la successione a_n *converge* a l, o che ha *limite finito* l. Una successione che ammette limite finito $l \in \mathbb{R}$ si dice *convergente*.
2. La condizione $|a_n - l| < \epsilon$ equivale a $l - \epsilon < a_n < l + \epsilon$ per $n > N(\epsilon)$. Se riportiamo nel piano cartesiano (x, y) i punti di ascissa n e di ordinata a_n, questa condizione significa che per *tutti* gli $n > N(\epsilon)$ i valori a_n delle ordinate si trovano nella striscia di ampiezza 2ϵ attorno alla retta $y = l$ parallela all'asse delle x. Al diminuire di ϵ l'ampiezza diminuisce, e in generale aumenta N: tuttavia la striscia conterrà sempre gli infiniti punti da $N(\epsilon)$ in poi.
3. Dimostriamo la seguente affermazione (teorema dell'unicità del limite): *Se una successione a_n ammette limite finito l, esso è unico.*
   In altre parole: *una successione convergente non può ammettere due limiti distinti.* Infatti se la successione a_n ammettesse i due limiti l e m con $m \neq l$, per definizione dato $\epsilon > 0$ deve esistere $N(\epsilon)$ tale che per $n > N(\epsilon)$ sono verificate entrambe le disuguaglianze $|a_n - l| < \epsilon$ e $|a_n - m| < \epsilon$. Pertanto:
   $$|m - l| = |m - a_n + a_n - l| \leq |a_n - l| + |a_n - m| < 2\epsilon$$
   Ora ϵ è arbitrario, e quindi così sarà 2ϵ. Dunque $l = m$ contrariamente all'ipotesi.

Esempio 2.3.

1. Dimostriamo che $\lim_{n\to\infty} a_n = 0$, $a_n := \dfrac{1}{n^\alpha}$, se $\alpha > 0$ usando le considerazioni del punto 3 precedente. Dobbiamo fare vedere che è soddisfatta la Definizione 2.2 cioè, in questo caso:
   $$\forall\, \epsilon > 0\ \exists N(\epsilon) : \forall\, n > N(\epsilon) \quad \text{si ha} \quad \left|\frac{1}{n^\alpha} - 0\right| < \epsilon, \quad \text{cioe}' \quad \frac{1}{n^\alpha} < \epsilon.$$
   Il dato del problema è $\epsilon > 0$; l'incognita da determinare è $N(\epsilon)$. Determiniamo $N(\epsilon)$ risolvendo la disuguaglianza $\dfrac{1}{n^\alpha} < \epsilon$. Questa disuguaglianza equivale a $n^\alpha > \dfrac{1}{\epsilon}$ da cui $n > \dfrac{1}{\epsilon^{1/\alpha}}$. Quindi basta prendere $N(\epsilon) > \dfrac{1}{\epsilon^{1/\alpha}}$, ad esempio $N(\epsilon) = [\dfrac{1}{\epsilon^{1/\alpha}}] + 1$ per avere soddisfatta la definizione $\forall\, n > N(\epsilon)$ ($[x]$ denota la parte intera di $x \in \mathbb{R}$). Si osservi ancora che la proprietà $|a_n| < \epsilon$ sussiste per *tutti* gli $n > N(\epsilon)$. Detto qualitativamente, la successione si mantiene definitivamente più piccola di qualsiasi numero positivo, e pertanto il suo limite è zero. In generale, dire che $\lim_{n\to\infty} = l$ equivale a dire che la differenza $|a_n - l|$ si mantiene *definitivamente* inferiore a qualsiasi numero positivo.

2. Un esempio numerico può servire a chiarire meglio il concetto. Sia $\alpha = 1$. Allora dalla formula precedente vediamo che se scegliamo, ad esempio, $\epsilon = 10^{-4}$ allora $N(\epsilon)$ dovrà essere almeno 10^4; se scegliamo $\epsilon = 10^{-8}$, allora $N(\epsilon)$ dovrà essere almeno 10^8, e così via. L'importante è che, comunque piccolo si prenda ϵ, si possa determinare $N(\epsilon)$ in modo tale che *tutti gli infiniti termini* a_n con $n > N(\epsilon)$ si mantengano compresi fra $l - \epsilon$ e $l + \epsilon$.
3. Sia $\alpha = 2$. Allora per $\epsilon = 10^{-4}$ avremo $N(\epsilon) = 10^2$, per $\epsilon = 10^{-8}$ $N(\epsilon) = 10^4$. Si vede quindi che il limite viene raggiunto prima; in altre parole la successione $\frac{1}{n^\alpha}$ converge tanto più "rapidamente" a zero al crescere di α. in altre parole: $N(\epsilon)$ decresce al crescere di α, cosicché i valori della successione cominciano ad avvicinarsi al limite per meno di ϵ per valori più piccoli di n.
4. La successione $a_n := \lambda^n$ converge a 0 se $|\lambda| < 1$: $\lim_{n\to\infty} \lambda^n = 0$ se $|\lambda| < 1$. Per la verifica, dato $\epsilon > 0$ determiniamo $N(\epsilon)$ in modo che $\forall\, n > N(\epsilon)$ si abbia $|\lambda|^n < \epsilon$. Ricordiamo le seguenti proprietà dei logaritmi:

$$\begin{cases} \log_a x > \log_a y \Longleftrightarrow x > y & \text{se} \quad a > 1 \\ \log_a x < \log_a y \Longleftrightarrow x > y & \text{se} \quad a < 1 \end{cases}$$

Inoltre:

$$\log_a a^x = x,\ \forall x \in \mathbb{R}; \qquad a^{\log_a x} = x \quad \forall x > 0$$

(cioè $\log_a x$ è la funzione inversa di a^x). Dunque la condizione $|\lambda|^n < \epsilon$ equivale a $\log_{|\lambda|}|\lambda|^n > \log_{|\lambda|}\epsilon$ da cui $n > \log_{|\lambda|}\epsilon$. Basta quindi prendere $N(\epsilon) > \log_{|\lambda|}\epsilon$. Per di più, poiché $\log_{|\lambda|}\epsilon < \frac{1}{\epsilon^{1/\alpha}}$ per ogni $\alpha < 0$, ragionando come sopra possiamo concludere che l'esponenziale con base minore di 1 converge a zero più rapidamente di ogni potenza inversa $n^{-\alpha}$ per $n \to \infty$.

Osservazione 2.2. Anche in questo caso, l'esplorazione numerica può servire per comprendere il concetto di *velocità di convergenza* di una successione (posto che essa abbia un limite). Questa proprietà ha spesso, vedremo, un ruolo importante. Ci limitiamo qui ad alcuni esempi elementari.

In figura 2.3 mostriamo la diversa velocità di convergenza per le successioni $a_n = n^{-\alpha}$ al variare di α. In figura 2.4 viene invece mostrato il confronto tra una successione del tipo $a_n = n^{-\alpha}$, $\alpha > 0$ (convergenza di tipo *polinomiale*, o meglio, *con legge di potenza*[3]) e la successione a convergenza *esponenziale* $a_n = \lambda^n$, con $< \lambda \leq 1$.

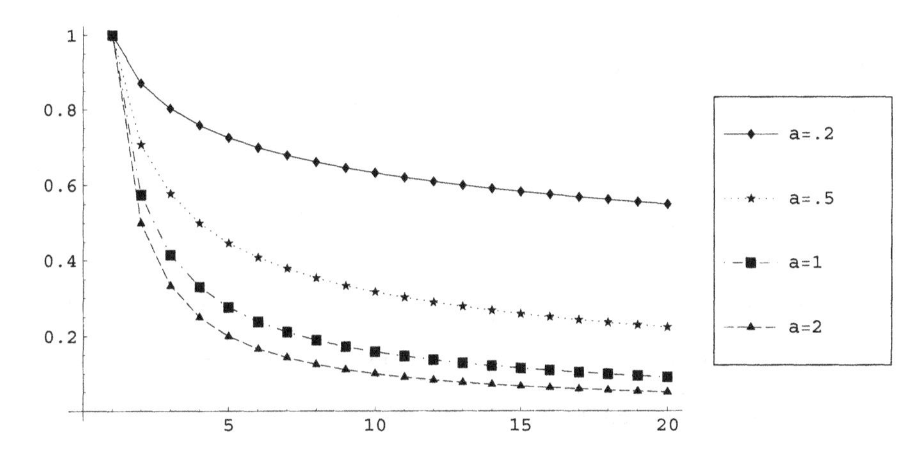

Fig. 2.3. Grafico multiplo che mostra le diverse velocità di convergenza delle successioni n^{-a} per i valori di a indicati in legenda

Esercizio 2.1. Ripetere gli esperimenti visualizzati in figura 2.3 e figura 2.4 usando una *scala logaritmica.* Interpretare e discutere i risultati.

Osservazione 2.3. (I concetti di successione limitata e di successione che ha limite finito sono profondamente diversi!)

1. Una successione che ammette limite finito è limitata. Se $\lim_{n\to\infty} a_n = l$, per la definizione stessa di limite risulterà $|a_n - l| < \epsilon$ se $n > N(\epsilon)$. Ciò implica $||a_n| - |l|| < |a_n - l| < \epsilon$ da cui $|a_n| \leq |l| + \epsilon$, $\forall n > N(\epsilon)$. Sia ora $\epsilon < |l|$, e poniamo $R := \max\limits_{0\leq n\leq N(\epsilon)} |a_n|$. Se si prende una costante M maggiore del massimo fra R e $2|l|$ si può concludere che $|a_n| < M$, $\forall n$ e quindi la successione è limitata.
2. *Il viceversa non è vero!* Una successione può benissimo essere limitata senza ammettere limite. L'esempio più semplice è la successione

[3] Il concetto di convergenza di tipo *polinomiale* o *con legge di potenza* di ordine β accennato nel Capitolo precedente può essere riformulato così: la convergenza è di tipo polinomiale di ordine β ogni qualvolta una successione a_n converge ad un limite a in maniera tale che $|a_n - a| \approx n^{-\beta}$, per $n \to \infty$ e β numero reale positivo. Ricordiamo che date due successioni di numeri reali A_n e B_n, $A_n \approx B_n$ significa che esistono due costanti C_1 e C_2 *non dipendenti da* n, tali che $C_1 \leq |A_n/B_n| \leq C_2$, per ogni $n \geq 1$.

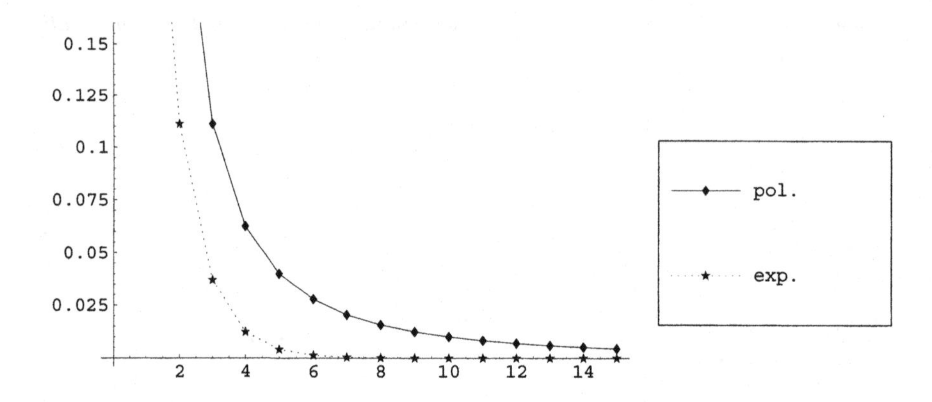

Fig. 2.4. Grafico multiplo che mostra il confronto fra una velocità di convergenza polinomiale (pol.) per una successione del tipo $a_n = n^{-\alpha}, \alpha > 0$ e una convergenza di tipo esponenziale (exp.)), $a_n = \lambda^n = e^{-n \log |\lambda|}$, $0 < \lambda < 1$. La seconda successione converge a zero in maniera *estremamente* più veloce. Dopo poche iterate il suo grafico, a questa *scala*, è indistinguibile dall'asse delle ascisse

$0, 1, 0, 1 \ldots$ cioè $a_n = 0, n = 2p$; $a_n = 1, n = 2p + 1$ $\forall p \in \mathbb{N}$. In forma concisa: $a_n = (-1)^n$, si veda figura 2.1. È evidente infatti che questa successione *oscilla* fra 0 e 1 e non potrà mai *assestarsi* ad un unico limite. Per rendere rigorosa questa affermazione, basta osservare che la differenza fra due termini consecutivi qualsiasi è sempre 1. Questo implica la non esistenza del limite; se infatti esistesse, per definizione dato ϵ dovrebbe esistere $N(\epsilon)$ tale che $|a_n - l| < \epsilon$ per *tutti* gli $n > N(\epsilon)$. Allora:

$$1 = |a_{n+1} - a_n| = |a_{n+1} - l + l - a_n| \leq |a_{n+1} - l| + |l - a_n| \leq \epsilon + \epsilon = 2\epsilon$$

relazione evidentemente impossibile perché $\epsilon > 0$ deve essere arbitrario.

Definizione 2.3

1. *Si dice che la successione* a_n diverge *a* $+\infty$, *o che ha limite* $+\infty$, *e si scrive*
$$\lim_{n\to\infty} a_n = +\infty$$
se $\forall M > 0\ \exists N(M) \in \mathbb{N}$ *tale che* $a_n > M$ *se* $n > N(M)$.
2. *Si dice che la successione* a_n diverge *a* $-\infty$, *o che ha limite* $-\infty$, *e si scrive*
$$\lim_{n\to\infty} a_n = -\infty$$
se $\forall M > 0\ \exists N(M) \in \mathbb{N}$ *tale che* $a_n < -M$ *se* $n > N(M)$.
3. *Una successione che soddisfa* 1 *o* 2 *si dice* divergente.
4. *Se una successione* a_n *non è nè convergente nè divergente si dice che non ammette limite.*

Osservazione 2.4.

1. Così come per la definizione 2.2, è utile rappresentare i punti della successione a_n nel piano cartesiano riportando in ascissa i naturali n e in ordinata i corrispondenti valori a_n. Allora l'affermazione $\lim_{n\to\infty} a_n = +\infty$ significa che per $n > N(M)$ *tutti* i valori a_n si mantengono superiori alla quota M. Analogamente, staranno sotto la quota $-M$ se $\lim_{n\to\infty} a_n = -\infty$.
2. Il teorema sull'unicità del limite vale ancora se si includono anche $+\infty$ e $-\infty$ fra i valori che i limiti possono assumere.

Esempio 2.4.

1. La successione $a_n = n^\alpha$ tende a $+\infty$ se $\alpha > 0$. Basta procedere come nell'esempio precedente: scelto M a piacere, la condizione $n^\alpha > M$ implica $n > M^{1/\alpha}$ e quindi basterà prendere $N(M) \geq [M^{1/\alpha}]+1$. Ripetendo poi il ragionamento fatto per la successione $(n+1)^{-\alpha}$, si conclude subito che n^α diverge più rapidamente al crescere di α. La divergenza della successione $a_n = n^\alpha$ si dice divergenza di potenza di esponente α.
2. La successione dell'incremento esponenziale $a_n = \lambda^n$ è divergente se $\lambda > 1$. Qui infatti $\lambda^n > M$ equivale a $n > \log_\lambda M$ e quindi basta scegliere $N(M) \geq [\log_\lambda] + 1$ per avere $|a_n| > M \ \forall n > N(M)$. Anche qui, la divergenza esponenziale è più veloce di quella di qualsiasi potenza.
3. La successione $a_n = \lambda^n$ non ammette limite se $\lambda < -1$. Infatti si ha
$$a_{2n} = \lambda^{2n} \to \infty; \quad a_{2n+1} = \lambda\lambda^{2n} \to -\infty$$
perché $\lambda^{2n} > 0$ mentre $\lambda < 0$, e ciò basta a provare la non esistenza del limite.

Esercizio 2.2. Visualizzare e confrontare qualitativamente i comportamenti per $n \to \infty$ (eventuale limite e velocità di convergenza) delle successioni: $a_n = n^\alpha$ con $0 < \alpha < 1$ e $\alpha > 1$, $a_n = \lambda^n$ con $\lambda > 1$ e $\lambda < -1$.

Soluzione. Figura 2.5.

2.3 Alcuni teoremi fondamentali sui limiti

Enunciamo, proponendo la dimostrazione come esercizio, alcune delle proprietà principali dell'operazione di limite.

Teorema 2.1 *Siano a_n e b_n due successioni convergenti, con* $\lim_{n\to\infty} a_n = a$, $\lim_{n\to\infty} b_n = b$. *Allora*

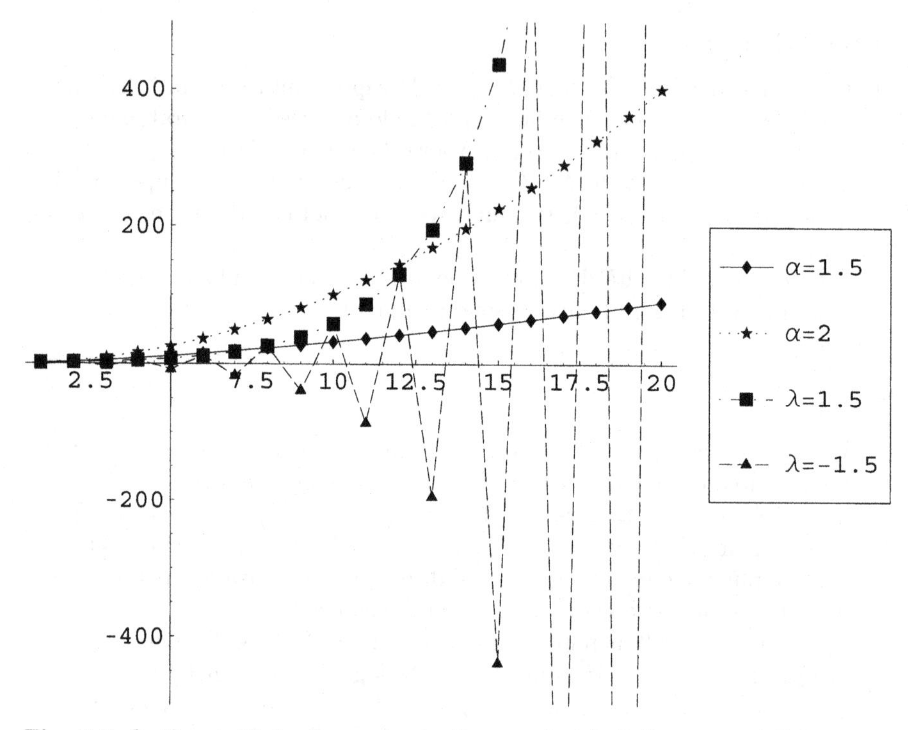

Fig. 2.5. Grafico multiplo che mostra le diverse velocità di divergenza delle successioni n^α e λ^n per i valori di α e λ indicati in legenda

1. *Il limite della somma vale la somma dei limiti:*

$$\lim_{n\to\infty}(a_n + b_n) = a + b$$

2. *Il limite del prodotto vale il prodotto dei limiti:*

$$\lim_{n\to\infty}(a_n \cdot b_n) = a \cdot b$$

In particolare se b_n è una costante, $b_n = b \forall n$,

$$\lim_{n\to\infty}(ba_n) = b \lim_{n\to\infty}(a_n) = ab.$$

3. *Se $b \neq 0$ il limite del quoziente vale il quoziente dei limiti:*

$$\lim_{n\to\infty} \frac{a_n}{b_n} = \frac{a}{b}$$

Sia ora a_n una successione limitata, $|a_n| \leq M \; \forall n \in \mathbb{N}$, e sia b_n divergente a $+\infty$ o a $-\infty$. Allora:

1. *La successione $a_n + b_n$ è divergente a $+\infty$ o a $-\infty$ rispettivamente.*

2. Se $\lim_{n\to\infty} a_n = a \neq 0$ *la successione* $a_n \cdot b_n$ *è divergente. Più precisamente: a* $+\infty$ $(-\infty)$ *se* $a > 0$ $(a < 0)$. *(4 casi a seconda della regola dei segni).*

3. La successione $\dfrac{a_n}{b_n}$ *converge a zero:* $\lim\limits_{n\to\infty} \dfrac{a_n}{b_n} = 0$.

Esercizio 2.3. Dimostrare il teorema.

Soluzione. Seguire il corso di Analisi.

Esempio 2.5.

1. La successione $a_n = \dfrac{\sin(2\pi n/p)}{\lambda^n}$ è convergente a 0 se $\lambda > 1$ e per qualsiasi valore di p reale diverso da zero perché la successione $a_n = \sin(2\pi n/p)$ è limitata e la successione λ^n è divergente positivamente se $\lambda > 1$.
2. Se a_n è una successione limitata qualsiasi, la successione $\dfrac{a_n}{\lambda^n}$ converge a 0 se $\lambda > 1$ perché la successione λ^n è divergente positivamente se $\lambda > 1$.

Data una successione, è cosa di grande rilevanza stabilire dei criteri che permettano di determinarne immediatamente la convergenza la divergenza. Un criterio fondamentale è il seguente:

Teorema 2.2 *Sia* a_n *una successione monotona. Allora:*

1. Se a_n *è limitata essa ha limite, cioè esiste a tale che* $\lim_{n\to\infty} a_n = a$.
2. Se a_n *non è limitata essa diverge a* $+\infty$ *o a* $-\infty$.

Dimostrazione. Seguire il corso di Analisi.

Esempio 2.6. (Il numero di Nepero)
Consideriamo la successione il cui termine generale è

$$a_n = \left(1 + \frac{1}{n}\right)^n$$

Dimostriamo che a_n è crescente. Per la forma del binomio di Newton (2.1) con $x = \dfrac{1}{n}$ e $a_k(n) = \dfrac{n!}{k!(n-k)!}$ si ha

$$a_n = \left(1 + \frac{1}{n}\right)^n = \sum_{k=0}^{n} \frac{n!}{k!(n-k)!} \frac{1}{n^k} =$$

$$\sum_{k=0}^{n} \frac{1}{k!} \frac{n(n-1)\cdots(n-k+1)}{n^k} = \sum_{k=0}^{n} \frac{1}{k!} \left(1 - \frac{1}{n}\right)\left(1 - \frac{2}{n}\right)\cdots\left(1 - \frac{k-1}{n}\right)$$

Se adesso andiamo a mettere $n+1$ al posto di n in questa formula il numero degli addendi, tutti positivi, aumenta e il valore di ciascuno non diminuisce. Quindi $a_n < a_{n+1}$ e la successione è strettamente crescente. Inoltre dalla formula precedente segue subito, dato che tutti i prodotti entro parentesi sono minori di 1:

$$\left(1+\frac{1}{n}\right)^n < \sum_{k=0}^{n} \frac{1}{k!} = 1+1+\frac{1}{2}+\frac{1}{2\cdot 3}+\ldots+\frac{1}{1\cdot 2\cdot 3\cdots n} <$$

$$1+(1+\frac{1}{2}+\frac{1}{2^2}+\ldots+\frac{1}{2^{n-1}}) = 1+\frac{1-2^{-n}}{1-1/2} < 1+2=3$$

Qui abbiamo fatto uso, nel provare la seconda disuguaglianza, della constatazione che $2^k = 2\cdots 2 < 2\cdot 3\cdots k = k!$ e della formula

$$1+\frac{1}{2}+\frac{1}{2^2}+\ldots+\frac{1}{2^{n-1}} = \frac{1-2^{-n}}{1-1/2}$$

(la cui verifica è immediata: basta moltiplicare ambo i membri per $1-1/2$). Quindi la successione è anche limitata, e pertanto convergente. Il suo limite è un numero reale fra 2 e 3, che si denota e e porta il nome di *numero di Nepero* [4]. Concludendo:

$$e = \lim_{n\to\infty}\left(1+\frac{1}{n}\right)^n = 2.71828182845904523354\ldots$$

2.4 Serie numeriche

Una classe di successioni di estrema importanza è quella delle serie numeriche. Le serie numeriche costituiscono il procedimento per definire e calcolare somme di infiniti numeri. Ce ne occuperemo ora brevemente. Cominciamo con due esempi fondamentali.

Esempio 2.7. (Progressioni aritmetiche e geometriche)

1. Supponiamo di volere calcolare la somma S_n dei primi n numeri naturali: $S_n := 1+2+3+\ldots$ che possiamo indicare anche con $S_n = \sum_{k=1}^{n} k$. S_n è ovviamente una successione crescente, detta *progressione aritmetica di ragione* 1 perché ogni termine nella somma si ottiene dal precedente aggiungendo 1. Si ha:
$$S_n = \frac{n(n+1)}{2} \tag{2.2}$$

[4] Dal nome di John Napier, o Neper (Edinburgo 1550-1617), in latino Neperus, italianizzato in Nepero.

Dimostriamo questa formula[5] per induzione. Per $n = 1$ si ha $S_1 = 1$ come deve. Assumiamo allora che sia $S_{n-1} = \frac{n(n-1)}{2}$. Allora:

$$S_n = S_{n-1} + n = \frac{n(n-1)}{2} + n = \frac{n(n+1)}{2}.$$

2. Supponiamo ora di volere calcolare la somma G_n delle prime $n+1$ potenze di un numero fissato $x \in \mathbb{R}$:

$$G_n := 1 + x + x^2 + \ldots + x^n = \sum_{k=0}^{n} x^k$$

G_n è detta *progressione geometrica di ragione* x perché ogni termine nella somma si ottiene dal precedente moltiplicandolo per x. Anche la formula per G_n è ben nota:

$$G_n = \frac{1 - x^{n+1}}{1 - x}, x \neq 1; \qquad G_n = n, \quad x = 1. \tag{2.3}$$

La si deduce immediatamente dividendo per $1 - x$ il prodotto notevole $1 - x^{n+1} = (1-x)(1 + x + x^2 + \ldots + x^n)$.

Il procedimento per ottenere S_n e G_n sommando consecutivamente i termini delle successioni $a_n = n$ e $a_n = x^n$ a partire dal primo ($n = 0$) si può applicare ad ogni successione a_n. La serie numerica corrispondente esamina l'"andamento" di questa successione per $n \to \infty$, in altre parole il limite della successione delle somme parziali.

Definizione 2.4

1. *Data la successione* $a_k, k = 0, 1, \ldots,$ *dicesi* somma parziale $n-$*esima da essa dedotta, denotata* s_n*, la somma dei primi* $n + 1$ *numeri* a_k*:*

$$s_n := a_0 + a_1 + \ldots + a_n = \sum_{k=0}^{n} a_k \tag{2.4}$$

ossia

$$s_0 = a_0; \quad s_1 = a_0 + a_1; \qquad s_2 = a_0 + a_1 + a_2,$$
$$s_n = a_0 + a_1 + \ldots + a_n = s_{n-1} + a_n$$

La successione s_n *delle somme parziali dicesi* serie numerica *di ridotte* s_n*, e si indica col simbolo* $\sum_{n=0}^{\infty} a_n$ *o anche* $a_0 + a_1 + a_2 + \ldots$.

[5] La leggenda vuole che sia stata scritta per la prima volta da Gauss nel 1787 all'età di 10 anni quando il maestro per punizione gli ingiunse di calcolare la somma di tutti i numeri da 1 a 100. Carl Friedrich Gauss (Braunschweig 1777-Göttingen 1855), uno dei più grandi matematici, fisici ed astronomi di tutti i tempi, fu Professore di Astronomia e poi di Matematica all'Università di Göttingen.

2. *Se la successione delle somme parziali ammette limite $s \in \mathbb{R}$, cioè se* $\lim_{n\to\infty} s_n = s$ *si dice che la serie numerica di ridotte s_n è* convergente, *e si scrive*

$$\sum_{n=0}^{\infty} a_n = s \tag{2.5}$$

Il limite s si dice somma *della serie.*

3. *Se la successione s_n diverge positivamente (negativamente) scriveremo* $\sum_{n=0}^{\infty} a_n = +\infty$ *($\sum_{n=0}^{\infty} a_n = -\infty$) e diremo che la serie è* divergente.

Esempio 2.8. La successione G_n dell'esempio precedente si dice *serie geometrica.* Dimostriamo quanto segue:

1. *Se $|x| < 1$ la serie geometrica è convergente e la sua somma vale* $s = \dfrac{1}{1-x}$.
In formule:

$$\sum_{n=0}^{\infty} x^n = \frac{1}{1-x}, \qquad |x| < 1$$

2. Se $x = -1$ la serie geometrica è oscillante. Se $x < -1$ la somma non esiste, nè finita nè infinita.

Per dimostrare queste affermazioni consideriamo la successione $G_n = \sum_{k=1}^{n} x^k = \dfrac{1-x^{n+1}}{1-x}$ delle somme parziali. Poiché $|x| < 1$ sappiamo (Esempio 2.5.5) che $\lim\limits_{n\to\infty} x^{n+1} = 0$. Quindi, per l'affermazione 3 del Teorema 2.1 abbiamo

$$\sum_{n=0}^{\infty} x^n = \lim_{n\to\infty} \frac{1-x^{n+1}}{1-x} = \frac{1}{1-x}$$

e ciò prova la prima affermazione.
La verifica dell'asserzione valida per $x < -1$ segue dal fatto già dimostrato che la successione x^n non ha limite per $x < -1$. Infine se $x = 1$ $G_n = n$ e quindi la successione delle somme parziali diverge positivamente.

Rimane il caso $x = -1$. Qui si vede subito che $G_{2n} = 0$, $G_{2n+1} = 1$; quindi come è facile verificare la successione delle somme parziali pur essendo limitata non ammette limite e la serie non converge. Essa però converge a $\dfrac{1}{2}$ nel senso di Cesàro come vedremo nel punto della dimostrazione del Teorema 5.1.

La serie aritmetica diverge positivamente. Infatti $S_n = \dfrac{n(n+1)}{2}$ ed abbiamo già visto che questa successione tende a $+\infty$.

Osservazione 2.5.

1. Se $a_n > 0$ ($a_n < 0$) la serie $\sum_{n=0}^{\infty} a_n$ si dice a termini positivi (negativi). La successione delle somme parziali è in questi casi monotona. Quindi per il Teorema 2.2 una serie a termini positivi (negativi) o converge o diverge positivamente (negativamente).
2. Nel caso precedente si vede subito che condizione necessaria (ma non sufficiente!) affinché la serie converga è che sia $\lim_{n\to\infty} a_n = 0$. Altrimenti la successione s_n delle somme parziali, che è monotona, non potrebbe essere limitata e dovrebbe necessariamente divergere. Ad esempio, si può dimostrare che la serie a termini positivi $\sum_{k=1}^{\infty} \frac{1}{n^\alpha}$ converge per $\alpha > 1$ mentre diverge per $0 < \alpha \leq 1$ anche se $\lim_{n\to\infty} \frac{1}{n^\alpha} = 0$. Si può dimostrare che questo risultato rimane vero anche senza assumere che la successione a_n abbia segno costante. La conclusione è che si può dimostrare il seguente:

Teorema 2.3 *La serie numerica* $\sum_{n=0}^{\infty} a_n$ *può convergere solo se* $\lim_{n\to\infty} a_n = 0$.

Questo teorema dà una condizione necessaria per la convergenza. Esistono molte condizioni sufficienti. La più utile è forse la seguente, basata sul confronto.

Anzitutto diciamo che una serie numerica $\sum_{n=0}^{\infty} a_n$ converge *assolutamente* se converge la serie dei suoi valori assoluti, cioè se

$$\sum_{n=0}^{\infty} |a_n| < +\infty$$

Date due serie numeriche $\sum_{n=0}^{\infty} a_n$, $\sum_{n=0}^{\infty} b_n$, $b_n > 0$, diremo poi che la prima è *maggiorata* dalla seconda (equivalentemente, la seconda *maggiora* la prima) se esiste $K > 0$ tale che

$$|a_n| \leq K b_n \qquad \forall n \in \mathbb{N}$$

Teorema 2.4

1. *Se* $\sum_{n=0}^{\infty} |a_n| < +\infty$ *allora anche* $\sum_{n=0}^{\infty} a_n$ *converge, cioè la convergenza assoluta implica la convergenza semplice (mentre il viceversa non è vero).*
2. *Se la serie* $\sum_{n=0}^{\infty} |a_n|$ *è maggiorata dalla serie* $\sum_{n=0}^{\infty} b_n$, $b_n > 0$ *e quest'ultima converge, anche la prima converge e*

$$\sum_{n=0}^{\infty} |a_n| \leq K \sum_{n=0}^{\infty} b_n$$

Conseguentemente se $\sum_{n=0}^{\infty} |a_n|$ *diverge allora anche* $\sum_{n=0}^{\infty} b_n$ *diverge.*

Dimostrazione.
Seguire il corso di Analisi.

Osservazione 2.6. Sia a_n un successione maggiorata da x^n con $0 < x < 1$: $|a_n| \leq x^n$. Allora la serie $\sum_{n=0}^{\infty} a_n$ converge assolutamente perché è maggiorata da una serie geometrica convergente.

Esempio 2.9. La serie

$$\sum_{n=0}^{\infty} \frac{a^n}{n!}$$

detta *serie esponenziale* per il motivo chiarito nell'esercizio seguente, è assolutamente convergente $\forall a \in \mathbb{R}$. Infatti, sia $a > 0$ e al solito si denoti $[a]$ la parte intera di a. Allora

$$\sum_{n=0}^{\infty} \frac{a^n}{n!} = \sum_{n=0}^{[a]} \frac{a^n}{n!} + \sum_{n=[a]+1}^{\infty} \frac{a^n}{n!}$$

Il primo termine è una somma finita, e quindi occorre e basta mostrare la convergenza del secondo. Si ha anzitutto:

$$\sum_{n=[a]+1}^{\infty} \frac{a^n}{n!} = a^{[a]} \sum_{k=1}^{\infty} \frac{a^k}{([a]+k)!}$$

D'altra parte:

$$\frac{a^k}{([a]+k)!} \leq \frac{a^k}{([a]+1)^k} = b^k, \quad b := \frac{a}{[a]+1} < 1$$

Pertanto:

$$\sum_{k=1}^{\infty} \frac{a^k}{([a]+k)!} \leq \sum_{k=1}^{\infty} b^k = b \sum_{k=0}^{\infty} b^k = \frac{b}{1-b}.$$

se $a > 0$, ma questo ovviamente implica la convergenza assoluta per ogni $a \in \mathbb{R}$ perché $\frac{|-a|^n}{n!} = \frac{a^n}{n!}$ con $a > 0$.

Esercizio 2.4. (Per chi conosce il calcolo infinitesimale)

Dimostrare che $\sum_{n=0}^{\infty} \frac{a^n}{n!} = e^a$, $\forall\, a \in \mathbb{R}$.

Suggerimento. Ammettendo che $\frac{d}{dx}\sum_{n=0}^{\infty} \frac{x^n}{n!} = \sum_{n=0}^{\infty} \frac{d}{dx}\frac{x^n}{n!}$ far vedere che

$$\frac{d}{dx}\sum_{n=0}^{\infty} \frac{x^n}{n!} = \sum_{n=0}^{\infty} \frac{x^n}{n!}.$$

Esercizio 2.5. Si dimostra in Analisi che la serie $\sum_{n=1}^{\infty} \frac{1}{n^\alpha}$ (detta *serie armonica generalizzata* per $\alpha \neq 1$; *serie armonica* per $\alpha = 1$) è convergente se $\alpha > 1$, mentre diverge se $\alpha \leq 1$. Far vedere che qualsiasi serie $\sum_{n=0}^{\infty} a_n$ tale che per $n \in \mathbb{N}$ si abbia $|a_n| \leq \frac{K}{n^\alpha}$ con $\alpha > 1$ è convergente, mentre è divergente se $a_n \geq \frac{M}{n^\alpha}$ con $\alpha \leq 1$. Qui K e M sono costanti positive.

Concludiamo questo paragrafo con un'applicazione delle serie numeriche alla filosofia.

Esempio 2.10. (Paradossi di Zenone) Volendo mettere in evidenza che le affermazioni dedotte dal puro ragionamento possono risultare in contraddizione con le osservazioni empiriche, il filosofo sofista Zenone di Elea (V secolo A.C.; Elea era una città della Magna Grecia vicino a Metaponto, in Lucania) enunciò un paradosso diventato celebre che riporteremo qui nelle sue due varianti più conosciute[6].

1. *La freccia scoccata dall'arco non colpirà mai il bersaglio, o paradosso della dicotomia.*

   Prima di colpire il bersaglio la freccia dovrà percorrere la metà della distanza che separa quest'ultimo dall'arco, e poi la metà della metà restante, e così via. Percorrere questi infiniti tratti richiederà ancora un tempo infinito, e quindi la freccia non colpirà mai il bersaglio.

2. *Il piè veloce Achille non raggiungerà mai la tartaruga.*

   Achille, il più veloce eroe omerico, si lancia all'inseguimento di una tartaruga partita in vantaggio su di lui, alla distanza d. Ebbene non la raggiungerà mai: infatti il piè veloce impiegherà un certo tempo per raggiungere la posizione iniziale d; nel frattempo la tartaruga avrà percorso un certo tratto e si sarà portata nella posizione d', che Achille impiegherà

[6] Tramandateci da Aristotele nel Libro VI della *Fisica*.

un certo tempo a raggiungere, e così via; quindi Achille non potrà mai raggiungere la tartaruga.

Come la matematica risolve il paradosso della dicotomia. Assumiamo per comodità che la distanza fra l'arco e il bersaglio valga 1. Esplicitando l'assunzione implicita nella formulazione del paradosso che la velocità di percorrenza della freccia sia costante, avremo che, fatto $\frac{t}{2}$ il tempo necessario a percorrere la prima metà della distanza, il tempo necessario a percorrere la metà della seconda metà sarà $\frac{t}{4}$, e così via. Il tempo T necessario per percorrere l'intera distanza sarà quindi dato da

$$T = t\left(\frac{1}{2} + \frac{1}{4} + \frac{1}{8} + \dots\right)$$

Si tratta di una serie geometrica di ragione $\frac{1}{2}$ e punto iniziale $\frac{1}{2}$. Pertanto, raccogliendo $\frac{1}{2}$ a fattor comune:

$$T = \frac{t}{2}\sum_{n=0}^{\infty}\left(\frac{1}{2}\right)^n = \frac{t}{2}\frac{1}{1-\frac{1}{2}} = t$$

Quindi il mobile impiegherà, per giungere al punto di arrivo, esattamente il doppio del tempo che ha impiegato a percorrere la metà della distanza che separa il punto di partenza da quello di arrivo, così come ci suggerisce la nostra intuizione. Dunque il paradosso si risolve semplicemente sommando una serie geometrica di ragione $\frac{1}{2}$.

Esercizio 2.6. Risolvere il paradosso di Achille e della tartaruga, dimostrando che il raggiungimento avrà luogo se egli è K volte più veloce della tartaruga con $K > 1$.

La morale del tutto è: il paradosso è dovuto all'ammissione, erroneamente considerata di per sé evidente, che la somma di infiniti numeri sia infinita. *Non è affatto detto che la somma di infiniti numeri debba essere infinita. Può benissimo essere finita!*

2.5 Successioni di 0 e 1

Le successioni in cui i numeri a_n assumono i soli valori 0 e 1, e cioè le successioni del tipo $0, 1, 1, 0, 0, 0, 1, 0\dots$ si incontrano in molti casi significativi.

Vediamone subito alcuni particolarmente importanti; altri li vedremo nei capitoli successivi.

Esempio 2.11. (La numerazione in base 2) La numerazione in base 10, o numerazione decimale, significa che possiamo scrivere ogni intero in uno ed un solo modo sotto la forma $n = x_{N-1}x_{N-2}\ldots x_0$ dove x_i prendono i valori $0, 1, \ldots, 9$ (cifre). Qui x_0 indica il numero delle unità, x_1 quello delle decine, e così via fino a x_N che indica il numero delle potenze di 10 di ordine N:

$$n = x_N 10^N + x_{N-1}10^{N-1} + \ldots + x_1 10^1 + x_0$$

Ad esempio 13045 significa 1 decina di migliaia, 3 migliaia, 0 centinaia, 3 decine e 5 unità:

$$13045 = 1 \times 10^4 + 3 \times 10^3 + 0 \times 10^2 + 4 \times 10^1 + 5 \times 10^0$$

cioè $x_0 = 5, x_1 = 4, x_2 = 0, x_3 = 3, x_4 = 1$. Allo stesso modo, la numerazione in base 2 significa scrivere ogni intero positivo sotto la forma

$$n = y_N y_{N-1} \cdots y_0$$

dove però, essendoci solo due "cifre" le y_i prendono solo i valori 0 e 1. In tal caso y_0 rappresenta le potenze 2^0 cioè l'unità, y_1 la potenza di grado 1 cioè 2, ecc. In generale, come sopra,

$$n = y_N 2^N + y_{N-1}2^{N-1} + \ldots + y_1 2 + y_0.$$

Calcoliamo ad esempio la decomposizione binaria di 13405: la potenza più alta di 2 contenuta in 13405 è $2^{13} = 8192$. La potenza di 2 più alta contenuta in $13405 - 8192 = 5213$ è $2^{12} = 4096$; la potenza di 2 più alta contenuta in $5213 - 4096 = 1117$ è $2^{10} = 1024$; la potenza di 2 più alta contenuta in $1117 - 1024 = 93$ è $2^6 = 64$; la potenza di 2 più alta contenuta in $93 - 64 = 29$ è $2^4 = 16$; la potenza di 2 più alta contenuta in $29 - 16 = 13$ è $2^3 = 8$; la potenza di 2 più alta contenuta in $13 - 8 = 5$ è $2^2 = 4$; la potenza di 2 più alta contenuta in $5 - 4 = 1$ è $2^0 = 1$. Dunque sono presenti solo le potenze di 2 di esponente 13, 12, 10, 6, 4, 3, 2, 0. Quindi

$$\begin{aligned} 13405 = {} & 2^{13} + 2^{12} + 0 \times 2^{11} + 2^{10} + 0 \times 2^9 + 0 \times 2^8 + 0 \times 2^7 \\ & + 2^6 + 0 \times 2^5 + 2^4 + 2^3 + 2^2 + 0 \times 2^1 + 1 \end{aligned}$$

In altre parole, 13405 = 11010001011101 in base 2.

Esercizio 2.7. Calcolare le decomposizioni binarie di 11457 e 18951.

Risposta. 11457 = 10110011000001, 18951 = 100101000000111.

Esercizio 2.8. Se la numerazione binaria è uno strumento così comodo, perché non lo si adotta nell'uso quotidiano invece che lasciarla ai calcolatori?

La decomposizione binaria di un numero naturale genera una successione *finita*, detta anche *stringa*, i cui elementi assumono solo i valori $0, 1$. Come tale, essa genera la decomposizione binaria della parte intera di qualsiasi numero reale. Successioni infinite corrispondono alla decomposizione binaria della parte decimale, che si sviluppa in modo analogo come passiamo ora a ricordare. Trattandosi della parte decimale, possiamo prendere x fra 0 e 1: $0 \leq x \leq 1$. Consideriamo la sua decomposizione decimale, $x = 0.x_1x_2\ldots$, $x_i = 0, 1, 2, 3, \ldots, 8, 9$. Essa corrisponde a rappresentare x nella forma seguente:

$$x = x_1 10^{-1} + x_2 10^{-2} + x_3 10^{-3} + \ldots \tag{2.6}$$

dove x_1 indica quanti decimi ci sono, x_2 quanti centesimi, ecc. nel senso che si può dimostrare che la serie a secondo membro converge a x. Esempio:

$$x = 0.3709 : x_1 = 3, x_2 = 7, x_3 = 0, x_4 = 9, x_k = 0, k \geq 5.$$

Possiamo quindi mettere in corrispondenza ad ogni numero reale $0 \leq x \leq 1$ la successione delle cifre del suo sviluppo decimale:

$$x \mapsto r_n := (x_1, x_2, x_3, \ldots) \tag{2.7}$$

dove ciascun elemento x_k è un intero fra 0 e 9 (compresi). Riguardo questa corrispondenza richiamiamo alcuni fatti ben noti:

1. A priori ad un medesimo numero x possono corrispondere due successioni distinte: ad esempio il numero 1 può essere scritto come $1,000\ldots$ o equivalentemente come $0,9999\ldots$; allo stesso modo le rappresentazioni equivalenti $0.5 = 0.4999\ldots$ generano le due successioni differenti $5, 0, 0, \ldots$ e $4, 9, 9\ldots$. Inversamente, le successioni del tipo

$$x_1, x_2, \ldots, x_k, 9, \ldots, 9, \ldots$$

   e le successioni del tipo

$$x_1, x_2, \ldots, x_k + 1, 0, 0, \ldots$$

   generano lo stesso numero.
2. Se da un certo indice $m \geq 1$ in poi la successione $(x_1, x_2, x_3, \ldots)$ è periodica, cioè se la successione $(x_m, x_{m+1}, x_{m+2}, \ldots)$ è periodica, il numero corrispondente x è razionale e viceversa. Ad esempio $3/8 = 0.37500000\ldots = 0.3749999999\ldots$

Allo stesso modo, dato $0 \leq x \leq 1$, la sua *rappresentazione binaria* $x_1, x_2, x_3, \ldots$ corrisponde a scrivere x nel modo seguente:

$$x = x_1 2^{-1} + x_2 2^{-2} + x_3 2^{-3} + x_4 2^{-4} + \ldots \tag{2.8}$$

dove $x_i = 0$ o $x_i = 1$. Come sopra, si usa l'abbreviazione $x = (x_1, x_2, x_3, \ldots)$. Anche qui non è detto che lo sviluppo binario di un numero sia unico. Ad esempio, il numero 0.5 ammette in base 2 le due rappresentazioni $1, 0, 0, \ldots$ e $0, 1, 1, 1 \ldots$. Infatti inserendo la seconda rappresentazione nella (2.8) troviamo

$$x = 0 \times 2^{-1} + \lim_{n\to\infty} \sum_{k=2}^{n} 2^{-k} = \frac{1}{4} \lim_{n\to\infty} \sum_{k=0}^{n-2} 2^{-k} = \frac{1}{4} \frac{1}{1-1/2} = \frac{1}{2}$$

(Qui abbiamo usato, al solito, la formula $\lim_{n\to\infty} \sum_{k=0}^{n} 2^{-k} = \frac{1}{1-\frac{1}{2}} = 2$ per la somma della serie geometrica di ragione $\frac{1}{2}$). Come nel caso decimale, a numeri razionali corrispondono rappresentazioni binarie periodiche.

Esercizio 2.9.

1. Il numero razionale $\frac{1}{3}$ ha la rappresentazione decimale $(3, 3, 3, \ldots) = 0.333\ldots$. Trovare la sua rappresentazione binaria.

   Soluzione. Poiché $\frac{1}{3} < \frac{1}{2}$, avremo $x_1 = 0$. x_2 sarà quindi definito dalla condizione $\frac{1}{3} = \frac{1}{4} + y_2$ da cui $x_2 = 1$ e $y_2 = \frac{1}{3} - \frac{1}{4} = \frac{1}{12}$. Proseguendo, $x_3 = 0$ perché $\frac{1}{12} < \frac{1}{8}$, $\frac{1}{12} = \frac{1}{16} + y_4$ da cui $x_4 = 1$, $y_4 = \frac{1}{12} - \frac{1}{16} = \frac{1}{48}$. Procedendo ancora, si trova subito $x_{2n+1} = 0$, $x_{2n} = 1$, $y_{2n} = \frac{1}{3.2^{2n}}$. In conclusione, l'espansione binaria di $\frac{1}{3}$ è la successione $(0, 1, 0, 1, \ldots)$, ovvero

   $$\frac{1}{3} = \frac{1}{4} + \frac{1}{16} + \frac{1}{64} + \frac{1}{2^{2n}} + \ldots = \frac{1}{4}\left(1 + \frac{1}{4} + \frac{1}{16} + \ldots\right)$$

   Infatti la somma entro parentesi è una serie geometrica di ragione $\frac{1}{4}$. Essa pertanto vale $\frac{1}{1-1/4}$. Quindi

   $$\frac{1}{4} + \frac{1}{16} + \frac{1}{64} + \frac{1}{2^{2n}} + \ldots = \frac{1}{4} \frac{1}{1-1/4} = \frac{1}{3}$$

2. Trovare gli sviluppi binari delle frazioni: $\frac{1}{5}, \frac{1}{7}, \frac{1}{11}$.

   Soluzione. Consideriamo $\frac{1}{5}$. Si ha $\frac{1}{5} < \frac{1}{2}$, $\frac{1}{5} < \frac{1}{4}$. Quindi i primi due termini dello sviluppo binario sono 00. Per trovare i successivi, procediamo come sopra: poniamo $\frac{1}{5} = \frac{1}{8} + y_3$ da cui $y_3 = \frac{3}{40}$; $\frac{3}{40} = \frac{1}{16} + y_4$ da cui

$y_4 = \frac{1}{80}$; poi $\frac{1}{80} < \frac{1}{32}$ e $\frac{1}{80} < \frac{1}{64}$ da cui $y_5 = y_6 = 0$; proseguendo si ha $\frac{1}{80} = \frac{1}{128} + y_7$ da cui $y_7 = \frac{1}{16}(\frac{1}{5} - \frac{1}{8}) = \frac{1}{16}y_3$. Proseguendo ancora, si trova $y_{n+k} = \frac{1}{16}y_3$ da cui la periodicità di periodo 4. Concludendo, lo sviluppo di $\frac{1}{5}$ in base 2 è:

$$\frac{1}{5} = (001100110011\ldots).$$

che possiamo scrivere come $\frac{1}{5}(x_1, x_2, x_2, \ldots, x_n \ldots)$ con $x_{4k-1} = x_{4k} = 1$; $x_{4k-2} = x_{4k-3} = 0, k = 1, 2, \ldots$. Per verificare il risultato, sommiamo ancora le serie geometriche. Si ha:

$$\sum_{n=1}^{\infty} \frac{x^n}{2^n} = \sum_{k=1}^{\infty} \frac{1}{2^{4k-1}} + \sum_{k=1}^{\infty} \frac{1}{2^{4k}} = \sum_{k=1}^{\infty} \frac{2}{2^{4k}} + \sum_{k=1}^{\infty} \frac{1}{2^{4k}} =$$

$$\sum_{k=1}^{\infty} \frac{3}{2^{4k}} = \frac{3}{16} \cdot \sum_{k=0}^{\infty} \frac{1}{2^{4k}} = \frac{3}{16} \frac{1}{1 - \frac{1}{16}} = \frac{1}{5}$$

Esercizio 2.10.

1. Trovare lo sviluppo *ternario* di $\frac{1}{3}, \frac{2}{9}, \frac{1}{27}, \frac{18}{81}$.

   Risposta: 10000..., 020000..., 00100000..., 0200000....
2. Trovare lo sviluppo ternario di $\frac{1}{4}$.

   Risposta: 020202...

Osservazione 2.7. La coppia $(0, 1)$ definisce l'unità elementare di informazione (vero-falso, acceso-spento, ecc.) e viene chiamata *bit*[7]. Mettendo insieme n bits successivi si ottengono n-ple (o *stringhe* di lunghezza n) ciascun elemento delle quali vale 0 o 1. Con successioni formate da n elementi ciascuno dei quali può assumere solo il valore 0 o 1, si possono formare 2^n stringhe diverse: infatti per $n = 1$ ce ne sono due, per $n = 2$ ce ne sono 4 perché ognuna delle due precedenti ne genera 2 aggiungendo uno 0 o un 1, e così via fino a n. Si possono così codificare 2^n informazioni indipendenti perché due stringhe che differiscono anche in un solo sito sono stringhe differenti (ad esempio, si possono codificare 2^n numeri diversi). Il numero n è per definizione il numero di bits. Si definisce poi *byte* $8 = 2^3$ bit, cioe' il numero di bit necessari per codificare un carattere alfanumerico ASCII (ci sono $2^8 = 256$ caratteri ASCII).

[7] Iniziali delle tre parole inglesi *binary information unit*= unità di informazione binaria.

I kilobytes sono mille bytes, e i megabytes sono un milione di bytes. Il modo concreto di realizzare l'alternativa $0, 1$ è definito dall'hardware del calcolatore[8]; all'inizio dell'era dei calcolatori, subito dopo la seconda guerra mondiale, si impiegavano reticoli composti da nuclei di ferrite, che si magnetizzavano immettendovi della corrente elettrica e si smagnetizzavano immediatamente interrompendola. In questo modo si realizzava un'alternativa binaria; le codificazioni venivano ottenute tramite il passaggio di corrente alternata ad alta frequenza nei vari siti del reticolo. [9].

Esercizio 2.11. Sia dato un alfabeto composto da N lettere. Definiamo *parola di lunghezza* n una successione arbitraria di n lettere estratte dall'alfabeto. Quante parole di n lettere si potranno formare?

Soluzione. Ogni parola è una successione finita di n elementi, ciascuno dei quali può assumere N valori. Chiaramente si potranno formare almeno $N \times N \times \cdots N$ parole (n fattori). D'altra parte questo numero è altrettanto chiaramente il massimo consentito. Dunque si potranno formare N^n parole; se $n = N$ le parole saranno n^n.

Il caso delle successioni composte da elementi che valgono 0 o 1 corrisponde ad un alfabeto di due lettere, e infatti in questo caso le parole sono 2^n. Si noti che con la definizione precedente due parole coincidono se sono composte dalle stesse lettere dell'alfabeto *elencate nel medesimo ordine.* In altre parole basta scambiare la posizione di due lettere per avere due parole diverse. Inoltre non si tiene conto della semantica (cioè del fatto che la parola formata abbia un significato o no). Ad esempio, quindi, con l'alfabeto italiano (21 lettere, $N = 21$) si possono formare 21 parole con 1 lettera, $21^2 = 441$ parole con due lettere, $21^3 = 9261$ parole di tre lettere, $21^4 = 194481$ parole di 4 lettere, ecc.; già nel caso delle parole composte da una sola lettera, però, osserviamo che quelle che hanno un significato sono solo 4 sulle 21 possibili (le 4 vocali a, e, i, o).

Ritorneremo sulle successioni di 0 e 1 nel prossimo capitolo.

---

[8] L'invenzione dell'aritmetica binaria e l'idea di codificare tutte le informazioni per suo tramite risale a Leibnitz. Gli piacque talmente che egli credette di vedervi l'immagine della creazione. Immaginò infatti che 1 potesse rappresentare Dio, e 0 il nulla, e che l'Essere Supremo avesse creato dal nulla tutti gli esseri di questo mondo, codificati da una successione di 0 e 1 nell'aritmetica binaria.

[9] Una delle figure più importanti nell'ideazione dei calcolatori elettronici e nell'elaborazione dei loro linguaggi fu il matematico John Von Neumann (Budapest 1903-Washington 1957).

2.6 Frazioni continue

Un'altra realizzazione concreta molto importante del concetto di successione è la nozione di frazione continua.

Il modo migliore per introdurla è richiamare l'algoritmo di Euclide[10] per calcolare il massimo comune divisore (MCD) fra due numeri naturali.

Esempio 2.12. (Algoritmo di Euclide per calcolare il massimo comune divisore fra due numeri naturali) Facciamo prima un paio di esempi numerici.

1. Calcolare il massimo comune divisore (MCD) fra 13 e 8. L'algoritmo di Euclide procede così:
   8 sta in 13 una volta con resto di 5, cioè $\frac{13}{8} = 1 + \frac{5}{8}$.
   5 sta in 8 una volta con resto di 3: $8 = 1 \cdot 5 + 3$, cioè $\frac{8}{5} = 1 + \frac{3}{5}$.
   3 sta una volta in 5 con resto di 2: $5 = 1 \cdot 3 + 2$, cioè $\frac{5}{3} = 1 + \frac{2}{3}$.
   2 sta in 3 una volta con resto di 1, $3 = 1 \cdot 2 + 1$, cioè $\frac{3}{2} = 1 + \frac{1}{2}$.
   1 sta in 2 esattamente 2 volte e l'algoritmo si arresta: $2 = 2 \cdot 1 + \frac{0}{2}$.
   In parole: si divide il maggiore per il minore tenendo il resto; poi ad ogni passo si divide il divisore per il resto, tenendo il secondo resto finché non si trova un quoziente esatto (resto 0).
   Riassumendo:
$$\frac{13}{8} = 1 + \frac{5}{8};\ \frac{8}{5} = 1 + \frac{3}{5},\ \frac{5}{3} = 1 + \frac{2}{3}\ \frac{3}{2} = 1 + \frac{1}{2}\ \frac{2}{1} = 2 \cdot 1 + 0 \qquad (2.9)$$
   Il numero a cui l'algoritmo si arresta (cioè arriva al resto 0) è il MCD, qui 1, come sapevamo già perché 13 è primo.
2. Calcoliamo come secondo esempio il MCD fra 36 e 15. Si ha
$$36 = 2 \cdot 15 + 6,\ 15 = 2 \cdot 6 + 3,\ 6 = 2 \cdot 3$$
   ovvero

[10] Euclide, matematico greco vissuto ad Alessandria nella prima metà del III secolo avanti Cristo. Di lui si sa molto poco, se non che insegnava matematica al Museo di Alessandria, la più importante istituzione scientifica dell'epoca ellenistica. Esistono numerose e valide ragioni indirette per ritenere che Archimede ed Eratostene abbiano studiato sotto suoi allievi. Fu autore degli *Elementi* e dell'*Ottica*. Gli *Elementi* di Euclide trattano in maniera deduttiva la geometria del piano e dello spazio e l'aritmetica. Essi costituiscono il primo vero libro di matematica mai scritto, e a parere di molti il più importante di tutti i tempi. Furono il libro di testo fondamentale per la matematica già nell'antichità. Conservati dalla tradizione bizantino-araba dopo la caduta dell'impero romano d'occidente, riemersero in Occidente col Rinascimento e ripresero il loro posto di libro di testo fondamentale nelle scuole di molti paesi, inclusa l'Italia, fino quasi alla fine dell'ottocento.

$$\frac{36}{15} = 2 + \frac{6}{15}; \quad \frac{15}{6} = 2 + \frac{3}{6}; \quad \frac{6}{3} = 2 + 0$$

e quindi il MCD è 3.

La formulazione generale dell'algoritmo di Euclide sarà quindi la seguente:

Dati due numeri naturali $p > q$, per calcolare il loro massimo comun divisore M si procede induttivamente a partire da $p : q$ tramite divisioni successive del divisore per il resto:

$$\begin{aligned} p &= s_0 q + r_1 \\ q &= s_1 r_1 + r_2 \\ r_1 &= s_2 r_2 + r_3 \\ r_2 &= s_3 r_3 + r_4 \\ &\dots\dots\dots\dots\dots \end{aligned}$$

ovvero

$$\frac{p}{q} = s_0 q + \frac{r_1}{q}; \quad \frac{q}{r_1} = s_1 + \frac{r_2}{r_1}; \quad \frac{r_1}{r_2} = s_2 + \frac{r_3}{r_2} \quad \dots$$

Poiché p e q sono finiti, esiste un passo n al quale il procedimento si arresta nel senso che la divisione dà un risultato esatto: $r_{n-1} = s_n r_n + 0$ con $r_n \geq 1$. In tal caso r_n è il MCD. p e q sono primi fra loro se e solo se $r_n = 1$.

Osservazione 2.8. Il modo consueto di calcolare il MCD fra p e q è tramite la scomposizione in fattori primi: il MCD è il prodotto di *tutti* i fattori primi comuni (tutti nel senso che ciascuno va contato con la sua molteplicità). Ad esempio, il MCD fra $600 = 2^3 \cdot 3 \cdot 5^2$ e $490 = 2 \cdot 5 \cdot 7^2$ è $2 \cdot 5 = 10$. Il MCD fra $11520 = 2^8 \cdot 3^2 \cdot 5$ e $120 = 2^3 \cdot 3 \cdot 5$ è $2^3 \cdot 3 \cdot 5 = 120$.

L'algoritmo di Euclide, apparentemente più complicato, è però molto più rapido perché è un metodo iterativo e non enumerativo come la scomposizione in fattori primi. Dato un numero naturale qualsiasi, infatti, la sua scomposizione in fattori primi richiede l'esame della divisibiltà per 2, poi per 3, poi per 5, ecc.

Esercizio 2.12. Calcolare il MCD fra le seguenti coppie di numeri

$$(8271, 3215); \quad (6632, 2783); \quad (9215, 1003); \quad (1200, 6557)$$

(a) Con l'algoritmo di Euclide.
(b) Con l'usuale scomposizione in fattori primi.
In ciascuno dei casi, con quale metodo vi sembra di avere fatto prima?
In particolare l'algoritmo di Euclide è molto più efficiente sul calcolatore. Si può infatti dimostrare, dati due numeri naturali $(n > m)$, che il tempo impiegato dal calcolatore per calcolarne il MCD col metodo enumerativo cresce esponenzialmente con n, mentre quello impiegato dall'algoritmo di Euclide cresce come $\ln n$.

Osservazione 2.9. L'algoritmo di Euclide può essere applicato senza alcuna variazione per trovare il MCD fra due polinomi. Basta solo sostituire la divisione fra polinomi alla divisione fra numeri interi. Per i dettagli, si segua il corso di Algebra.

Consideriamo ora la frazione $\frac{p}{q}$. Usando le divisioni con resto definite dall'algoritmo di Euclide possiamo scrivere:

$$\frac{p}{q} = s_0 + \frac{r_1}{q} = s_0 + \cfrac{1}{s_1 + \cfrac{r_2}{r_1}} = s_0 + \cfrac{1}{s_1 + \cfrac{1}{s_2 + \cfrac{r_3}{r_2}}}$$

$$= \ldots = s_0 + \cfrac{1}{s_1 + \cfrac{1}{s_2 + \cfrac{1}{s_3 + \cfrac{1}{\cdots + \cfrac{1}{s_n}}}}} \tag{2.10}$$

Ad esempio, dalla (2.9) ricaviamo $s_0 = 1, s_1 = 1, s_2 = 1, s_3 = 1, s_4 = 2$ per $\frac{13}{8}$, e $s_0 = 2, s_1 = 2, s_3 = 2$ per $\frac{36}{15}$. Infatti si verificano subito le uguaglianze

$$1 + \cfrac{1}{1 + \cfrac{1}{1 + \cfrac{1}{1 + \cfrac{1}{2}}}} = \frac{13}{8}; \qquad 2 + \cfrac{1}{2 + \cfrac{1}{2}} = \frac{12}{5} = \frac{36}{15}$$

Definizione 2.5 *L'espressione (3.22) si dice sviluppo in* frazione continua aritmetica *(finita) del numero razionale* $\frac{p}{q}$, *e ne rappresenta la frazione ridotta ai minimi termini; si usa anche la notazione abbreviata:*

$$\frac{p}{q} = [s_0, s_1, \ldots, s_n].$$

(Ad esempio, $\frac{13}{8} = [1, 1, 1, 1, 2]$; $\frac{36}{15} = [2, 2, 2]$).

Esercizio 2.13. Si ricavino i seguenti sviluppi in frazione continua:

$$\frac{56}{24} = [2, 3] = 2 + \frac{1}{3}; \qquad \frac{120}{75} = [1, 1, 1, 2] = 1 + \cfrac{1}{1 + \cfrac{1}{1 + \cfrac{1}{2}}};$$

$$\frac{125}{64} = [1, 1, 20, 3] = 1 + \cfrac{1}{1 + \cfrac{1}{20 + \cfrac{1}{3}}}$$

Un esempio molto interessante di impiego delle frazioni continue finite è il calcolo del calendario di uso quotidiano.

Esempio 2.13. (Il calendario) Si dice *anno comune* la durata di 365 giorni esatti. Si dice *anno solare* la durata esatta dell'intervallo di tempo che la terra impiega a compiere una rivoluzione completa attorno al sole. Ebbene l'anno solare dura 365 giorni, 5 ore, 48 minuti e 49 secondi, cioè 5 ore, 48 minuti e 49 secondi più dell'anno comune. Per evidenti necessità pratiche si vuole elaborare il calendario in modo che l'anno contenga un numero di giorni che differisca il meno possibile da 365; d'altra parte si deve per forza tenere conto di questa maggiore durata. Occorrerà quindi *intercalare* ogni tanto dei giorni. Intercalare significa aggiungere un giorno ogni qualche anno. Fare in modo, cioè, che a scadenze fisse da condensare in una regola di applicazione molto semplice l'anno duri 366 giorni invece di 365 (anno bisestile).

Come ottenere questa intercalazione con la massima precisione consentita dalle esigenze che abbiamo ricordato? Riducendo tutto a secondi, possiamo scrivere

$$\frac{24 \text{ ore} = 1 \text{ giorno}}{5h\, 48'49"} = \frac{86400}{20929}$$

Ne deduciamo che intercalando 20929 giorni nell'arco di 86400 anni comuni otteniamo precisamente 86400 anni solari, e questa è la minima durata temporale che risulti pari ad un multiplo intero dell'anno solare.

Sviluppiamo ora in frazione continua il numero razionale $\frac{86400}{20929}$. Si ha:

$$\begin{aligned}\frac{86400}{20929} &= [4,7,1,3,1,16,1,1,15] \\ &= 4 + \cfrac{1}{7 + \cfrac{1}{1 + \cfrac{1}{3 + \cfrac{1}{1 + \cfrac{1}{16 + \cfrac{1}{1 + \cfrac{1}{1 + \cfrac{1}{15}}}}}}}}\end{aligned}$$

Calcoliamo la successione delle frazioni parziali: essa è

$$\begin{aligned}&4\ ;\ \ \frac{29}{7} = 4,1428571429;\ \frac{33}{8} = 4.125;\ \frac{128}{31} = 4,1290322521; \\ &\frac{161}{39} = 4,1282051282;\ \frac{2704}{655} = 4,1282442748;\ \frac{2865}{694} = 4,1282420749; \\ &\frac{5569}{1349} = 4,1282431431;\quad \frac{86400}{20929} = 4,1282431076\end{aligned}$$

Dunque la prima e più semplice intercalazione è l'aggiunta di un giorno ogni 4 anni. Questa è l'intercalazione del calendario giuliano[11] secondo la quale un anno ogni 4 è bisestile. Un' intercalazione migliore sarebbe quella di 7 giorni da inserire nell'arco di 29 anni, e una ancora migliore sarebbe quella di 8 giorni da inserire nell'arco di 33 anni. Quest'ultima è l'intercalazione dell'anno persiano. Il calendario detto gregoriano [12] in uso oggi in tutto il mondo fa intervenire tuttavia un'intercalazione diversa, e precisamente 97 giorni inseriti nell'arco di 400 anni secondo la regola che ricorderemo fra poco. Poiché $\frac{400}{97} =$ 4.1237113402 essa è più accurata di quella di 7 giorni nell'arco di 29 anni ma *meno* accurata di quella di 8 giorni nell'arco di 33 anni del calendario persiano. Si osservi però che l'intercalazione gregoriana è condensabile in una regola più semplice di quella del calendario persiano perché fa riferimento solo ai secoli. Basta infatti, come tutti sappiamo, apportare la seguente semplicissima modifica al calendario giuliano: considerare bisestili gli anni secolari solo se le loro prime due cifre sono un numero divisibile per 4. Ad esempio il 1700, il 1800 e il 1900 non sono stati bisestili, mentre il 1600 e il 2000 lo sono stati. Nel calendario persiano invece si considerano otto cicli in cui un anno ogni 4 è bisestile, poi un ciclo di cinque anni di cui l'ultimo è bisestile, per poi ricominciare con gli otto cicli di 4 anni.

È evidente che una frazione continua finita definisce un numero razionale ed uno solo; d'altra parte ogni numero razionale ammette un unico sviluppo in frazione continua finita per l'algoritmo di Euclide. Dunque frazioni continue aritmetiche finite e numeri razionali sono in corrispondenza biunivoca. Infatti le prime dimostrazioni dell'irrazionalità di e (Eulero[13] 1737) e di π (Lambert[14] 1772) consistevano nel far vedere che essi ammettevano sviluppi in frazione continua *infinita*.

---

[11] Fatto elaborare agli astronomi alessandrini da Giulio Cesare in occasione della sua spedizione in Egitto. È ancora in vigore per la Chiesa Ortodossa.

[12] Dal nome del Papa Gregorio XIII (Ugo Boncompagni), bolognese, che regnò dal 1573 al 1585. Egli lo promulgò nel 1583 dichiarando inesistenti i giorni dal 4 al 15 ottobre. Un ritardo di meno di 12 minuti all'anno può sembrare trascurabile, ma diventa apprezzabile al trascorrere dei secoli. Al momento della promulgazione del calendario gregoriano in vigore oggi si era accumulato appunto un ritardo di 12 giorni che scombinava le date degli equinozi; ne veniva alterato l'intero calendario ecclesiastico, che coincideva a quei tempi con quello civile. Per questo motivo il papa decise di riformarlo. Il calendario gregoriano fu elaborato principalmente dal gesuita tedesco Cristoforo Clavio (italianizzazione di Christophorus Clavius, a sua volta latinizzazione di Christoph Klau, Bamberg 1538- Roma 1612), matematico capo del Collegio Romano, l'Università centrale dei Gesuiti.

[13] Leonhard Euler, Basilea 1707-S.Pietroburgo 1783, in latino Eulerus, italianizzato in Eulero, fu uno dei massimi scienziati di ogni tempo. Trascorse la maggior parte della vita a S.Pietroburgo presso l'Accademia delle Scienze di quella città.

[14] Johann Heinrich Lambert (Mulhouse 1728- Berlino 1777).

Vediamo ora come generalizzando l'algoritmo di Euclide ai numeri reali si ottengono gli sviluppi in frazione continua infinita[15].

Se x è un numero non intero, si continua a denotare $[x]$ denota la *parte intera* di x, e $\{x\}$ la *parte decimale*:

$$x = [x] + \{x\}.$$

Ovviamente $[x] \in \mathbb{Z}$, e $0 \leq \{x\} < 1$. Allora possiamo scrivere $\{x\} = \dfrac{1}{x_1}$ con $x_1 > 1$. Denotando $[x] = a_0$ abbiamo $x = a_0 + \dfrac{1}{x_1}$. Ora, allo stesso modo, possiamo scrivere

$$x_1 = a_1 + \frac{1}{x_2}, \qquad x_2 = a_2 + \frac{1}{x_3}, \dots \tag{2.11}$$

ossia

$$x = a_0 + \cfrac{1}{a_1 + \cfrac{1}{x_2}} = [a_0, a_1, x_2]; \quad x = a_0 + \cfrac{1}{a_1 + \cfrac{1}{a_2 + \cfrac{1}{x_3}}} = [a_0, a_1, a_2, x_3]$$

Iterando n volte il procedimento si avrà

$$x = a_0 + \cfrac{1}{a_1 + \cfrac{1}{a_2 + \cfrac{1}{a_3 + \cfrac{1}{\dots + \cfrac{1}{x_n}}}}} = [a_0, a_1, \dots, x_n] \tag{2.12}$$

In generale:

$$x_n = [x_n] + \{x_n\} = a_n + \frac{1}{x_{n+1}}$$

dove $a_n = [x_n]$.

Se $x \notin \mathbb{Q}$ sappiamo, per l'osservazione precedente, che non esiste alcun $n \in \mathbb{N}$ per cui il procedimento si arresta. Ciò significa che non esiste alcun n tale che $\{x_n\} = 0$, cosicché si può sempre porre $\{x_n\} = \dfrac{1}{x_{n+1}}$. Pertanto la successione $[a_0, a_1, \dots, x_n]$ può essere continuata indefinitamente. Il procedimento di Euclide definisce quindi una successione $[a_0, a_1, \dots, a_n, \dots]$ detta *frazione continua infinita aritmetica*, o semplicemente *frazione continua aritmetica* generata da x, che si indica col simbolo:

[15] L'introduzione della frazione continua infinita è un altro vanto della matematica del nostro ateneo: essa infatti risale a Pietro Antonio Cataldi (Bologna 1548-Bologna 1626) Professore di Matematica all'Università di Bologna dal 1584 fino alla morte.

$$a_0 + \cfrac{1}{a_1 + \cfrac{1}{a_2 + \cfrac{1}{a_3 + \cfrac{1}{\dots + \cfrac{1}{a_n + \cfrac{1}{\dots}}}}}} \tag{2.13}$$

Più in generale, date due successioni a_k, b_k di numeri reali, per semplicità positivi, consideriamo la successione J_n definita induttivamente nel modo seguente:

$$J_1 = \frac{b_1}{a_1}; \quad J_2 = \cfrac{b_1}{a_1 + \cfrac{b_2}{a_2}} \quad J_3 = \cfrac{b_1}{a_1 + \cfrac{b_2}{a_2 + \cfrac{b_3}{a_3}}} \tag{2.14}$$

$$\dots\dots\dots J_n = \cfrac{b_1}{a_1 + \cfrac{b_2}{a_2 + \cfrac{b_3}{a_3 + \cfrac{b_4}{a_4 + \cfrac{b_5}{\dots + \cfrac{b_n}{a_n}}}}}}$$

Definizione 2.6 *Dicesi* frazione continua *la successione J_n della (2.14). Se la successione converge a $J \in \mathbb{R}$, $\lim_{n\to\infty} J_n = J$, la frazione continua si dice convergente a J e si usa la notazione:*

$$J = \cfrac{b_1}{a_1 + \cfrac{b_2}{a_2 + \cfrac{b_3}{a_3 + \cfrac{b_4}{a_4 + \dots}}}} \tag{2.15}$$

Se tronchiamo la frazione continua a $n = 1, 2, \dots$ otteniamo per definizione la successione dei *troncamenti*, o degli *approssimanti*, o dei *convergenti*. La successione dei troncamenti coincide con la successione (2.14) e sarà ovviamente della forma $\frac{A_n}{B_n}$, dove i numeri positivi A_n e B_n si dicono *numeratori parziali* e *denominatori parziali* degli approssimanti. La frazione continua si dice poi *aritmetica* se tutti i coefficienti a_k, b_k sono numeri naturali, e *periodica* se entrambe le successioni a_k e b_k sono periodiche. Se $b_k = 1\,\forall k$ si scrive anche, come sopra, $J = [a_0, a_1, a_2, \dots]$.

Osservazione 2.10. Si può dimostrare che se $x \notin \mathbb{Q}$, allora $x = [a_0, a_1, a_2, \dots]$ dove $[a_0, a_1, a_2, \dots]$ è la frazione continua (2.13). In altre parole, la frazione continua generata da x converge a x.

Esempio 2.14.

1. Calcoliamo la successione $[a_0, a_1, \ldots, a_n, \ldots]$, cioè la frazione continua del tipo (2.13) corrispondente a $x = \sqrt{2}$. Si ha:

$$\sqrt{2} = 1 + \frac{1}{x_1} \Longrightarrow x_1 = \frac{1}{\sqrt{2}-1} = \sqrt{2}+1;$$
$$x_1 = 2 + \frac{1}{x_2} \Longrightarrow x_2 = \frac{1}{x_1 - 2} = \frac{1}{\sqrt{2}-1} = \sqrt{2}+1 = x_1, x_3 = x_2, \ldots$$

Quindi la frazione continua è

$$1 + \cfrac{1}{2 + \cfrac{1}{2 + \cfrac{1}{2 + \cfrac{1}{2 + \ldots}}}} \Longrightarrow \sqrt{2} - 1 = [2, 2, 2 \ldots] \qquad (2.16)$$

2. Calcoliamo la successione $[a_0, a_1, \ldots, a_n, \ldots]$ corrispondente a $x = \dfrac{\sqrt{5}+1}{2}$. Si ha

$$\frac{\sqrt{5}+1}{2} = 1 + \frac{1}{x_1} \Longrightarrow x_1 = \frac{2}{\sqrt{5}-1} = \frac{\sqrt{5}+1}{2};$$
$$\frac{\sqrt{5}+1}{2} = 1 + \frac{1}{x_2} \Longrightarrow x_2 = x_1, \ldots$$

Quindi la frazione continua è

$$\frac{\sqrt{5}+1}{2} = \cfrac{1}{1 + \cfrac{1}{1 + \cfrac{1}{1 + \cfrac{1}{1 + \ldots}}}} = [1, 1, 1, \ldots] \qquad (2.17)$$

Esercizio 2.14. Calcolare gli sviluppi in frazione continua di $\sqrt{3}$, $\sqrt{7}$, $\sqrt{11}$, $\sqrt{13}$.
Risposta.

$$\sqrt{3} = [1, 1, 2, 1, 2, 1, 2, \ldots];$$
$$\sqrt{7} = [2, 1, 1, 1, 4, 1, 1, 1, 4, 1, 1, 1, 4, 1, 1, 1, 4, \ldots];$$
$$\sqrt{11} = [3, 3, 6, 3, 6, 3, \ldots];$$
$$\sqrt{13} = [3, 1, 1, 1, 1, 6, 1, 1, 1, 1, 6, 1, \ldots]$$

Tutti gli esempi precedenti sono frazioni continue aritmetiche periodiche e convergenti per il teorema di Lagrange che ricorderemo fra poco. Esse rappresentano così lo sviluppo in frazione continua di $\sqrt{2}$ e $\frac{\sqrt{5}+1}{2}$, $\sqrt{3}$, $\sqrt{7}$, $\sqrt{11}$, $\sqrt{13}$ rispettivamente.

Il calcolo della successione dei convergenti di una frazione continua è molto più semplice di quanto potrebbe sembrare a prima vista. Basta infatti, nota la successione a_k dei coefficienti, calcolare solo i primi due numeratori e denominatori parziali per ottenere tutti gli altri per ricorrenza:

Esercizio 2.15. Dimostrare che i convergenti $\frac{A_n}{B_n}$ di ogni frazione continua aritmetica soddisfano la formula di ricorrenza

$$\frac{A_{n+1}}{B_{n+1}} = \frac{A_n a_n + A_{n-1}}{B_n a_n + B_{n-1}}$$

dove A_n e B_n sono successioni di numeri interi che a loro volta soddisfano le relazioni di ricorrenza

$$A_n := A_{n-1}a_{n-1} + A_{n-2}; \qquad B_n := B_{n-1}a_{n-1} + B_{n-2}$$

con $A_0 = a_1$, $A_1 = a_0a_1$, $B_0 = 0$, $B_1 = a_1$.

Soluzione. Ricordiamo che la frazione continua si ottiene dalla ricorrenza (2.11) a partire dalla condizione iniziale $x = a_0 + \frac{1}{x_1}$. Portando allo stesso denominatore otteniamo

$$x = a_0 + \frac{1}{x_1} \Longrightarrow x = \frac{a_0x_1 + 1}{x_1}, \quad x_1 = a_1 + \frac{1}{x_2} \Longrightarrow x = \frac{(a_0a_1+1)x_2 + 1}{a_1x_2 + a_0}, \ldots$$

Dimostriamo allora per induzione che si ha

$$x = \frac{P_nx_n + P_{n-1}}{Q_nx_n + Q_{n-1}}$$

dove P_n e Q_n sono successioni di numeri interi. L'affermazione è vera per $n = 1$; assumiamola vera per $n-1$. Allora le formule

$$x = \frac{P_{n-1}x_{n-1} + P_{n-2}}{Q_{n-1}x_{n-1} + Q_{n-2}}; \quad x_{n-1} = a_{n-1} + \frac{1}{x_n}$$

implicano

$$x = \frac{P_{n-1}a_{n-1} + \frac{P_{n-1}}{x_n} + P_{n-2}}{Q_{n-1}a_{n-1} + \frac{Q_{n-1}}{x_n} + Q_{n-2}} = \frac{(P_{n-1}a_{n-1} + P_{n-2})x_n + P_{n-1}}{(Q_{n-1}a_{n-1} + Q_{n-2})x_n + Q_{n-1}}$$

Poiché i numeri a_n sono interi, e per ipotesi lo sono anche i numeri P_k, Q_k per $k = 0, \ldots, n-1$, l'affermazione è provata ponendo:

$$P_n := P_{n-1}a_{n-1} + P_{n-2}; \qquad Q_n := Q_{n-1}a_{n-1} + Q_{n-2}$$

D'altra parte, la successione dei convergenti J_n si ottiene troncando la frazione continua all'ordine n; la formula precedente dà subito:

$$J_n = \frac{P_{n-1}a_{n-1} + P_{n-2}}{Q_{n-1}a_{n-1} + Q_{n-2}}$$

Quindi le successioni P_n e Q_n sono le successioni A_n e B_n volute perché soddisfano le medesime relazioni di ricorrenza a tre termini con le medesime condizioni iniziali.

Esercizio 2.16. Dimostrare quanto segue:
1. Le successioni P_n e Q_n dei numeratori e denominatori parziali sono successioni crescenti di numeri interi positivi;
2. I convergenti $\dfrac{A_n}{B_n}$ sono frazioni ridotte ai minimi termini.

Calcoliamo ora ad esempio i primi approssimanti della (2.16). Abbiamo:

$$\frac{A_1}{B_1} = \frac{1}{2} = 0.5; \quad \frac{A_2}{B_2} = \frac{1}{2+\frac{1}{2}} = \frac{2}{5} = 0.4; \quad \frac{A_3}{B_3} = \frac{1}{2+\frac{2}{5}} = \frac{5}{12} = 0.41666\ldots;$$

$$\frac{A_4}{B_4} = \frac{1}{2+\frac{5}{12}} = \frac{12}{29} = 0.4133\ldots; \quad \frac{A_5}{B_5} = \frac{1}{2+\frac{12}{29}} = \frac{29}{70} = 0.414285714\ldots;$$

$$\frac{A_6}{B_6} = \frac{1}{2+\frac{29}{70}} = \frac{70}{169} = 0.4142011\ldots; \qquad \frac{A_{n+1}}{B_{n+1}} = \frac{A_n a_n + A_{n-1}}{B_n a_n + B_{n-1}}$$

e analogamente per la (2.17). Vediamo emergere le seguenti indicazioni numeriche, la cui validità può essere dimostrata per *una qualsiasi* frazione continua aritmetica periodica:

1. Gli approssimanti di ordine dispari $\dfrac{A_{2p+1}}{B_{2p+1}}$ formano una successione decrescente, mentre quelli di ordine pari $\dfrac{A_{2p}}{B_{2p}}$ formano un successione crescente;
2. Entrambe le successioni convergono al medesimo limite.
3. Gli approssimanti di ordine pari approssimano il limite per difetto, e quelle dispari per eccesso; dunque il troncamento all'ordine n permette anche la stima immediata dell'errore ϵ_n, definito come la differenza fra il limite e la sua approssimazione all'ordine n prefissato, cioè il termine $\dfrac{A_n}{B_n}$ della successione degli approssimanti. Dato che

$$\frac{A_{2p}}{B_{2p}} \leq J \leq \frac{A_{2p+1}}{B_{2p+1}}, \quad \forall p = 0, 1, 2, \ldots$$

si ha evidentemente

$$\epsilon_n \leq \left| \frac{A_{n+1}}{B_{n+1}} - \frac{A_n}{B_n} \right|$$

4. Le due successioni di approssimanti pari e dispari formano due classi contigue di numeri razionali. Il loro elemento di separazione è il valore della frazione continua: ad esempio, il numero irrazionale $\sqrt{2}-1$ per la (2.16) e il numero irrazionale $\dfrac{\sqrt{5}+1}{2}$ per la (2.17).

Un teorema di Lagrange, [16] che enunciamo omettendo la dimostrazione più, afferma che la corrispondenza fra numeri irrazionali quadratici e frazioni continue aritmetiche periodiche è biunivoca.

Un numero irrazionale si dice *quadratico* se è soluzione di un'equazione di secondo grado a coefficienti interi. Un numero irrazionale quadratico avrà quindi la forma $x = \frac{p}{q} + \frac{r}{s}\sqrt{n}$ dove $n \in \mathbb{N}$, $p, q, r, s \in \mathbb{Z}$, $q, s \neq 0$.

I numeri irrazionali quadratici sono casi particolari dei numeri irrazionali detti *algebrici*, cioè i numeri irrazionali che sono soluzioni di equazioni algebriche a coefficienti interi. I numeri irrazionali che non lo sono si dicono *trascendenti*.

Ad esempio, $\sqrt{2}$ è irrazionale algebrico (Pitagora, VI secolo A.C.) perché risolve l'equazione $x^2 = 2$ mentre π è trascendente (F. von Lindemann[17], 1884). Si ha dunque:

Teorema 2.5 *Un numero irrazionale ammette sviluppo in frazione continua aritmetica periodica se e solo se è quadratico.*

[16] Giuseppe Luigi (o Joseph- Louis) Lagrange, (Torino 1736-Parigi 1813), anche lui fra i più grandi matematici della storia. Professore a Torino, si trasferì poi a Berlino ed infine a Parigi come Accademico di Francia e in seguito anche Professore all'Ècole Polytechnique. Tra l'altro presiedette la commissione che elaborò l'odierno sistema metrico decimale, adottato per la prima volta dalla Repubblica Francese il 18 Germinale dell'anno III (7 aprile 1795).

[17] Ferdinand von Lindemann (Hannover 1852-Monaco 1939), Professore all'Università di Monaco di Baviera.

3

Successioni aleatorie ed elementi di probabilità

3.1 Alcuni esempi fondamentali

Riprendiamo qui, da un punto diverso, le successioni binarie discusse nel capitolo precedente.

Esempio 3.1. *Il lancio della moneta.* Supponiamo di lanciare una moneta, scrivendo 0 se viene testa e 1 se viene croce, e ripetiamo il lancio n volte. Otterremo una stringa di n elementi ciascuno dei quali vale 0 o 1: $\omega(n) = (0, 1, 1, \ldots)$ dove la posizione di ogni 0 e ogni 1 è casuale e del tutto indipendente dalla posizione di ogni altro elemento precedente e successivo (in altre parole, ogni nuovo lancio *scorda* completamente il passato, cioè i risultati di tutti i lanci precedenti).

Esempio 3.2. *Il lancio del dado.* Allo stesso modo, supponiamo di lanciare un dado. Qui scriveremo naturalmente 1 se esce 1, 2 se esce 2, e così via. Dopo n lanci, avremo una stringa $\omega(n) = (y_1, \ldots, y_n)$ di lunghezza n dove $y_i \in \{1, 2, 3, 4, 5, 6\}\ \forall i$. Ad esempio, $\omega(n) = (3, 3, 1, 5, 5, 1, 1, 6, 4, \ldots, 2)$.

Esempio 3.3. *Esperimenti con un numero finito di risultati mutuamente esclusivi.* Ancora più in generale, supponiamo di effettuare un esperimento qualsiasi che possa dare solo N risultati mutuamente esclusivi $x_1, \ldots, x_N$ (cioè se viene x_k non può venire alcun altro x_j con $j \neq k$), detti *eventi elementari* e di ripetere n volte questo esperimento. Esempi: lanciamo 20 volte un dado: $n = 20$, $N = 6$ eventi elementari; lanciamo 30 volte la pallina della roulette: $n = 30$, $N = 36$ eventi elementari; misuriamo 100 volte il passaggio di una particella elementare in un rivelatore: $n = 100$, $N = 2$ eventi elementari (1 se passa, 0 se non passa). La successione delle estrazioni settimanali del lotto in un anno: $n = 52$, $N = 90$ eventi elementari.

Tutti gli *eventi* si possono definire a partire dagli eventi elementari. Esempi: lanciamo un dado. L'uscita di un numero pari è un evento definito dalla richiesta che il lancio dia come risultato uno qualsiasi dei risultati elementari rappresentati dai numeri 2, 4, 6. Allo stesso modo, un evento è l'uscita del rosso o del nero alla roulette; eventi sono l'estrazione di un numero qualsiasi fra 1 e 30 o di un numero qualsiasi fra 31 e 90 al lotto, oppure l'estrazione di un ambo, di una terna, quaterna, cinquina e così via. Un evento è il passaggio di una particella elementare in un rivelatore, e così via.

Vogliamo ora formalizzare matematicamente gli esempi precedenti.

Definizione 3.1 *Sia Ω un insieme di N elementi, e si denoti ω un suo elemento. Diremo*

1. *ω evento aleatorio elementare;*
2. *Ω* spazio degli eventi elementari
3. *$C \subset \Omega$* evento aleatorio, *o* evento.
4. *$C = \Omega$* evento certo, *$C = \emptyset$* evento impossibile.

Denoteremo poi $\mathcal{F}$ la collezione di tutti gli eventi.

Esempio 3.4. Nel lancio di una sola moneta $\mathcal{F}$ consiste in 4 eventi distinti: l'evento sicuro (qualsiasi risultato), l'evento testa, l'evento croce, l'evento impossibile (nessun risultato).

Esercizio 3.1. Se Ω contiene N elementi $(x_1, \ldots, x_N)$, $\mathcal{F}(\Omega)$ contiene 2^N elementi distinti.

Soluzione. L'evento impossibile è nessun risultato. Poi ci sono N eventi del tipo: risultato x_1, risultato x_2, ..., risultato x_N; $\binom{N}{2}$ eventi del tipo risultato x_i oppure x_j, $i < j$, eventi che contengono tre eventi elementari distinti, ecc... fino all'evento certo: risultato x_1, oppure x_2, oppure $x_3, \ldots$, oppure x_N. Il numero totale degli eventi è quindi $\sum_{k=0}^{N} \binom{N}{k} = 2^N$. Vale a dire, il numero di possibili sottoinsiemi distinti di Ω.

Definizione 3.2 *Dati due eventi C_1, $C_2 \in \mathcal{F}(\Omega)$:*

1. *L'evento $C_1 \cup C_2$ è l'evento per cui si verifica* almeno uno *fra i due eventi C_1 e C_2;*
2. *L'evento $C_1 \cap C_2$ è l'evento in cui si verificano* entrambi *gli eventi C_1 e C_2;*
3. *Due eventi si dicono* mutuamente esclusivi *se $C_1 \cap C_2 = \emptyset$;*
4. *Una collezione di r eventi mutuamente esclusivi costituisce un* insieme completo di eventi *in Ω se ne costituisce una partizione:*

$$\bigcup_{i=1}^{r} C_i = \Omega, \qquad C_i \cap C_j = \emptyset,\ i \neq j$$

Esempio 3.5. La roulette: $N = 36$. Gli eventi C_1: il risultato è pari (rosso) e C_2 : il risultato è dispari (nero) sono due mutualmente esclusivi e formano un insieme completo.[1] Sia C_3 l'evento: il risultato è minore di 20. Allora $C_2 \cap C_3 = \{1, 3, \ldots, 19\}$.

I sottoinsiemi C di Ω si dicono eventi, o eventi aleatori, perché essi vengono pensati come i risultati di un esperimento che si verificano con una certa probabilità. La probablità di un evento deve essere un numero positivo compreso fra 0 (la probabilità dell'evento impossibile) e 1 (la probabilità dell'evento certo). In altre parole, dobbiamo stabilire una corrispondenza $C \mapsto P(C) : \mathcal{F} \to [0,1]$. Lo faremo in modo assiomatico, ma prima ne cercheremo le motivazioni per via intuitiva.

3.2 Frequenza, probabilità, distribuzione

Conviene anzitutto introdurre due nozioni importanti: la *frequenza*, o più precisamente la *frequenza relativa* di avvenimento di un evento qualsiasi C e la *probabilità empirica* del verificarsi di un evento parimenti qualsiasi C.

Definizione 3.3

1. *Dicesi* frequenza (relativa) *dell'evento C, denotata $\nu(C)$, il numero di volte r in cui l'esperimento dà il risultato C (detto anche numero degli esiti C) diviso il numero totale n di ripetizioni dell'esperimento medesimo. In formule:*
$$\nu(C) = \frac{r}{n} \tag{3.1}$$
2. *Dicesi* probabilità empirica *$p(C)$ dell'evento C il rapporto fra il numero dei casi favorevoli (cioè quelli in cui l'evento può verificarsi) f e il numero dei casi possibili N. In formule:*
$$p(C) = \frac{f}{N} \tag{3.2}$$

Osservazione 3.1.

1. Equivalentemente: quando il numero n di prove è molto grande, il numero di volte in cui l'evento C effettivamente avviene vale approssimativamente $n \cdot p(C)$.

[1] Si ammette che la roulette non abbia lo 0.

2. Si noti che mentre la frequenza è una quantità che si può determinare solo a posteriori, cioè dopo avere fatto gli esperimenti, la probabilità è una quantità che si definisce a priori. Dunque l'osservazione precedente equivale a dire che conoscendo la probabilità si può *prevedere* la frequenza.
3. Ad esempio, nel caso del lancio di una moneta (non truccata) $N = 2$ e $f = 1$ tanto per la testa 0 quanto per la croce 1. Pertanto $p_0 = p_1 = 1/2$. Nel caso del dado (non truccato) $N = 6$ e $f = 1$ per ogni faccia. Quindi $p_1 = \ldots = p_6 = 1/6$. Nel caso dell'evento che esca un numero pari nell'estrazione di un dado avremo $N = 6$, $f = 3$ e quindi $p = \frac{1}{2}$. Nel caso dell'evento che la prima estrazione del lotto dia un numero fra 1 e 30 avremo $f = 30$, $N = 90$ e quindi $p_1 = \frac{1}{3}$, mentre sarà $p_2 = \frac{60}{90} = \frac{2}{3}$ la probabilità che venga estratto un numero fra 31 e 90.
4. La probabilità di un evento qualsiasi è per sua natura un numero compreso fra 0 (in corrispondenza all'evento impossibile, cioè l'evento che non può mai avvenire: ad esempio, che lanciando un dado non venga nessuno dei numeri 1, 2, 3, 4, 5, 6) e 1 (in corrispondenza all'evento certo, cioè l'evento che avviene sicuramente: ad esempio, nel lancio del dato, che venga uno qualsiasi dei numeri 1, 2, 3, 4, 5, 6).

Vediamo ora alcune proprietà della frequenza relativa o, equivalentemente, della probabilità empirica.

1. Ovviamente $0 \leq p(C) \leq 1$. La probabilità empirica dell'evento certo sarà 1, e quella dell'evento impossibile $\emptyset$.
2. Se C_1 e C_2 sono mutuamente esclusivi e nelle n ripetizioni dell'esperimento C_1 si verifica k_1 volte mentre C_2 si verifica k_2 volte, l'evento $C_1 \cup C_2$ si verificherà esattamente $k_1 + k_2$ volte. La sua frequenza relativa sarà quindi $(k_1 + k_2)/n$, e concludiamo dunque che $p(C) = p(C_1) + p(C_2)$: la probabilità empirica dell'evento $C_1 \cup C_2$ vale la somma delle probabilità empiriche $p(C_1) + p(C_2)$ se $C_1 \cap C_2 = \emptyset$, cioè se gli eventi C_1 e C_2 sono mutuamente esclusivi.

Daremo quindi la seguente definizione generale:

Definizione 3.4 *Diremo che l'insieme finito Ω è uno spazio di probabilità se esiste un funzione $P(C)$, detta probabilità dell'evento C, che ad ogni $C \subset \mathcal{F}$ associa un numero reale non negativo $P(C)$ tale che*

I. $P(C) \geq 0 \; \forall C \in \mathcal{F}$;
II. $P(\emptyset) = 0$, $P(\Omega) = 1$;
III. (Additività). Se $C_1, C_2 \in \mathcal{F}$ e $C_1 \cap C_2 = \emptyset$, allora

$$P(C_1 \cup C_2) = P(C_1) + P(C_2).$$

Esercizio 3.2. Si dimostri, come conseguenza della definizione precedente:

$$C_1 \subset C_2 \Longrightarrow \begin{cases} P(C_1) \leq P(C_2); \\ P(C_2 \setminus C_1) = P(C_2) - P(C_1) \end{cases}$$

Sia $C = \{\omega_i\}$, dove $\{\omega_i\} : i = 1, \ldots, N$ è un punto qualsiasi di Ω, cioè un evento elementare. Poniamo:

$$p_i = P(\{\omega_i\})$$

Dalle proprietà I e II della funzione probabilità $P(C)$ deduciamo immediatamente

$$p_i \geq 0, \qquad \sum_{i=1}^{N} p_i = 1 \tag{3.3}$$

Poiché 1 è la probabilità dell'evento certo, la formula precedente ci dice come essa si "distribuisce" fra le probabilità degli eventi elementari. Si dà pertanto la seguente

Definizione 3.5 *Un vettore* $p \in \mathbb{R}^N$ *le cui componenti* $p_i : i = 1, \ldots, N$ *soddisfano le (5.7) si dice* distribuzione di probabilità *(discreta).*

Esempio 3.6. Se $p_i = \dfrac{1}{N}$ $\forall\, i$ ogni evento elementare contribuisce allo stesso modo alla probabilità dell'evento certo. Immaginando gli ω_i come punti materiali, ciascuno di essi ha lo stesso *peso*, e la distribuzione di probabilità si dice quindi *uniforme*. Se i p_i sono differenti, essi contribuiranno in modo diverso all'evento certo: quelli per cui p_i è maggiore sono quelli che pesano di più. Nel caso di una moneta o di un dado, una distribuzione non uniforme significa che una qualche faccia pesa di più, e quindi che il gioco è truccato.

Viceversa, ogni distribuzione di probabilità su Ω genera una misura di probabilità P su $\mathcal{F}$. Basta infatti porre:

$$P(C) = \sum_{i:\omega_i \in C} p_i \tag{3.4}$$

Esercizio 3.3. Dimostrare che la (3.4) verifica le proprietà (I-III) della definizione (3.4).

Soluzione. Omettiamo la facile verifica che le proprietà I e II seguono da (5.7) e dimostriamo la III. Si ha

$$P(C_1 \cup C_2) = \sum_{i:\omega_i \in C_1 \cup C_2} p_i = \sum_{i:\omega_i \in C_1} p_i + \sum_{i:\omega_i \in C_2} p_i = P(C_1) + P(C_2)$$

poiché ciascun ω_i deve appartenere o all'uno o all'altro dei due eventi mutuamente esclusivi C_1 e C_2.

Osservazione 3.2. Sia Ω uno spazio di probabilità. Una qualsiasi partizione di Ω in $k \leq N$ sottoinsiemi C_j:

$$\Omega = \bigcup_{j=1}^{k} C_j, \qquad C_j \cap C_l = \emptyset,\ j \neq l$$

si dice *insieme completo di eventi aleatori* in Ω. Un insieme completo di eventi aleatori definisce una distribuzione di probabilità $p = (p_1, \ldots, p_k)$ semplicemente ponendo:

$$p_l = P(C_l) \tag{3.5}$$

Infatti $p_1 + \ldots + p_k = 1$ poiché i C_l formano una partizione disgiunta di Ω.

3.3 Successioni di prove indipendenti

Poiché nella pratica le prove si ripetono tante volte, ci interessa sapere cosa succede quando lo si fa il maggior numero di volte possibile, e soprattutto ci interessa *potere prevedere a priori* il risultato; matematicamente, vogliamo anzitutto studiare le successioni i cui elementi assumono solo un numero finito di valori.

Nel caso più semplice, quello della moneta, avremo una successione di elementi 0 e 1. Queste successioni, dette anche successioni di Bernoulli[2] appaiono come le successione generate dal più semplice schema finito secondo la definizione seguente:

Definizione 3.6 *La coppia* (X, p) *ottenuta assegnando la distribuzione di probabilità* $p = p_1, \ldots, p_N$ *all'insieme finito* $X = (x_1, \ldots, x_N)$*:*

$$p(x_1) = p_1, \ldots, p(x_N) = p_n$$

si dice distribuzione, o schema *di Bernoulli.*

Tutti i casi precedenti rientrano in questa definizione, che è in realtà una riformulazione della definizione 3.2 tramite il concetto di distribuzione di probabilità.

Se, al solito, immaginiamo gli N eventi elementari X come gli N risultati possibili (e quindi mutuamente esclusivi) di un esperimento, se ripetiamo la prova n volte otterremo una successione finita di n elementi della forma $\omega = (\omega_1, \omega_2, \ldots, \omega_n)$ con $\omega_i \in X = (x_1, \ldots, x_N)$. Queste successioni rappresentano i punti di uno spazio di probabilità denotato $\Omega_n = X^{[1,n]}$. Se immaginiamo X come un alfabeto di N lettere, possiamo considerare ogni $\omega \in \Omega_N$ come una

---

[2] Jakob Bernoulli (Basilea 1653-1705), considerato il fondatore della teoria della probabilità. La sua principale motivazione fu proprio lo studio dei giochi d'azzardo. Fratello maggiore (e accanito rivale) di Johann Bernoulli (Basilea 1667-Basilea 1748), e zio di Daniel Bernoulli (Groningen 1700- Basilea 1782), matematici di statura pari alla sua. Fra il 1650 e il 1800 almeno otto membri della famiglia Bernoulli sono diventati matematici il cui nome è passato alla storia.

parola di n lettere scritta nell'alfabeto X. Su Ω_n assegnamo la distribuzione di probabilità

$$p(\omega) = \prod_{i=1}^{n} p(\omega_i), \quad p(\omega_i) = p_k, \quad \omega_i = x_k \tag{3.6}$$

Denoteremo poi $\mathcal{F}_n$ la collezione degli eventi in Ω_n, e $P_n(C)$ la probabilità di un evento $C \in \mathcal{F}_n$:

$$P(C) = \sum_{\omega \in \mathbb{C}} p(\omega)$$

Definizione 3.7 *Lo spazio di probabilità Ω_n con la probabilità P_n si dice successione di n eventi indipendenti estratti con distribuzione (X, p).*

Esercizio 3.4. Verificare che $p(\omega)$ è una distribuzione di probabilità.

Soluzione. Poiché $0 < p(\omega) < 1$ dobbiamo dimostrare solo che $\sum_{\omega \in \Omega_n} p(\omega) = 1$.
Ora $\sum_{i=1}^{N} p_i = 1$ e quindi

$$1 = (p_1 + \ldots + p_N)^n = \sum_{\omega \in \Omega_n} \prod_{i=1}^{n} p(\omega_i) = \sum_{\omega \in \Omega_n} p(\omega)$$

Esempio 3.7. Sia $X = \{0, 1\}, p = (1/2, 1/2)$ (schema di Bernoulli $(1/2, 1/2)$). Allora la rappresentazione concreta più semplice del concetto astratto di successione di n eventi indipendenti estratti questa distribuzione (X, p) è la successione di n lanci di una moneta (non truccata). Al simbolo 1 faremo corrispondere l'occorrenza "testa", e al simbolo 0 l'occorrenza "croce". Qui $|\Omega_n| = 2^n$, e $p(\omega) = 1/2^n$ per ogni ω. Dunque la distribuzione di probabilità $p(\omega)$ su Ω_n è uniforme: ogni successione ha probabilità uguale a qualsiasi altra.

La nostra intuizione ci dice che se n cresce, cioè al crescere del numero dei lanci, dovremo osservare con ottima approssimazione che venga la metà delle volte testa e la metà croce. Si tratta di una questione delicata e importante sulla quale è bene insistere.
Consideriamo l'evento $C_{k,n}$=(k volte testa), cioè l'evento aleatorio per cui dopo n lanci la successione conterrà esattamente k volte 1, in un ordine qualsiasi. In altre parole:

$$C_{k,n} = \{\omega \in \Omega_n : \omega = (\omega_1, \ldots, \omega_n);\ \omega_i = 1 \text{ esattamente } k \text{ volte } \}$$

Osserviamo anzitutto che gli eventi $C_{k,n}$ sono mutuamente esclusivi per $k = 0, 1, \ldots, n$: $C_{k,n} \cap C_{h,n}$ se $h \neq k$. Calcoliamo ora la probabilità dell'evento $C_{k,n}$. Per definizione:

$$P(C_{k,n}) = \sum_{\omega \in C_{k,n}} p(\omega) = \frac{1}{2^n}|C_{k,n}| \tag{3.7}$$

dove $|C_{k,n}|$ è la cardinalità dell'insieme $C_{k,n}$, cioè il numero delle successioni di n elementi che contengono il simbolo 1 esattamente k volte. Equivalentemente, il numero dei modi in cui k oggetti identici possono essere distribuiti in n scatole ammettendo che in ogni scatola ci sia al più un oggetto. Sappiamo che tale numero vale il coefficiente binomiale $\binom{n}{k}$. Pertanto

$$P(C_{k,n}) = \frac{1}{2^n}\binom{n}{k} \tag{3.8}$$

da cui

$$\sum_{k=0}^{n} P(C_{k,n}) = \sum_{k=0}^{n} \frac{1}{2^n}\binom{n}{k} = 1$$

perché come sappiamo la somma dei coefficienti binomiali vale 2^n. Poiché

$$\binom{n}{k} = \frac{n!}{k(n-k)}$$

si vede facilmente che se n è pari $P(C_{k,n})$ è massima per $k = n/2$, mentre se n è dispari il massimo è raggiunto per $k = (n \pm 1)/2$.

Esercizio 3.5. Dimostrare l'osservazione precedente.

Consideriamo per semplicità il caso pari, cioè una successione di $2n$ lanci. Assumiamo *senza dimostrazione* la validità della *formula di Stirling*[3]

$$n! = e^{-n}n^n\sqrt{2\pi n}(1 + O(1/n)), \quad n \to \infty \tag{3.9}$$

dove $O(1/n)$ indica una quantità che decresce come $1/n$ quando $n \to \infty$. Avremo allora:

$$\begin{aligned} P(C_{n,2n}) &= \frac{1}{2^{2n}}\frac{(2n)!}{(n!)^2} = \frac{1}{2^{2n}}\frac{e^{-2n}(2n)^{2n}\sqrt{4\pi n}}{(e^{-n}n^n\sqrt{2\pi n})^2}(1 + O(1/n)) \\ &= \frac{1}{\sqrt{\pi n}}(1 + O(1/n)), \quad n \to \infty \end{aligned}$$

e quindi $\lim_{n\to\infty} P(C_{n,2n}) = 0$. Sia ora $C^r_{n,2n}$ l'evento per cui, in $2n$ lanci, il simbolo 1 viene osservato un numero di volte che differisce da n per non più di r, r fisso. Poiché gli eventi $C_{k,2n}$ sono indipendenti al variare di k, un calcolo analogo al precedente dimostra

$$P(C^r_{n,2n}) = \sum_{n-r \le k \le n+r} P(C_{k,2n}) \le \frac{2r+1}{\sqrt{\pi n}} \to 0, \quad n \to \infty$$

[3] James Stirling, Garden (Scozia) 1692-Edinburgo 1770.

Esercizio 3.6. Dimostrare la formula precedente.

La conclusione di questo calcolo è la seguente: al tendere all'infinito del numero dei lanci la probabilità di osservare testa esattamente la metà delle volte, o anche approssimativamente la metà delle volte, tende a *zero*! Questo risultato *contraddice* la concezione intuitiva della "legge dei grandi numeri" che tenderebbe a farci supporre che dopo 10^6 lanci dovremo aspettarci 500.000 valori 1 o comunque un valore molto vicino a questo. Vedremo in seguito che la domanda corretta che ci si deve porre per formulare la legge dei grandi numeri riguarda la probabilità che la *proporzione* delle occorrenze 1 su *tutti* i lanci sia vicina a $1/2$.

Osservazione 3.3. Anche in questi casi, il calcolatore può essere un utile strumento per *simulare* lanci di monete, dadi o estrazioni del lotto. In qualsiasi ambiente per fare matematica o in qualsiasi linguaggio di programmazione sono sempre disponibili istruzioni molto semplici che permettono di generare in maniera aleatoria dei numeri interi compresi in un dato intervallo. Tipicamente questi numeri interi vengono generati con *distribuzione di probabilità uniforme*, anche se non è difficile generare schemi di Bernoulli finiti con distribuzione di probabilità discreta arbitraria (si veda l'esercizio 3.8).

In seguito vedremo come usare queste simulazioni per verificare sperimentalmente i concetti che qui stiamo studiando. Come primo esperimento possiamo semplicemente generare lanci di monete, dadi o estrazioni del lotto e visualizzare il risultato, ponendo sull'asse delle x l'indice n che enumera i lanci e in ordinata il corrispondente risultato. Un esempio di questo esperimento è riportato in figura 3.1 e 3.2. Chiaramente questi grafici non sono molto significativi, ma può essere utili confrontarli con quelli ottenuti nel capitolo precedente mediante successioni *deterministiche.*

Esercizio 3.7. Ripetere i precedenti lanci, aumentando il numero di prove e discutere qualitativamente il risultato.

Esercizio 3.8. In qualsiasi linguaggio di programmazione è presente un'istruzione che permette di *generare* in maniera aleatoria e con distribuzione di probabilità uniforme un numero reale[4] compreso fra 0 e 1. Assumendo di avere a disposizione questo *generatore*, simulare il lancio di una moneta *truccata*,

[4] I numeri reali formano un insieme continuo e sono specificati da un numero infinito di cifre. Non è quindi ovvio dire cosa significa pescarne uno a caso. Inoltre, il calcolatore userà sempre un *algoritmo* per generarlo, e questo sarà sempre un processo *deterministico* e non *aleatorio.* Infatti in questi casi si parla di numeri *pseudo-casuali.* Si tratta qui di un aspetto particolarmente delicato sul quale torneremo discutendo le dinamiche caotiche. In ogni caso, possiamo qui affidarci a questi *generatori di numeri pseudo-casuali* pensando che essi generino numeri reali in maniera tale che la frequenza dei numeri generati appartenenti ad un dato sot-

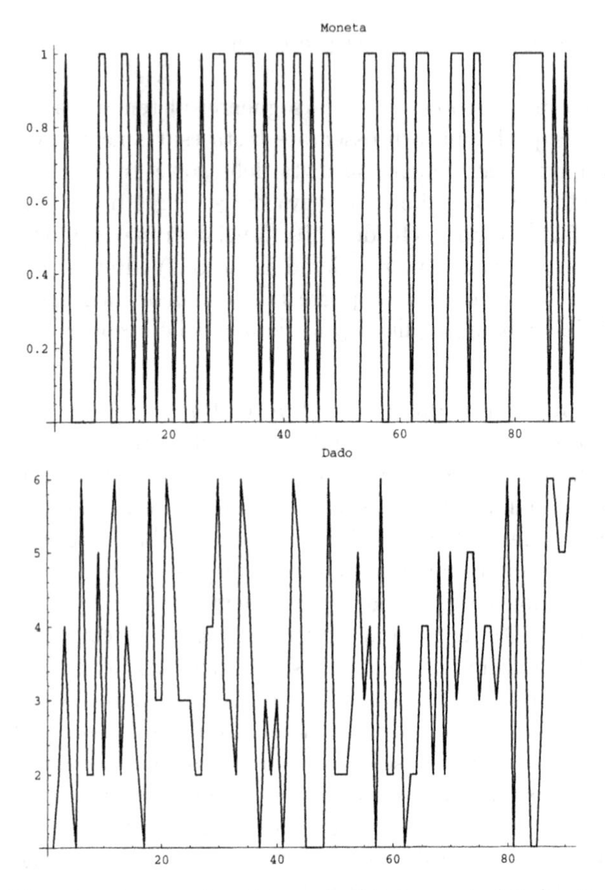

Fig. 3.1. Visualizzazione grafica del lancio di 100 monete (alto) e di 100 dadi (basso)

per la quale la probabilità di avere testa (croce) sia p $(1-p)$, con $0 \leq p \leq 1$ arbitrario.

Soluzione. Si generi un numero aleatorio $0 \leq x \leq 1$ e si ponga $\omega = 0$ (testa) se $x \leq p$, oppure $\omega = 1$ (croce) se $p < x \leq 1$.

Esercizio 3.9. Usare il generatore di numeri reali precedente per generare i lanci di un dado truccato in cui la probabilità di uscita dei numeri 3 e 4 è leggermente maggiore delle probabilità di uscita dei rimanenti numeri.

---

tointervallo di $[0,1]$ *tende*, al crescere delle estrazioni, alla lunghezza dell'intervallo in questione (distribuzione di probabilità uniforme).

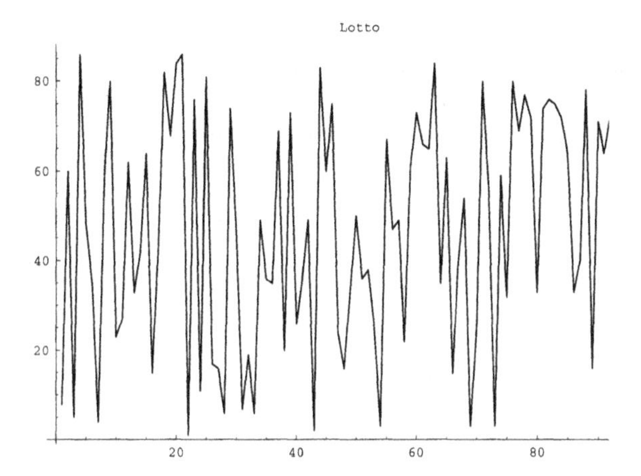

Fig. 3.2. Visualizzazione grafica di 100 estrazioni del lotto

Esercizio 3.10. Generare delle estrazioni del lotto per le quali i numeri che sono multipli di 3 hanno una probabilità maggiore di uscita.

3.4 Variabili aleatorie finite

Introduciamo ora il concetto di *variabile aleatoria*. Cominciamo con un esempio importante.

Esempio 3.8. Consideriamo la funzione $\nu_n^{(1)} : \Omega_n \to \mathbb{N}$ che ad ogni $\omega \in \Omega_n$ fa corrispondere il numero di volte in cui vi compare il simbolo 1. In formule

$$\nu_n^{(1)}(\omega) := \#\{l \in [1,n] : \omega_l = 1\} \tag{3.10}$$

La funzione $\nu_n^{(1)}(\omega)$ può assume i valori $(0, 1, \ldots, n)$. I suoi insiemi di livello sono i sottoinsiemi $\mathcal{C}_{k,n}$ di Ω tali che $\nu_n^{(1)}(\mathcal{C}_{k,n}) = k$, cioè: tutte le successioni di n elementi $(0,1)$ che contengono esattamente k occorrenze del simbolo 1. Dunque $\mathcal{C}_{k,n} = C_{k,n}$. È evidente che gli eventi $C_{k,n}$ sono mutuamente esclusivi, e che la loro unione è Ω_n. Dunque facendo $p_k = P(C_{k,n})$ riotteniamo la distribuzione di probabilità $p(\omega)$ definita dalla (3.6).

La funzione $\nu_n^{(1)}(\omega)$ costituisce un primo esempio di *variabile aleatoria discreta finita*, definita nel modo seguente:

Definizione 3.8 *Sia $(\Omega, \mathcal{F}, P)$ uno spazio di probabilità finito. Una funzione $\omega \mapsto \xi(\omega)$ che assume valori nell'insieme finito $\mathcal{Z} := (x_1, \ldots, x_n)$ si dice* variabile aleatoria discreta finita.

Consideriamo gli eventi $C_k := \{\omega \in \Omega : \xi(\omega) = x_k\}$. Poiché ξ è una funzione (cioè assume un sol valore per ogni ω) avremo $C_k \cap C_l = \emptyset$ se $k \neq l$, cioè gli insiemi di livelli differenti generano eventi mutuamente esclusivi. Inoltre $\cup_k C_k = \Omega$ perché ad ogni ω, ξ associa un qualche $x_j \in \mathcal{Z}$. Dunque gli insiemi di livello formano un insieme completo di eventi. Il numero $P(C_k)$ è la probabilità dell'evento C_k. Possiamo dunque definire in tutta generalità la proprietà osservata nell'esempio 3.8.

Definizione 3.9 *L'insieme numerico* $p_k = P(C_k)$ *si dice* distribuzione di probabilità *della variabile aleatoria* $\xi(\omega)$.

Esempio 3.9.

1. La distribuzione $p_{k,n} = P(C_{k,n}) = 2^{-n} \cdot \binom{n}{k}$ è la distribuzione di probabilità della variabile aleatoria $\nu_n^{(1)}(\omega)$.
2. Consideriamo ancora lo schema di Bernoulli $(1/2, 1/2)$, cioè il lancio della moneta. La funzione:
$$f_n^{(1)}(\omega) := \frac{\#\{l \in [1,n] : \omega_l = 1\}}{n} \tag{3.11}$$
è una variabile aleatoria discreta finita. Questa variabile aleatoria assume tutti e soli i valori $(0, 1/n, 2/n, \ldots, 1)$. Si tratta chiaramente della *frequenza* del simbolo 1: (numero di occorrenze del simbolo 1)/(numero dei lanci). La sua distribuzione di probabilità è ovviamente ancora $p_{k,n}$.
3. La distribuzione di probabilità di una variabile aleatoria coincide con la distribuzione di probabilità su Ω solo nel caso di $\xi(\omega) = \omega$, variabile aleatoria identica.

Osservazione 3.4. Consideriamo ancora lo schema di Bernoulli $(1/2, 1/2)$, cioè il lancio della moneta. Facciamo un piccolo esperimento numerico per osservare l'andamento della variabile aleatoria corrispondente al numero di occorrenze del simbolo 1: dato un intero $n \leq 1000$, lanciamo n volte una moneta e contiamo quante volte esce croce. Passiamo a $n+1$ e ripetiamo l'esperimento *lanciando nuovamente* le monete. In figura 3.3 vengono visualizzati i risultati di questo esperimento, insieme alla retta $y = n/2$ che coincide con la nostra *aspettazione teorica*. Si noti come all'aumentare di n sembrano aumentare anche gli eventuali *scostamenti* da $n/2$. In figura 3.4 (sinistra) è stato ingrandito la parte terminale del grafico ($800 \leq n \leq 1000$) e si può notare come gli scostamenti possano essere anche dell'ordine di $\sqrt{n}$ ($\sqrt{1000} \approx 31.6$), come presto vedremo. Questa indicazione sperimentale è forse più chiara nel grafico di destra dove è stato visualizzato graficamente l'andamento dello *scostamento*, vale a dire la successione $(n, \#\{l \in [1,n] : \omega_l = 1\} - n/2)$, insieme al grafico delle funzioni $\pm\sqrt{x}$.

Esercizio 3.11. Ripetere numericamente l'esperimento precedente, considerando il lancio di un dado e prendendo come evento aleatorio il numero di volte

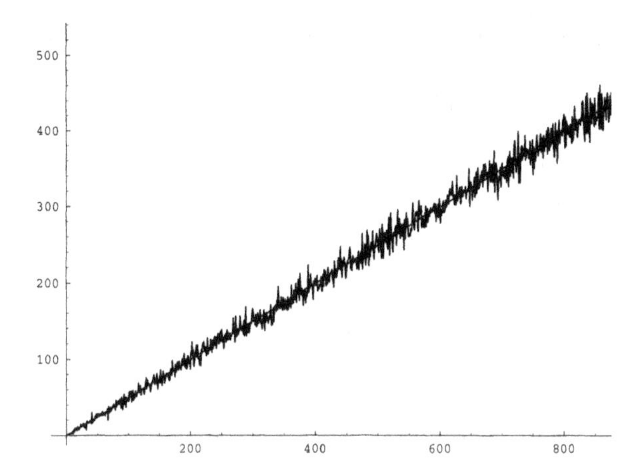

Fig. 3.3. Numero di teste in n lanci di una moneta con $1 \leq n \leq 1000$. La linea continua rappresenta il grafico della retta $y = x/2$

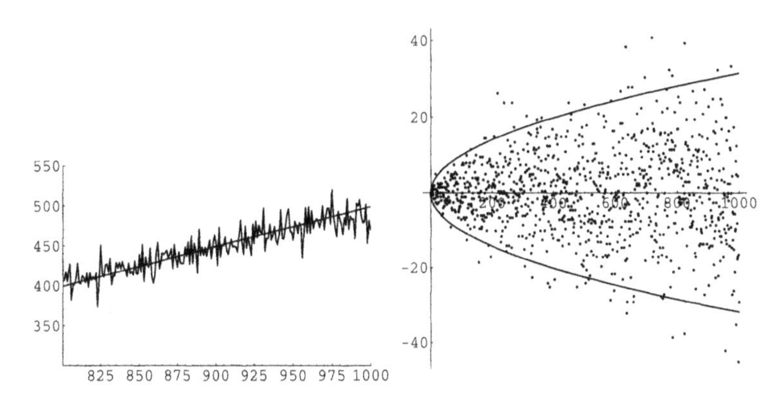

Fig. 3.4. Numero di teste in n lanci di una moneta con $800 \leq n \leq 1000$ (sinistra). La linea continua rappresenta il grafico della retta $y = x/2$. A destra il grafico dello *scostamento* dal valore teorico aspettato $n/2$. Le linee continue sono il grafico delle funzioni $y = \sqrt{x}$ e $y = -\sqrt{x}$ rispettivamente

in cui 3 esce come risultato del lancio. Discutere qualitativamente il risultato dell'esperimento.

Esercizio 3.12. Ripetere numericamente l'esperimento precedente, considerando n estrazioni del lotto, con $n = 1, 2, \ldots, 5000$ e contando, per ogni n, l'uscita di numeri multipli di 7. Discutere qualitativamente il risultato dell'esperimento.

Le due quantità fondamentali per analizzare il comportamento di una variabile aleatoria sono l'*aspettazione* (o *media*) e la *varianza* (o scarto quadratico medio). Per introdurle, immaginiamo al solito di ripetere n volte il medesimo esperimento, assimilato ad una variabile aleatoria finita. Misurando ogni volta il valore assunto da x, per n grande la nozione empirica di probabilità (Definizione 3.3) ci suggerisce che in circa np_1 occasioni osserveremo il valore x_1, in circa np_2 occasioni il valore x_2, e così via.[5] Se prendiamo la media aritmetica di questi valori attesi troviamo

$$\frac{np_1x_1 + np_2x_2 + \ldots + np_Nx_N}{n} = \sum_{k=1}^{n} p_k x_k \tag{3.12}$$

Il valore di questo numero è l'aspettazione della variabile aleatoria ξ nel senso che ci si aspetta che $\xi(\omega)$ fluttui attorno a quel valore al variare di ω.

Definizione 3.10 *L'*aspettazione matematica, *o* valore medio *di una variabile aleatoria discreta finita $\xi(\omega)$ è il numero*

$$E\xi := \sum_{k=1}^{N} x_k p_k \tag{3.13}$$

Esempio 3.10. Calcoliamo l'aspettazione della variabile aleatoria $\nu_n^{(1)}(\omega)$ dell'esempio 4.23. Tenendo presente l'esempio 4.24 si ha:

$$E\nu_n^{(1)}(\omega) = \sum_{k=1}^{n} kp_{k,n} = \frac{1}{2^n}\sum_{k=1}^{n} k\binom{n}{k} = \frac{1}{2^n}\sum_{k=1}^{n} n\binom{n-1}{k-1} =$$
$$= n\frac{1}{2^n}\sum_{s=0}^{n-1} n\binom{n-1}{s} = n\frac{1}{2^n}2^{n-1} = \frac{1}{2}$$

Analogamente:

$$Ef_n^{(1)}(\omega) = \frac{1}{2}$$

Proprietà dell'aspettazione:

1. Se la distribuzione di probabilità della $\xi(\omega)$ è uniforme, $p_i = \dfrac{1}{N}$, l'aspettazione è la media aritmetica dei valori di ξ:

[5] Come nel caso del lancio della moneta, però, occorre fare attenzione: è del tutto possibile che che una *particolare* successione di n prove dia risultati completamente diversi: ad esempio, sempre lo stesso valore x_k. La legge dei grandi numeri, che ricorderemo fra poco, afferma che le successioni di n prove che danno il risultato intuitivamente atteso formano la stragrande maggioranza delle successioni a priori possibili.

$$E\xi = \frac{1}{N}\sum_{k=1}^{n} x_k$$

In generale, si tratta di una media aritmetica *pesata* dalle probabilità p_k.

2. Ovviamente $E\xi \geq 0$ se $\xi \geq 0$, $E\xi = 1$ se $\xi = 1$;
3. L'aspettazione della variabile aleatoria ξ si può anche scrivere come media pesata sulle probabilità degli eventi elementari, cioè su tutti i punti di Ω:

$$E\xi = \sum_{\omega\in\Omega} \xi(\omega)p(\omega) \tag{3.14}$$

Infatti:

$$E\xi = \sum_{k=1}^{N} x_k p_k = \sum_{k=1}^{N} x_k P(C_k) = \sum_{k=1}^{N} x_k \sum_{\omega\in C_k} p(\omega)$$
$$= \sum_{k=1}^{N}\sum_{\omega\in C_k} \xi(\omega)p(\omega) = \sum_{\omega\in\Omega} \xi(\omega)p(\omega)$$

La prima informazione importante sulla variabile aleatoria che si può ottenere conoscendo la media è:

Teorema 3.1 (I disuguaglianza di Chebychev)[6]
Se la variabile aleatoria è positiva, $\xi(\omega) \geq 0$, allora $\forall\, \alpha > 0$ si ha

$$P(\{\omega : \xi(\omega) \geq \alpha\} \leq \frac{E\xi}{\alpha} \tag{3.15}$$

Osservazione 3.5. In parole: la probabilità che la variabile aleatoria assuma un valore differente dalla media è inversamente proporzionale al valore della differenza.

Dimostrazione: Possiamo scrivere, usando la definizione, l'ipotesi $\xi(\omega) \geq \alpha$ e la positività di $\xi(\omega)$:

$$P(\{\omega : \xi(\omega) \geq \alpha\} = \sum_{\omega:\xi(\omega)\geq\alpha} p(\omega) \leq \sum_{\omega:\xi(\omega)\geq\alpha} \frac{\xi(\omega)}{\alpha} p(\omega)$$
$$= \frac{1}{\alpha}\sum_{\omega:\xi(\omega)\geq\alpha} \xi(\omega)p(\omega) \leq \sum_{\omega:\xi(\omega)\geq\alpha} \xi(\omega)p(\omega) = \frac{E\xi}{\alpha}$$

L'ultima uguaglianza segue dalla (3.14). Ciò conclude la prova. □

La seconda quantità fondamentale per il comportamento di una variabile aleatoria è la sua *varianza*, o *scarto quadratico medio*. Essa misura quanto la variabile aleatoria si discosta dalla sua aspettazione.

[6] Pafnuty Lvovich Chebychev (Okatovo 1821, S.Pietroburgo 1894), Professore all'Università di S.Pietroburgo e fondatore della grande scuola russa di teoria della probabilità.

Definizione 3.11 *Dicesi varianza della variabile aleatoria discreta finita $\xi(\omega)$ la quantità:*

$$\mathrm{Var}\xi = \sqrt{E[(\xi - E\xi)^2]} \tag{3.16}$$

Proprietà della varianza

1. $\mathrm{Var}\xi \geq 0$; $\mathrm{Var}\xi = 0$ se e solo se $\xi = E\xi$ (cioè se la variabile aleatoria coincide col suo valore medio).
2. $$\mathrm{Var}\xi = \sqrt{E\xi^2 - (E\xi)^2}$$
   Infatti: $E[(\xi - E\xi)^2] = E\xi^2 - 2(E\xi) \cdot E\xi + (E\xi)^2 = E\xi^2 - (E\xi)^2$.
3. $$\mathrm{Var}(a\xi + b) = a\mathrm{Var}(\xi), \qquad \forall\,(a, b) \in \mathbb{R}$$
   Infatti:
   $$\mathrm{Var}^2(a\xi + b) = E[a\xi + b - E(a\xi + b)]^2 =$$
   $$E[a^2(\xi - E\xi)^2] = a^2E[(\xi - E\xi)^2] = a^2\mathrm{Var}^2\xi$$

Esempio 3.11. Calcoliamo la varianza della variabile aleatoria $\nu_n^{(1)}(\omega)$ dell'e-sem-pio 4.23. Si ha

$$\mathrm{Var}\nu_n^{(1)}(\omega) = \sqrt{n}/2 \tag{3.17}$$

Infatti:

$$\mathrm{Var}^2\nu_n^{(1)} = E[(\nu_n^{(1)})^2] - [E\nu_n^{(1)}]^2 = \sum_{k=1}^{n} k^2 \binom{n}{k} \frac{1}{2^n} - \frac{n^2}{4}$$

D'altra parte:

$$\begin{aligned} k^2 \binom{n}{k} = nk \binom{n-1}{k-1} &= n(k-1)\binom{n-1}{k-1} + n\binom{n-1}{k-1} \\ &= n(n-1)\binom{n-2}{k-2} = n\binom{n-1}{k-1} \end{aligned}$$

da cui

$$\mathrm{Var}^2\nu_n^{(1)} = [n(n-1)2^{n-2} + n2^{n-1}]\frac{1}{2^n} - \frac{n^2}{4} = \frac{n}{4}$$

Allo stesso modo possiamo calcolare la varianza della frequenza relativa $f_n^{(1)} = \nu_n^{(1)}/n$. Si trova, per la Proprietà 2 qui sopra:

$$\mathrm{Var}f_n^{(1)} = \frac{1}{2\sqrt{n}} \tag{3.18}$$

Tramite la varianza possiamo stabilire un'altra disuguaglianza fondamentale, che riguarda tutte le variabili aleatorie e non solo quelle positive.

Teorema 3.2 (Seconda disuguaglianza di Chebychev)
Per ogni $\alpha > 0$ *si ha*

$$P(\{\omega : |\xi(\omega) \geq \alpha|\} \leq \frac{\mathrm{Var}^2 \xi}{\alpha^2} \tag{3.19}$$

Dimostrazione: Sia η la variabile aleatoria $(\xi - E\xi)^2 \geq 0$, per cui $E\eta = \mathrm{Var}^2\xi$. Possiamo dunque applicare la prima disuguaglianza di Chebychev (3.15). Si ottiene:

$$P(\{\omega : |\xi(\omega) \geq \alpha|\} = P(\{\omega : \eta(\omega) \geq \alpha^2) \leq \frac{E\eta}{\alpha^2} = \frac{\mathrm{Var}^2\xi}{\alpha^2}$$

e ciò conclude la dimostrazione. □

3.5 La legge debole dei grandi numeri e le fluttuazioni normali

Vogliamo ora precisare, sempre nel caso particolare molto significativo del lancio della moneta, la nostra intuizione che, facendo molti lanci, se la moneta non è truccata dovremo aspettarci un numero di teste approssimativamente uguale al numero di croci. Si tratta della cosiddetta *legge debole dei grandi numeri.*

Dato $\epsilon > 0$, sia $\mathcal{N}_n(\omega, \epsilon)$ il numero delle stringhe ω con n elementi $(0, 1)$ in cui la proporzione delle teste (cioè il numero di occorrenze di 1 diviso per n) differisce da $1/2$ per meno di ϵ. Ricordando la definizione (3.11), possiamo scrivere

$$\mathcal{N}_n(\omega, \epsilon) = \#\{\omega \in \Omega_n : |f_n^{(1)} - \frac{1}{2}| < \epsilon\} \tag{3.20}$$

Si ha allora:

Teorema 3.3 (Legge debole dei grandi numeri)

$$\lim_{n\to\infty} \frac{\mathcal{N}_n(\omega, \epsilon)}{|\Omega_n|} = \lim_{n\to\infty} \frac{\mathcal{N}_n(\omega, \epsilon)}{2^n} = 1 \tag{3.21}$$

Dimostrazione: Applichiamo la seconda disuguaglianza di Chebychev alla frequenza relativa $f_n^{(1)}(\omega)$. Per la (3.18) troviamo

$$P(\{\omega : |f_n^{(1)}(\omega) - \frac{1}{2}| \geq r\}) \leq \frac{1}{4nr^2} \tag{3.22}$$

e quindi, per ogni $r > 0$:

$$\lim_{n\to\infty} P(\{\omega : |f_n^{(1)}(\omega) - \frac{1}{2}| \leq r\}) = \frac{1}{4nr^2} \tag{3.23}$$

Ricordiamo ora che P è generata dalla distribuzione uniforme su Ω_n: ogni stringa ω di n elementi che valgono o 0 o 1 ha la medesima probabilità $p(\omega) = 2^{-n}$. Dunque per un evento qualsiasi $C \subset \Omega_n$ si ha

$$P(C) = \sum_{\omega \in C} p(\omega) = \frac{\#\{\omega : \omega \in C\}}{|\Omega_n|}$$

A denominatore abbiamo il numero totale $|\Omega_n|$ degli eventi elementari, cioè delle stringhe di n elementi che si possono formare con i simboli $(0, 1)$; equivalentemente, il numero delle parole di n lettere che possiamo comporre con l'alfabeto $(0, 1)$. Dunque possiamo interpretare la (3.23) affermando che la frazione delle parole ω per cui la frequenza relativa dell'evento "testa" si discosta dal suo valore atteso $1/2$ per meno di una quantità ϵ positiva arbitraria tende a 1 al crescere delle parole. Ciò conclude la dimostrazione. □

Osservazione 3.6.

1. Un risultato analogo vale per ogni schema di Bernoulli (X, p);
2. Poiché la probabilità è definita a priori, la legge dei grandi numeri ci permette in un certo senso di *prevedere* i risultati di un esperimento ripetuto un gran numero di volte in maniera indipendente. Una delle applicazioni più importanti è questa: se dopo un gran numero di prove la frequenza si discosta dalla probabilità, c'è fondata ragione di pensare che esse non siano indipendenti; nel linguaggio della fisica, nel compiere l'esperimento si sta commettendo un *errore sistematico.*
3. Bisogna però guardarsi bene dal trarre conseguenze avventate dalla legge dei grandi numeri. Una delle più comuni è quella di pensare che essa si applichi *ad ogni singola stringa* ω, invece che all'insieme delle stringhe. Se ne deduce erroneamente che la $n-$ esima estrazione "ricorda" le precedenti, nel senso che se lanciando la moneta ad esempio 10 volte è venuto 10 volte testa nel lancio successivo l'evento croce sia molto più probabile dell'evento testa. La probabilità rimane invece la stessa (ovviamente se la moneta non è truccata). Questa errata interpretazione della legge dei grandi numeri sta alla base di molte perdite al gioco.

Per n grande, la legge debole dei grandi numeri ci dice che pressoché tutti le ripetizioni di n lanci della moneta daranno $n/2$ teste a meno di piccole fluttuazioni. La fluttuazione cresce anch'essa con n. Quanto piccola dovrà rimanere questa fluttuazione, o equivalentemente, quanto dovrà crescere affinché ci si accorga che la moneta è truccata? Per esempio, se vengono 120 teste in 200 lanci, o 143, o 85, e 22000, o 17000 in 40000 lanci possiamo sospettare che la moneta sia truccata? In generale, quanto può essere grande una fluttuazione rispetto al valore atteso per non diventare sorprendente? Cerchiamo di dare una risposta almeno parziale a questa domanda[7]. Quello che ci serve è una funzione $r(n)$ che cresce con n tale che

[7] Qui è richiesta la conoscenza dei rudimenti del calcolo infinitesimale.

$$\lim_{n\to\infty} P(\{\omega : |\nu_n^1(\omega) - n/2| \le r(n)\}) = \alpha \quad 0 < \alpha < 1 \tag{3.24}$$

Poiché la probabilità limite è positiva la $r(n)$ ci dirà quanto ω può scartare dalla media senza dare adito a sospetti. Ricordiamo ora che la varianza (scarto quadratico medio dalla media) della distribuzione di probabilità $p_{k,n}$ della variabile aleatoria $\nu_n^1(\omega)$ è $\sqrt{n}/2$. È dunque naturale ipotizzare che l'ampiezza di una fluttuazione non sospetta sia dell'ordine della varianza. Se poniamo $r(n) = \gamma_n\sqrt{n}$ dovremo per forza aspettarci $0 < \gamma := \lim_{n\to\infty} \gamma_n < +\infty$ se la successione γ_n ha limite. Infatti $\gamma < +\infty$ altrimenti per la seconda disuguaglianza di Chebychev si ha

$$P(\{\omega : |\nu_n^1(\omega) - n/2| \ge \gamma_n\sqrt{n}\}) \le \frac{n}{n\gamma_n^2} = \frac{1}{\gamma_n^2}$$

e quindi α nella (3.24) dovrebbe essere 1. D'altra parte, se $\gamma_n \to 0$ il limite in (3.24) sarebbe zero. A questo punto possiamo porre $r(n) := x\sqrt{n}/2$, $0 < x < +\infty$. Si ha allora:

Teorema 3.4 (Distribuzione normale)

$$\lim_{n\to\infty} P(\{\omega : |\nu_n^1(\omega) - n/2| \le x\sqrt{n}/2\}) = \frac{1}{\sqrt{2\pi}} \int_x^x e^{-t^2/2}\, dt$$

Non dimostreremo questo teorema, limitandoci ad alcune osservazioni.

Osservazione 3.7.

1. Si può riformulare il teorema in un modo più consueto: consideriamo la variabile aleatoria $\delta_n(\omega) := 2\nu_n^1(\omega) - 1$ ($\delta_n(\omega)$ rappresenta l'eccesso delle teste rispetto alle croci). Equivalentemente

$$\delta_n(\omega) = \sum_{j=1}^{n} y_j(\omega), \quad y_j(\omega) = \begin{cases} +1, \text{ se } \omega_j = 1 \\ -1, \text{ se } \omega_j = 0 \end{cases}$$

   Sia inoltre (funzione degli errori di Gauss)

$$\Phi(x) := \frac{1}{\sqrt{2\pi}} \int_{-\infty}^{x} e^{-t^2/2}\, dt \tag{3.25}$$

   Allora il Teorema 3.4 equivale all'affermazione:

$$\lim_{n\to\infty} P(\{\omega : \frac{\delta_n(\omega)}{\sqrt{n}} \le x\}) = \Phi(x) \tag{3.26}$$

   che è un caso molto particolare del *teorema del limite centrale*;
2. Si ha (integrale di Gauss)

$$\frac{1}{\sqrt{2\pi}} \int_{-\infty}^{+\infty} e^{-t^2/2}\, dt = 1 \tag{3.27}$$

Pertanto la probabilità (3.4) o (3.26) si avvicina a 1 al tendere di x a $+\infty$. Questo teorema risponde quindi alla domanda posta in precedenza: fluttuazioni rispetto alla media che crescono più rapidamente di $\sqrt{n}$ sono *altamente* improbabili, e fanno certamente sospettare che la moneta sia truccata. Si veda figura 3.3 e figura 3.4.

3. I concetti di probabilità, distribuzione di probabilità e variabile aleatoria di estendono in modo naturale al caso continuo. Sia $p(x) \geq 0$ una funzione definita su un intervallo $-\infty \leq a < b \leq +\infty$ ed ivi integrabile. $p(x)$ si dice distribuzione di probabilità *continua* se $\int_a^b p(x)\, dx = 1$. Ogni sottoinsieme[8] $\Omega \subset [a, b]$ si dice *evento* o *evento aleatorio*, e la sua probabilità è definita da
$$P(\Omega) = \int_\Omega p(x)\, dx \tag{3.28}$$
È facile dimostrare che la probabilità così definita soddisfa gli assiomi I, II, III della Definizione 3.4, se come evento certo si intende l'intervallo $[a, b]$ e come evento impossibile ogni sottoinsieme Ω tale che $\int_\Omega p(x)\, dx = 0$.
4. L'esempio più semplice di distribuzione di probabilità continua è la distribuzione *uniforme*: $p(x) = \dfrac{1}{b-a}$, $-\infty < a < b < +\infty$. Nel caso $a = -\infty, b = +\infty$, anche la funzione $p(x) := \dfrac{1}{\sqrt{2\pi}} e^{-x^2/2}$ è una distribuzione di probabilità continua. Essa viene detta *distribuzione normale*, o di Gauss (fig.3.5). Una variabile aleatoria continua si dice *normalmente distribuita* se la sua distribuzione di probabilità è quella di Gauss.
5. la distribuzione di Gauss si dice normale perché è la distribuzione di probabilità degli scarti rispetto alla media, dovuti agli errori casuali, che si osserva in *qualsiasi* esperimento. Una distribuzione non normale indica l'occorrenza di un errore sistematico. Più precisamente, con ragionamenti del tutto analoghi a quelli con cui si prova il teorema 3.4 si può dimostrare quanto segue: siano i numeri reali $x_1, \ldots, x_n$ i risultati che si ottengono ripetendo n volte la misura di una qualche grandezza fisica tramite lo stesso strumento tarato una volta per tutte (ad esempio: il peso di una moneta d'oro tramite una bilancia, il tempo di caduta di un grave fra due altezze diverse tramite un cronometro, ecc.). I risultati $(x_1, \ldots, x_n)$ definiscono in modo naturale una variabile aleatoria $\omega(x)$, la cui distribuzione di probabilità è quella uniforme. Sia $E\omega$ l'aspettazione di ω, che qui come sappiamo coincide con la media aritmetica dei valori $(x_1, \ldots, x_n)$:
$$Ex = \frac{x_1 + \ldots + x_n}{n}$$

[8] A rigore, si deve richiedere la *misurabilità* di Ω, nozione tecnica sulla quale non insistiamo. Ci basterà ricordare che essa è sempre soddisfatta in ogni caso immaginabile.

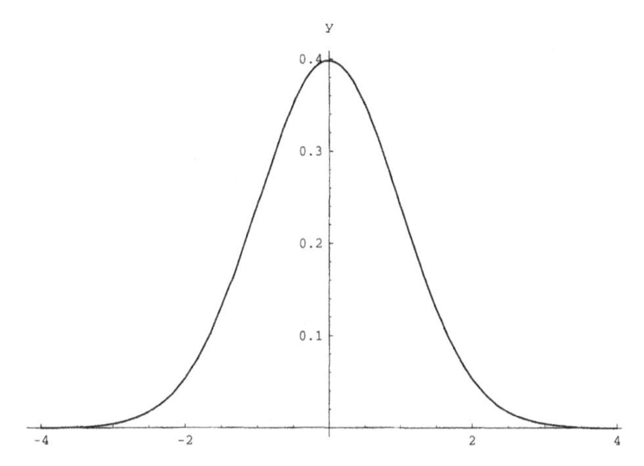

Fig. 3.5. Grafico della *distribuzione normale* $p(x) = \frac{1}{\sqrt{2\pi}} e^{-\frac{x^2}{2}}$

Alla variabile aleatoria $\omega(x)$ si dà il nome di *scarto* rispetto alla media. Allora si ha

$$\lim_{n\to\infty} P(\{x : |\omega(x) - E\omega| \leq \alpha\} = \frac{h}{\sqrt{2\pi}} \int_{-\alpha}^{\alpha} e^{-h^2 t^2/2}\, dt \tag{3.29}$$

dove h è una costante che può variare a seconda dell'esperimento. La probabilità P è definita a partire dalla distribuzione uniforme. È bene leggere questa formula in altro modo:

$$\lim_{n\to\infty} P(\{x : |\omega(x) - E\omega| \geq \alpha\} = \frac{h}{\sqrt{2\pi}} \int_{|t|>\alpha} e^{-h^2 t^2/2}\, dt$$

Poiché la distribuzione di Gauss ha un massimo molto marcato all'origine, questo significa che la probabilità di uno scarto grande è piccolissima. Prendendo per semplicità $h = 1$, si può infatti dimostrare che

$$\frac{1}{\sqrt{2\pi}} \int_{|t|>\alpha} e^{-t^2/2}\, dt \sim e^{-\alpha^2/2}$$

Esercizio 3.13. Assumendo la (3.27) dimostrare la (3.26).

Soluzione. Da 3.4 otteniamo

$$\lim_{n\to\infty} P(\{\omega : |\frac{\delta_n(\omega)}{\sqrt{n}}| \leq x\}) = \int_{\infty}^{x} e^{-t^2/2}\, dt - \int_{\infty}^{-x} x e^{-t^2/2}\, dt = \Phi(x) - \Phi(-x)$$

Per simmetria:

$$P(\{\omega : 0 \leq \frac{\delta_n(\omega)}{\sqrt{n}} \leq x\}) = \frac{1}{2}P(\{\omega : 0 \leq \frac{|\delta_n(\omega)}{\sqrt{n}}| \leq x\}) + \frac{1}{2}P(\{\omega : \delta_n(\omega) = 0\})$$

$$P(\{\omega : \delta_n(\omega) < 0\}) = \frac{1}{2} - \frac{1}{2}P(\{\omega : \delta_n(\omega) = 0\})$$

e pertanto

$$\lim_{n\to\infty} P(\{\omega : \frac{\delta_n(\omega)}{\sqrt{n}} \leq x\}) = \frac{\Phi(x) + 1 - \Phi(-x)}{2}$$

ma $\Phi(+\infty) = 1$; dunque $1 - \Phi(-x) = \Phi(x)$ e la formula è dimostrata.

Esercizio 3.14. Si realizzi un esperimento numerico per verificare il Teorema 3.4. Più precisamente: si lanci una moneta 2000 volte e si calcoli $m = (1000-$ numero di teste$)/\sqrt{2000}$. Si ripeta questo esperimento 3000 volte e si registrino tutti questi scostamenti dal valore teorico: $m_1, m_2, \ldots, m_{3000}$. Usando ora un qualsiasi programma per la gestione di dati statistici, si disegni l'istogramma relativo alla distribuzione degli *scostamenti normalizzati* m_j e si confronti con la distribuzione normale.

Soluzione. Il risultato delle esperimento dovrebbe assomigliare a quello di figura 3.6.

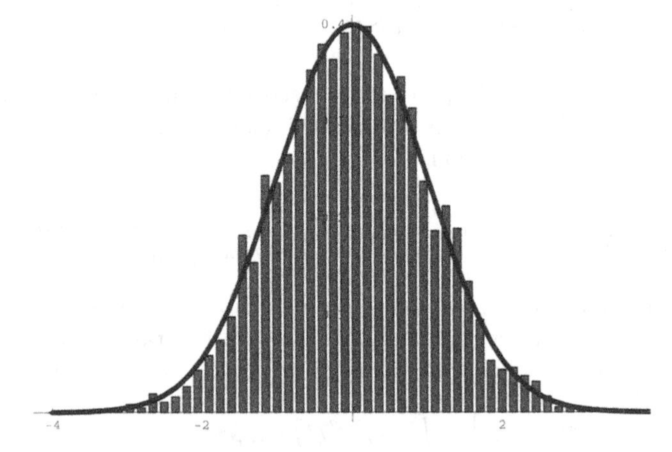

Fig. 3.6. Verifica sperimentale del Teorema della distribuzione normale. Si veda Esempio 3.5

Riconsideriamo ancora le successioni di lanci di monete da un punto di vista leggermente diverso. L'esempio che ora considereremo rappresenta la semplificazione più elementare di una serie di fenomeni che vengono solitamente denominati *cammini aleatori.*

Esempio 3.12. *Cammino del canguro ubriaco (cammino aleatorio simmetrico 1- dimensionale)* Consideriamo un canguro ubriaco che si muove sulla retta orizzonatale. Il canguro al tempo $t = 0$ si trova nell'origine e denoteremo $x(n)$ la sua coordinata ascissa al tempo (discreto) $t = n \in \mathbb{N}$ $(x(0) = 0)$. La regola che determina il suo moto è semplice ma *non deterministica*, bensì *aleatoria*. Ad ogni istante il canguro compie un salto unitario a destra o a sinistra, in maniera *completamente casuale*. In altre parole, all'istante $t = n+1$ il canguro si troverà in $x(n+1) = x(n) + \omega_n$, dove ω_n può assumere solamente i valori ± 1. Facciamo qui l'assunzione che i salti siano tutti ottenuti lanciando una moneta non truccata (cioè che il canguro abbia probabilità $1/2$ di fare un salto di 1 in avanti o di -1 all'indietro) e che il salto ω_n *non* dipenda dai salti precedentemente effettuati. In termini un pò più rigorosi: $\omega_1, \omega_2, \ldots, \omega_n$ *sono tutte variabili aleatorie indipendenti e identicamente distribuite*[9].

Un possibile cammino, univocamente definito dai salti $\omega_1, \omega_2, \ldots, \omega_n, \ldots$ del canguro si dice *storia* o *realizzazione* del processo. In figura 3.7 e 3.8 vengono mostrate alcuni cammini *generici*.

Poiché la probabilità che il canguro salti all'indietro, o verso sinistra

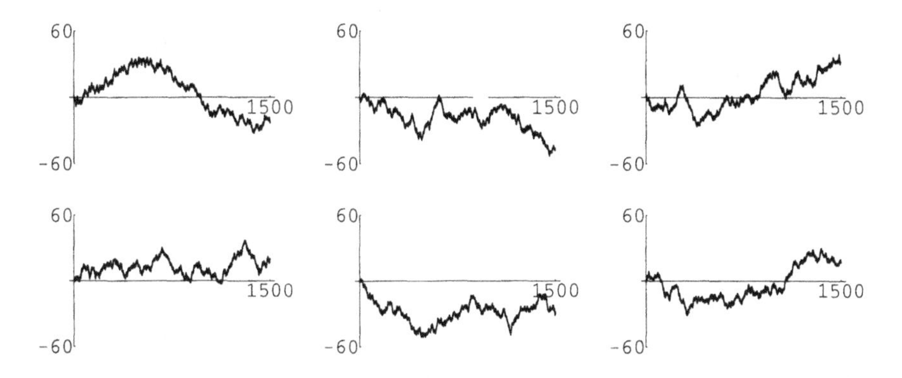

Fig. 3.7. Alcuni cammini del canguro ubriaco. In ciascun cammino il canguro compie 1500 salti

$(\omega_j = -1)$ coincide con la probabilità che esso salti in avanti, o verso destra $(\omega_j = +1)$[10], *facendo la media* su tutti i cammini il canguro si troverà ad una data distanza d dall'origine e con uguale probabilità alla distanza $-d$. Meno intuitivo è il fatto che il canguro raggiungerà comunque distanze arbitrariamente grandi, pur ritornando a passare per l'origine quante volte si vuole. Questo in effetti è una diretta conseguenza dei risultati precedentemente discussi. Più precisamente, al tempo n, il canguro (percorrendo un dato cammino) si troverà a distanza $d(n) = \sum_{j=1}^{n} \omega_n \in \mathbb{Z}$ dall'origine. Sia ora f una qualche funzione, detta *osservabile*, che dipende in qualche modo

[9] Solitamente si dice che le ω_j sono variabili aleatorie *i.i.d.* (independent, identically distributed).

[10] da qui il nome *cammino simmetrico*.

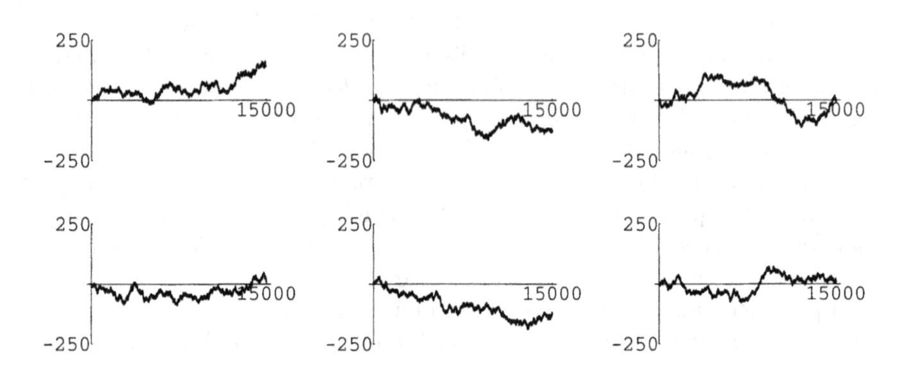

Fig. 3.8. Alcuni cammini del canguro ubriaco. In ciascun cammino il canguro compie 15000 salti

dai salti compiuti dal canguro. Esempi fondamentali sono $f = d(n)$, oppure $f = d^2(n)$. In accordo con le notazioni precedenti, denoteremo $E(f)$ il *valore medio* ottenuto mediando su *tutte le possibili realizzazioni* del processo, cioè su tutti i cammini a priori possibili.

Ad esempio, se $f = d(n)$:

$$E(d) := \frac{1}{2^n} \sum_{\substack{\omega_1,\ldots,\omega_n \\ \omega_j=\pm 1}} d(n)$$

La somma è eseguita su tutti i possibili salti e il fattore $1/2^n$ è il fattore di normalizzazione che segue dal fatto che il numero di cammini lunghi n possibili e distinti è esattamente 2^n. Infatti per costruzione esso coincide con tutti i possibili esiti che si possono ottenere lanciando n volte una moneta non truccata. È utile ora risolvere i seguenti.

Esercizio 3.15. Realizzare al calcolatore un programma che permetta di visualizzare dei cammini tipici del canguro. Si vedano come esempi le figure 3.7 e 3.8.

Esercizio 3.16. Si dimostri che:

1.
$$E(d) = 0.$$

2.
$$E\left(d^2\right) = \sqrt{n}.$$

Concludere quindi che il canguro raggiunge "certamente" distanze arbitrariamente grandi, pur ripassando dall'origine quante volte si vuole.

Esercizio 3.17. Si supponga ora che il canguro salti a sinistra con probabilità $p > 0.5$ e a destra con probabilità $1-p$ (*cammino non simmetrico*). Simulare i cammini e discuterne l'andamento.

3.6 Convergenza in media di Cesaro e legge forte dei grandi numeri

Consideriamo ancora una successione estratta dallo schema di Bernoulli (X, p), cioè una successione infinita i cui elementi possono assumere esclusivamente (ma non necessariamente tutti) i valori $(x_1, x_2, \ldots, x_N)$. È chiaro che in generale essa non ammetterà limite.

Vogliamo però introdurre una nozione di convergenza assai utile, quella delle medie aritmetiche isolata da Cesàro[11] più di un secolo fa. Essa serve anche a fare capire meglio i concetti di convergenza in probabilità introdotti prima.

Definizione 3.12

1. *Dati n numeri reali qualsiasi $r_1, \ldots, r_n$, dicesi loro* media aritmetica *la quantità:*

$$M_n = \frac{1}{n}\sum_{k=1}^{n} r_k \tag{3.30}$$

2. *Data la successione a_k, dicesi successione delle medie aritmetiche da essa dedotte la successione*

$$M_1 = a_1, \quad M_2 = \frac{a_1 + a_2}{2}, \quad M_3 = \frac{a_1 + a_2 + a_3}{3}, \quad \ldots, M_n = \frac{1}{n}\sum_{k=1}^{n} a_k, \ldots$$

Definizione 3.13 *La successione a_k converge a l nel senso di Cesàro se la successione M_n delle medie aritmetiche da essa dedotte converge a l, cioè se*

$$\lim_{n\to\infty} M_n = \lim_{n\to\infty} \frac{1}{n}\sum_{k=1}^{n} a_k = l$$

Osservazione 3.8. La nozione di convergenza come è stata definita sopra (detta anche convergenza *semplice*) è *più forte* della nozione di convergenza nel senso di Cesàro. Equivalentemente, la nozione di convergenza secondo Cesàro è *più debole* di quella abituale. Questo significa che se una successione converge nel senso abituale converge anche nel senso di Cesàro, mentre *non vale il viceversa.* Infatti:

[11] Ernesto Cesàro (Napoli 1859-Torre Annunziata 1906), Professore di Analisi matematica all'Università di Napoli.

Proposizione 3.1

1. *Se una successione* a_n *converge,* $\lim_{n\to\infty} a_n = l$ *allora anche* $\lim_{n\to\infty} M_n = l$.
2. *Esistono successioni limitate* a_n *tali che* $\lim_{n\to\infty} M_n = l \in \mathbb{R}$ *ma che non ammettono limite.*

Dimostrazione: 1. È sufficiente dimostrare l'asserzione per $l = 0$. Altrimenti basta considerare la successione $a_n - l$ la cui successione delle medie aritmetiche è $M_n - l$: infatti se $a_n - l \to 0$ ciò implica $M_n - l \to 0$ e quindi $M_n \to l$. Dato $\epsilon > 0$, poiché a_n è convergente esiste $\nu(\epsilon)$ tale che $|a_n| < \frac{\epsilon}{2}$ se $n > \nu(\epsilon)$. Allora, usando la disuguaglianza triangolare $|x+y| \leq |x| + |y|$ valida $\forall\, x, y \in \mathbb{R}$:

$$|\frac{1}{n}\sum_{k=1}^{n} a_k| \leq |\frac{1}{n}\sum_{k=1}^{\nu} a_k| + |\frac{1}{n}\sum_{k=\nu+1}^{n} a_k| < |\frac{1}{n}\sum_{k=1}^{\nu} a_k| + \frac{n-\nu}{n}\frac{\epsilon}{2} < |\frac{1}{n}\sum_{k=1}^{\nu} a_k| + \frac{\epsilon}{2}$$

perché $\frac{n-\nu}{n} < 1$. Sia ora $M := \{\max |a_k| : k = 1, \ldots, \nu\}$. Allora

$$|\frac{1}{n}\sum_{k=1}^{n} a_k| \leq \frac{M\nu}{n} + \frac{\epsilon}{2}$$

Ora il primo addendo non supererà $\frac{\epsilon}{2}$ se $n > \frac{2M\nu}{\epsilon}$. Sia ora $n_1(\nu) := \max\left(\nu(\epsilon), \frac{2M\nu}{\epsilon}\right)$. Allora $\forall\, n > n_1(\nu)$ si avrà:

$$|\frac{1}{n}\sum_{k=1}^{n} a_k| \leq \frac{\epsilon}{2} + \frac{\epsilon}{2} = \epsilon$$

e ciò dimostra la convergenza a 0 della successione M_n.

2. Abbiamo già visto che la successione $0, 1, 0, 1 \ldots$ non converge. Facciamo vedere che invece converge a $\frac{1}{2}$ nel senso di Cesàro. Infatti si ha:

$$M_{2p} = \frac{1}{2p}\sum_{k=1}^{2p} a_k = \frac{p}{2p} = \frac{1}{2},\ p = 1, 2, \ldots$$

$$M_{2p+1} = \frac{1}{2p+1}\sum_{k=1}^{2p+1} a_k = \frac{p}{2p+1}\quad p = 1, 2, \ldots$$

Ora $\lim_{p\to\infty} M_{2p+1} = \lim_{p\to\infty} \frac{1}{2+1/p} = \frac{1}{2}$ perché $\lim_{p\to\infty}(2 + \frac{1}{p}) = 2 + \lim_{p\to\infty}\frac{1}{p} = 2$ (il limite della somma vale la somma dei limiti), e

$$\lim_{p\to\infty}\frac{1}{2+1/p} = \frac{1}{\lim_{p\to\infty}(2+1/p)}$$

(il limite del quoziente vale il quoziente dei limiti se il limite dei denominatori non è 0). Dunque: $\lim_{n\to\infty} M_n = \frac{1}{2}$.

Abbiamo così trovato un esempio di successione convergente nel senso di Cesàro ma non in senso semplice e ciò dimostra la proposizione. □

Esercizio 3.18. Trovare il limite secondo Cesàro della successione $1, -1, 1, -1, \ldots$ cioè $a_n = 1$ se $n = 2p$ e $a_n = -1$ se $n = 2p+1$, $p = 0, 1, \ldots$.

Soluzione. 0.

Vogliamo ora applicare la nozione di convergenza nel senso di Cesàro all'esame del limite per $n \to \infty$ delle nostre stringhe $\omega(n) = (y_1, y_2, \ldots, y_n)$ dove ogni y_k può assumere un numero finito di valori $x_1, \ldots, x_N$; ciascuno di questi può avvenire con probabilità p_k. Restringiamo ora la nostra attenzione ad un particolare evento elementare. Senza ledere la generalità possiamo assumere che sia y_1, perché per tutti gli altri si ragiona esattamente allo stesso modo. A partire dalla stringa $\omega(n) = (y_1, y_2, \ldots, y_n)$ di lunghezza n definiamo una stringa $\tau(n)$ di pari lunghezza nel modo seguente: tutte le volte che uno degli y nella stringa prende il valore x_1 scriviamo 1, altrimenti scriviamo 0. In altre parole la stringa $\tau(n)$ è una stringa di n elementi 0 o 1 definita a partire dagli esiti delle prove ripetute scrivendo 1 se l'esito è x_1, e scrivendo 0 se non lo è.

In formule, se $\tau_h(n)$ denota l'elemento di posto h nella stringa $\tau(n)$, si ha

$$\tau_h^1(n) = \begin{cases} 1 & \text{se} \quad y_h = x_1 \\ 0 & \text{se} \quad y_h \neq x_1 \end{cases} \tag{3.31}$$

ovvero, usando il simbolo di Kronecker [12] $\delta_{x,y}$: $\tau_h^1(n) = \delta_{y_h, x_1}$. Allo stesso modo si definiscono le altre stringhe $\tau_h^k(n)$, $k = 2, \ldots, N$. Ad esempio, consideriamo i lanci ripetuti di un dado, $N = 6$. Gli eventi elementari sono l'uscita dei numeri $1, 2, 3, 4, 5, 6$. Concentriamoci ad esempio sull'uscita del numero 2, scrivendo 1 se viene e 0 se non viene. Otterremo allora una successione del tipo 000100110.... La stessa cosa vale per gli altri numeri diversi da 2. È chiaro che ci sarà da aspettarsi che, se la stringa è abbastanza lunga, in media la proporzione fra gli 1 e gli 0 sarà di 1 a 6. Osserviamo infatti che la (3.31) si può considerare anche come la definizione di una variabile aleatoria su Ω_n. D'altra parte, abbiamo immediatamente che

$$\frac{\tau_h^1(n)}{n} = f_n^{(1)}(\omega)$$

altro non è che la variabile aleatoria frequenza definita dalla (3.11); inoltre è altrettanto evidente che la media di Cesaro della stringa $\tau_h^{(n)}$ è l'aspettazione della frequenza. Infatti:

[12] $\delta_{x,y} = 1$ se $x = y$; $\delta_{x,y} = 0$ se $x \neq y$.

$$M_n(\tau) = \frac{1}{n}\sum_{h=0}^{n} \tau_h(n) = \frac{1}{n}\delta_{y_h,x_1} = Ef_n^{(1)}(\omega)$$

A questo punto la legge debole dei grandi numeri può essere enunciata anche in questo modo:
dato $\epsilon > 0$, sia $\mathcal{N}_n(\omega,\epsilon)$ il numero delle stringhe ω con n elementi $(x_1,\ldots,x_N)$ in cui la proporzione degli x_1 (cioè il numero di occorrenze di x_1 diviso per n) differisce dalla media di Cesaro $M_n^k\tau$ per meno di ϵ:

$$\mathcal{N}_n(\omega,\epsilon) = \#\{\omega \in \Omega_n : |f_n^{(1)} - M_n^k\tau| < \epsilon\} \tag{3.32}$$

Si ha allora:

$$\lim_{n\to\infty} \frac{\mathcal{N}_n(\omega,\epsilon)}{|\Omega_n|} = \lim_{n\to\infty} \frac{\mathcal{N}_n(\omega,\epsilon)}{2^n} = 1 \tag{3.33}$$

$M_n^k(\tau)$ è ovviamente la successione delle medie aritmetiche dedotte da $\tau^k(n)$.

La probabilità P_n della proporzione di stringhe per cui la media di Cesàro $\tau^k(n)$ differisce dalla frequenza per una quantità piccola a piacere tende a 1 al tendere all'infinito del numero delle prove n.

In altre parole, la probabilità che una successione aleatoria di elementi 0 e 1 del tipo definito in precedenza abbia limite nel senso di Cesàro tende alla certezza al tendere all'infinito del numero delle prove, purché indipendenti.

Esiste un'altra formulazione della legge dei grandi numeri, che riportiamo qui senza dimostrazione sempre nel caso dello schema di Bernoulli (X,p).

Teorema 3.5 (Legge forte dei grandi numeri)
Sia $f_n^{(h)}(\omega)$ la variabile aleatoria definita come la frequenza del simbolo x_h. Allora $\forall\,\delta > 0$ si ha:

$$\lim_{n\to\infty} P_n\left(\{\omega \,|\, \exists\, h : |f_n^{(h)}(\omega) - Ef_n^{(h)}| \geq \delta\}\right) \to 0.$$

Possiamo allora concludere che in effetti "quasi tutte" le stringhe convergono nel senso di Cesaro. Infatti il teorema precedente si riformula così:
La probabilità delle stringhe per cui la frequenza di occorrenza di un simbolo qualsiasi differisce dalla media di Cesaro per una quantità positiva prefissata arbitraria tende a 0 al tendere all'infinito del numero delle prove.

3.7 Alcuni problemi elementari di teoria della probabilità

Concludiamo questo capitolo con alcuni problemi *classici* nella teoria delle probabilità che si possono risolvere con le poche nozioni fondamentali fin qui esposte.

In ultima analisi si tratterà sempre di contare correttamente un numero finito di opportuni eventi elementari. Questo conteggio può diventare a volte sorprendentemente complicato. Per la comprensione reale della teoria delle probabilità è più che mai necessario risolvere problemi concreti. Consigliamo quindi vivamente al lettore di provare a risolvere da sé ogni esercizio prima di consultare la soluzione.

Esercizio 3.19. In media, quante volte dobbiamo lanciare un dado per avere il risultato 6?

Detto in altre parole: supponiamo di lanciare ripetutamente un dado e di registrare i numeri di lanci che intercorrono fra due apparizioni consecutive del numero 6. Qual è il valore medio m di questi numeri?

Soluzione. L'intuizione ci suggerisce un valore medio pari a 6. Consigliamo poi di ricreare al calcolatore l'esperimento. Risolviamo ora l'esercizio dimostrando che il numero medio è 6.

Sia $p = 1/6$ la probabilità di avere 6 ad un dato lancio e poniamo $q = 1-p$. La probabilità di eseguire due lanci consecutivi ed osservare 6 esclusivamente al secondo lancio sarà quindi qp. Vale a dire il prodotto della probabilità di non osservare 6 al primo lancio e di osservare 6 al secondo. In maniera analoga, la probabilità che in tre lanci esca il 6 solo al terzo lancio sarà data da q^2p. Più in generale, la probabilità che eseguendo n lanci esca 6 solo all'ultimo lancio è data da $q^{n-1}p$. Si tratta di eventi mutuamente esclusivi, e la somma di tutte queste probabilità è:

$$p + pq + pq^2 + \cdots = p(1 + q + q^2 + \cdots) = p/(1 - q) = p/p = 1.$$

Questo risultato ci dice che con *certezza* lanciando un dado prima o poi vedremo comparire il 6. Si noti che questo vale anche se il dado è truccato, basta che sia $p > 0$.

Determiniamo ora il numero medio m, che in modo naturale chiameremo anche tempo medio di ricorrenza. Poiché la probabilità che il *tempo di attesa* del 6 sia k (cioè che 6 esca al $k-$esimo lancio) è $q^{k-1}p$, abbiamo per definizione di valore medio della variabile aleatoria discreta *tempo di attesa*, che assume i valori 1, 2, 3, ...:

$$m = p + 2pq + 3pq^2 + \cdots = \sum_{n=1}^{\infty} npq^{n-1}.$$

Se moltiplichiamo entrambi i membri per q, otteniamo

$$qm = qp + 2pq^2 + 3pq^3 + \cdots .$$

Sottraendo la seconda relazione dalla prima,

$$m - qm = m(1 - q) = mp = p + pq + pq^2 + \cdots = 1.$$

Da ciò $m = 1/(1 - q) = 1/p$. Se il dado non è truccato $p = 6$, e si ottiene il risultato previsto $m = 6$.

Esercizio 3.20. Vi si propone il seguente gioco d'azzardo. Si lanciano 3 dadi e voi puntate sull'uscita di un numero compreso fra 1 e 6. Se il numero da voi scelto esce una, due oppure tre volte sui dadi lanciati, voi ricevete una, due oppure tre volte la posta giocata, oltre alla puntata originale. Se il numero non esce, non vincete nulla ma perdete la puntata iniziale.

In media, cioè per un numero molto grande di giocate, quanto vi aspettate di vincere?

Soluzione. A prima vista il gioco potrebbe anche apparire favorevole. Smentiamo ora questa intuizione usando la teoria delle probabilità.

Calcoliamo innanzitutto la perdita media quando i numeri che escono su tutti e tre i dadi sono differenti, quando due numeri sono uguali e quando tutti e tre i numeri usciti coincidono. Una maniera semplice per farlo è di immaginare di giocare contemporaneamente la stessa posta su ciascun numero $1, 2, 3, 4, 5, 6$. Supponiamo ora che su tutti i tre dadi escano numeri distinti, ad esempio $1, 2, 3$. Voi verrete pagati per questi numeri, mentre perderete le puntate per i numeri $4, 5$ e 6. Quindi il risultato finale è di assoluta parità e questo vale per una qualsiasi tripla di numeri differenti.

Supponiamo ora che il risultato del lancio faccia uscire in due dadi lo stesso numero, ad esempio $1, 1, 2$. Il banco userà i soldi vinti con i numeri $3, 4, 5$ per pagarvi la vincita, mentre si intascherà la vostra scommessa sul numero 6. Chiaramente questo vale per ogni tripla di dadi con uscita di due numeri coincidenti. In questo caso quindi se avete giocato 1 euro su ciascun numero, alla fine vi troverete con la perdita di un euro, vale a dire $1/6$ della posta totale iniziale. Infine, supponiamo che i tre dadi diano lo stesso risultato, ad esempio $1, 1, 1$. Il banco userà le vostre perdite sui numeri $2, 3, 4$ e si terrà i soldi da voi persi sui numeri 5 e 6. In questo la perdita netta è di $2/6$ della somma iniziale.

Si noti che le uscite multiple producono, in media, le perdite maggiori!

Per calcolare ora il valore esatto della perdita media, dobbiamo contare esattamente quante volte le tre situazioni precedenti appaiono durante il gioco. Innanzitutto consideriamo i tre dadi *distinguibili*, ad esempio colorandoli: il primo rosso, il secondo verde e il terzo blu.

In questo caso ci sono $6 \times 6 \times 6 = 216$ possibili risultati *distinti* del lancio contemporaneo dei 3 dadi. Di tutti questi possibili risultati, esattamente $6 \times 5 \times 4 = 120$ sono triple di numeri distinti: abbiamo 6 possibili scelte per quello rosso, 5 per quello verde che non deve coincidere con quello rosso fissato ed infine 4 possibilità per quello blu.

Inoltre solo 6 dei possibili 216 risultati sono costituiti dall'uscita dello stesso valore sui 3 dadi.

Per calcolare esattamente quante volte appariranno due dadi con valori coincidenti, semplicemente sottraiamo (si tratta di eventi mutuamente esclusivi!) e concludiamo che ci sono esattamente $216 - 120 - 6 = 90$ possibilità per questo evento. Invitiamo il lettore a calcolare direttamente questo numero.

Assumendo come è naturale che questi singoli eventi siano tutti *equiprobabili*, possiamo concludere che la probabilità di vedere uscire 3 numeri distinti è 120/216, mentre risulta 90/216 e 6/216 la probabilità di vedere uscire dal lancio di tre dadi 2 o 3 numeri coincidenti rispettivamente.

Riprendendo il calcolo delle perdite ottenuto prima, possiamo concludere che la perdita media sarà :

$$\frac{120}{216} \times 0 + \frac{90}{216} \times \frac{1}{6} + \frac{6}{216} \times \frac{2}{6} = \frac{17}{216} \approx 0.079.$$

Pertanto ad ogni giocata si perde (in media) circa l' 8% della posta.

Esercizio 3.21. Il bridge è un bellissimo gioco fra 4 giocatori che usa un mazzo di 52 carte, divise equamente nei 4 semi: picche, cuori, quadri e fiori. Ogni giocatore riceve 13 carte pescate a caso dal mazzo. A volte si sente parlare di un giocatore che ha ricevuto la *mano perfetta*, vale a dire 13 carte dello stesso seme. Qual' è questa probabilità?

Soluzione. Confermiamo l'intuizione che questa probabilità sia estremamente piccola. Poiché supponiamo il mazzo *perfettamente mischiato*, possiamo estrarne le prime 13 carte e chiederci quante volte esse saranno dello stesso seme. La prima carta è arbitraria, ma poi le successive devono essere dello stesso seme e non coincidere con quelle già uscite. Il numero totale di mani perfette è quindi:

$$52 \times 12 \times 11 \times 10 \times \cdots \times 1 = 52 \times 12! = 24908083200 \approx 2 \times 10^{10}.$$

Il numero *totale* di mani possibili è invece[13]:

$$52 \times 51 \times \cdots \times 41 \times 40 = 52!/39! = 3954242643911239680000 \approx 4 \times 10^{21}$$

La probabilità di avere una mano perfetta è quindi

$$\frac{52 \times 12!}{52!/39!} = \frac{12!39!}{51!} = \frac{1}{158753389900} \approx 6 \times 10^{-12}.$$

Il suo reciproco vale circa 1.58^{11}, circa 160 miliardi. Questo (si veda il primo esercizio sul *tempo medio d'attesa*) è il numero medio di mani che dovremmo giocare prima di vedere una mando perfetta. Ma cosa vuol dire giocare 160 miliardi di mani al bridge e quanto spesso possiamo pensare di leggere questa notizia sui giornali? Supponiamo di avere 10 milioni di giocatori di bridge che giocano 10 partite al giorno, per ogni giorno dell'anno. In un anno vengono così giocate circa 36.5 miliardi di partite ($10 \times 10^7 \times 365 = 36.5 \times 10^9$). Ci aspettiamo quindi una mano perfetta ogni 4 anni. Poiché molte di queste non

[13] Poiché abbiamo ordinato la mano prendendo le prime 13 carte, due mani coincidono se e solo se la prima carta di una coincide con la prima dell'altra, la seconda con la seconda e così via.

diventeranno pubbliche, probabilmente gran parte delle storie giornalistiche sulle mani perfette al bridge sono pure leggende. Si deve però notare che i mazzi di carte appena dissigillati hanno le carte ordinate per semi e durante le primissime partite il mazzo non sarà *perfettamente mescolato*. Questo può spiegare il numero relativamente alto di mani perfette riportate in letteratura (assumendo che siano eventi effettivamente accaduti).

Infine osserviamo che lo stesso problema può essere risolto non considerando le 13 carte come ordinate ed usando il binomio di Newton già studiato. In questo caso $\binom{n}{k}$ rappresenta il numero totale di modi di estrarre k oggetti numerati da un totale di n oggetti numerati e distinguibili, *indipendentemente dall'ordine*. Tornando alla mano di bridge, vi sono quindi $\binom{52}{13}$ maniere di pescare 13 carte dal mazzo. Di queste solo 4 saranno *perfette*. Da cui otteniamo di nuovo la probabilità di una mano perfetta:

$$4 \times \binom{52}{13} = 4\frac{13!39!}{52!} = \frac{12!39!}{51!}.$$

Esercizio 3.22. *Il dilemma dei prigionieri.* Vi sono tre prigionieri A, B e C. Ciascuno di loro ha una buona probabilità di essere messo in libertà. Il giudice ha però deciso di liberare solo due di loro. I prigionieri sono a conoscenza di questa intenzione, ma non sanno chi dei tre uscirà. Il prigioniero A ha però un amico fidato che conosce i nominativi dei prescelti. Poiché A si sente imbarazzato a chiedere se lui è nella lista, sta pensando di chiedere al suo amico solamente chi fra B e C è incluso nella lista. Mentre va a colloquio con l'amico, A però conclude che se ora le sue probabilità di uscire sono $2/3$, dopo aver saputo chi fra B o C sarà liberato, le sue probabilità scenderanno a $1/2$. Infatti, se ad esempio il suo amico gli dice che sicuramente B sarà liberato, allora rimarranno solo lui e C. E solo uno uscirà di prigione. Decide quindi di non chiedere nulla. È chiaro però che A sta sbagliando. Sapete dire dove e perchè?

Soluzione. A non ha elencato in maniera appropriata tutte le possibilità. In termini più rigorosi, A non sta usando lo spazio di eventi elementari corretto. Se si desidera includere l'evento rappresentato dalla risposta dell'amico, gli eventi non sono più le tre coppie possibili AB, AC e CB. Lo spazio degli eventi elementari corretto, con le corrispondenti probabilità, è:

1. A e B rilasciati e l'amico che dice B, probabilità $1/3$.
2. A e C rilasciati e l'amico che dice C, probabilità $1/3$.
3. B e C rilasciati e l'amico che dice B, probabilità $1/6$.
4. B e C rilasciati e l'amico che dice C, probabilità $1/6$.

Infatti le tre coppie possibili hanno ciascuna probabilità $1/3$. Nel caso però di AB e AC, l'amico con certezza dirà B oppure C rispettivamente. Mentre, nel caso si realizzi la coppia BC, vi sono due eventi elementari possibili, ciascuno con la medesima probabilità $1/6 = 1/3 \cdot 1/2$.

Calcoliamo ora la probabilità di A di essere liberato, assumendo che l'amico dice "B sarà liberato"[14]. Sapendo che B sarà liberato con certezza, il nostro spazio di eventi elementari subirà una riduzione. In particolare ora conterrà solo due eventi:

1. A e B rilasciati.
2. B e C liberati.

Come sappiamo, inoltre, la prima ipotesi ha una probabilità doppia della seconda. Questo perché nel secondo caso (B e C liberati) l'amico avrebbe anche potuto dire C. Poiché la somma delle probabilità di questi due eventi elementari deve essere 1, risulta che il secondo evento ha probabilità $1/3$, mentre la probabilità di A di essere liberato è $2/3$. Come deve essere!

Un'altra maniera di risolvere questo problema è quello di notare che in effetti l'amico non porta nessuna nuova informazione, poiché comunque uno fra B e C verrà liberato e sapere chi non modifica le probabilità per A.

Questo problema è strettamente legato ad un altro assai famoso, che spesso trae in inganno.

Esercizio 3.23. *Il quiz televisivo.* Siete stati invitati ad un famoso quiz televisivo. Durante la puntata, il presentatore vi presenta 3 porte: A,B, C. Dietro a due porte c'e' una tigre pronta a sbranarvi in diretta, dietro alla terza invece una bellissima auto sportiva che può essere vostra.

A questo punto il presentatore vi chiede di scegliere una delle tre porte, e successivamente egli (che conosce la disposizione delle tigri!) vi apre una delle due porte rimaste facendovi intravedere una tigre. Ora voi avete due possibilità: tenere la porta che avete scelto, oppure cambiarla e prendere l'altra. Cosa vi conviene fare?

Soluzione. Molti pensano che non vi sia differenza e che dopo aver visto la porta aperta, le probabilità siano equidistribuite fra la porta scelta (50%) e quella rimasta (50%).

Anche in questo caso. la conclusione è sbagliata. Ragionando come nell'esempio precedente, è immediato vedere infatti che cambiando porta, la probabilità passa da $1/3$ a $2/3$. Per convincere chi non ci crede (e sono in tanti) senza usare la matematica, basta osservare che cambiare porta dopo che il presentatore ci ha mostrato una tigre equivale a scegliere fin dall'inizio due porte invece di una!

---

[14] Una trattazione completa di questo problema richiederebbe il concetto di *probabilità condizionata* che permette di calcolare la probabilità di un evento, assumendo che un altro evento è accaduto. In questo caso, la liberazione di A sapendo che B sarà scarcerato con certezza. Questa definizione esula dagli scopi di questo libro e rimandiamo il lettore ad un qualsiasi testo di teoria delle probabilità.

Infatti, supponete di scegliere una porta e supponete ora che il presentatore vi prospetti queste due alternative:

1. Tenete la porta che avete scelto
2. Lasciate la porta che avete scelto e prendete le *altre due*. Se dietro ad una di queste c'è la macchina, allora il premio è vostro.

É chiaro che conviene scegliere la seconda ipotesi: $2/3$ di probabilità di vincere, contro $1/3$ che si ha scegliendo solo una porta. Lasciamo ora al lettore convincersi che questa situazione è *esattamente equivalente* a quella descritta all'inizio dell'esercizio, dove il presentatore apre una delle due porte con la tigre e ci chiede se vogliamo cambiare !

Esercizio 3.24. Nella confezione preferita di biscotti vi sono dei coupons numerati da 1 a 5. Per ricevere il premio dobbiamo raccogliere 5 coupons distinti. Sapendo che in ogni scatola c'e' un solo coupon, quante scatole in media dovremmo comprare per vincere il premio?

Soluzione. Comprando la prima scatola, otteniamo ovviamente un primo numero. Ora la probabilità di trovare un numero nuovo nella scatola successiva sarà $4/5$. Quindi, ancora per il primo esercizio di questa sezione, il secondo numero richiede in media $5/4$ di scatole. Per avere invece un terzo numero distinto dai primi due dovremo comprare in media $1/(3/5) = 5/3$ scatole; $5/2$ scatole per il quarto e infine $5/1$ scatole per il quinto e ultimo numero.

Concludendo, il numero medio di scatole necessarie per raccogliere tutti i 5 numeri sarà:

$$5(\frac{1}{5} + \frac{1}{4} + \frac{1}{3} + \frac{1}{2} + 1) \approx 11.42.$$

Se i coupons distinti fossero molti, diciamo n, allora il numero medio di scatole necessarie può essere stimato usando la seguente famosa approssimazione della serie armonica:

$$1 + \frac{1}{2} + \frac{1}{3} + \cdots + \frac{1}{n} \approx \log n + \frac{1}{2n} + 0.57721...$$

dove 0.57721... è nota come *costante di Eulero-Mascheroni.*

Quindi per n coupons, il numero medio di scatole che dovremo comprare sarà all'incirca:

$$n \log n + 0.577n + \frac{1}{2}.$$

Poiché $\log 5 \approx 1.6094$, l'approssimazione precedente per $n = 5$ dà 11.43, molto vicino al valore esatto 11.42 precedentemente calcolato.

Esercizio 3.25. Si supponga di lanciare una moneta 100 volte. Qual'è la probabilità che esattamente 50 lanci diano testa?

Soluzione. Supponiamo inizialmente di *ordinare* i lanci. In pratica, immaginiamo di avere 100 monete numerate da 1 a 100 e di lanciarle contemporaneamente. I possibili risultati di questo esperimento sono quindi 2^{100} e ciascun evento elementare (lancio delle 100 monete) ha la medesima probabilità $1/2^{100}$. Di questi 2^{100} risultati possibili, quelli che contengono esattamente 50 teste coincidono con il numero di modi distinti con i quali noi possiamo scegliere 50 di queste monete. Questo numero, come sappiamo, è dato dal binomio di Newton $\binom{100}{50}$. La probabilità di avere 50 teste è quindi data da:

$$\left(\frac{1}{2}\right)^{100} \cdot \binom{100}{50} = \left(\frac{1}{2}\right)^{100} \cdot \frac{100!}{50!50!} = 0.0795892.$$

Questa probabilità può essere ottimamente stimata usando la già citata *formula di Stirling*:

$$n! \approx \sqrt{2\pi}\, n^{n+\frac{1}{2}} e^{-n}.$$

Nel nostro caso otteniamo l'ottima approssimazione

$$\left(\frac{1}{2}\right)^{100} \cdot \frac{100!}{50!50!} = \frac{\sqrt{2\pi}100^{100+\frac{1}{2}}e^{-100}}{(\sqrt{2\pi}50^{50+\frac{1}{2}}e^{-50})^2 2^1 00} = \frac{1}{5\sqrt{2\pi}} \approx 0.07978.$$

Esercizio 3.26. Si narra che ad Isaac Newton sia stata posta la seguente domanda: è più probabile che esca almeno una volta il numero 5 lanciando un dado 6 volte, oppure almeno due volte 5 lanciando il dado 12 volte, oppure infine almeno tre volte 5 lanciando il dado 18 volte?

Soluzione. Poiché *in media* il 5 uscirà una volta ogni 6 lanci, due volte ogni 12 e tre volte ogni 18 lanci, moltissime persone pensano che le probabilità dei tre eventi siano uguali. Molti addirittura pensano che questa probabilità sia $1/2$. Questa errata conclusione spesso è dovuta alla confusione che si crea tra il concetto di probabilità e quello di valor medio. Non vi è dubbio che se si effettua un *grande numero* di lanci, allora il 5 comparirà in media ogni 6 lanci e quindi comparirà due volte ogni 12 e tre volte ogni 18 lanci. Per piccoli numeri di lanci però le cose stanno in maniera diversa, come vedremo ora calcolando esattamente le probabilità degli eventi in questione.

Calcoliamo innanzitutto la probabilità che il 5 compaia esattamente durante il primo di 6 lanci. Questa probabilità è data dal prodotto delle probabilità che il 5 esca al primo lancio $(1/6)$, con le probabilità che non esca durante i 5 lanci successivi $(5/6)$:

$$\left(\frac{1}{6}\right)\left(\frac{5}{6}\right)^5$$

La probabilità quindi che il 5 esca esattamente una volta durante 6 lanci sarà la somma delle probabilità di uscire esattamente al primo, oppure al secondo lancio e così via fino al sesto lancio:

$$\text{Prob(esattamente 1 cinque in 6 lanci)} = \binom{6}{1}\left(\frac{1}{6}\right)\left(\frac{5}{6}\right)^5.$$

In maniera del tutto analoga, la probabilità di avere k volte il 5 durante n lanci sarà ancora data dal binomio di Newton:

$$\text{Prob}(k \text{ cinque in } n \text{ lanci}) = \binom{n}{k}\left(\frac{1}{6}\right)^k\left(\frac{5}{6}\right)^{n-k}.$$

In particolare, la probabilità di vedere almeno un 5 durante i 6 lanci sarà il complementare di non vederne neanche uno:

$$1 - \binom{6}{0}\left(\frac{1}{6}\right)^0\left(\frac{5}{6}\right)^6 \approx 0.665.$$

Analogamente, lanciando un dado $6n$ volte, la probabilità di vedere *almeno* n volte il numero 5 è data da:

$$p_n = 1 - \sum_{k=0}^{n-1}\binom{6n}{k}\left(\frac{1}{6}\right)^k\left(\frac{5}{6}\right)^{6n-k}$$

Ponendo $n = 6k$, $k = 1, 2, 3$ otteniamo: $p_1 = 0.655 > p_2 = 0.619 > p_3 = 0.597$. Invitiamo infine il lettore a visualizzare graficamente l'andamento di p_n per n molto grandi ed a osservare la sua (lenta) convergenza a $1/2$.

Esercizio 3.27. *Il Re e il ladro di monete.* Ecco un altro *storico* problema che ci permetterà di introdurre una famosa *legge di distribuzione delle probabilità* che appare in maniera naturale in molti fenomeni fisici.

Un Re possiede 100 scatole ed in ciascuna vengono conservate 100 monete d'oro. Un cortigiano però ha sostituito in ciascuna scatola una moneta d'oro con una moneta falsa. Poiché il Re ha qualche sospetto decide di fare un controllo: prende a caso una moneta da ciascuna scatola e controlla se è falsa.

1. Qual'è la probabilità che il furfante la faccia franca?
2. Si supponga ora che 100 sia sostituito da un numero intero arbitrario n. Qual'è in generale la probabilità che il furfante non sia scoperto?
3. Si supponga ora che il furfante non abbia remore: in ciascuna scatola sostituisce m monete d'oro con m monete false. Se il Re procede con la stessa operazione di prima, vale a dire prende una moneta a caso da ciascuna scatola e la verifica, qual'è la probabilitàche dopo aver verificato tutte le n scatole il Re trovi esattamente r monete false?

Soluzione. Risolviamo subito il caso generale (2). La probabilità di estrarre una moneta buona da una data scatola è chiaramente $(1 - 1/n)$. Quindi la probabilità che tutte le monete pescate dalle n scatole siano buone sarà:

$$p_n = \left(1 - \frac{1}{n}\right)^n.$$

In particolare $p_{100} \simeq 0.366$ e questo risponde al primo quesito.

Invitiamo ora il lettore a visualizzare al calcolatore l'andamento della successione p_n. Ad esempio, $p_1 = 0$, $p_5 = 0.328$, $p_{20} = 0.358$ e $p_{1000} = 0.3677$. In effetti la successione $(1 - \frac{1}{n})^n$ converge[15] al numero $1/e = 0.367879$. Questo completa la risposta al quesito (2).

In generale, se nella scatola ci sono m monete false, la probabilità che il Re scegliendo una moneta da ciascuna delle n scatole non si accorga dell'inganno sarà:

$$\left(1 - \frac{m}{n}\right)^n \to e^{-m}, \quad n \to \infty.$$

Si noti che più il ladro è ingordo ($m \to \infty$), più diminuiscono le sue probabilità di farla franca. Passiamo ora al terzo e ultimo quesito. Vi sono $\binom{n}{r}$ maniere diverse di distribuire r monete false fra n monete scelte a caso dalle scatole. Quindi la probabilità di trovare esattamente r monete false, avendo pescato n monete da n scatole, ciascuna con m monete false, sarà data da:

$$\binom{n}{r}\left(\frac{m}{n}\right)^r\left(1 - \frac{m}{n}\right)^{n-r}.$$

Vediamo cosa succede quando r e m rimangono fissi, mentre cresce il numero di scatole (e di monete in ciascuna scatola) n. Possiamo scrivere la formula precedente come

$$\frac{1}{r!}\frac{n(n-1)\cdots(n-r+1)}{n^r}m^r\left(1 - \frac{m}{n}\right)^n\left(1 - \frac{m}{n}\right)^{-r}.$$

Per n sempre più grande, $1/r!$ e m^r non cambiano. Il termine $n(n-1)\cdots(n-r+1)/n^r$ tende a 1 (dimostrarlo !), $(1-m/n)^n$, come sappiamo, tende a e^{-m}, mentre $(1-m/n)^r$ tende a 1 (m e r sono costanti). Quindi, per grandi n, la probabilità che il Re trovi r monete false, assumendo che ce ne siano m false in ciascuna scatola, converge a:

$$P(r) = \frac{e^{-m}m^r}{r!}.$$

Questa distribuzione nella *variabile* r di probabilità è detta *distribuzione di Poisson*[16] e appare in maniera naturale nella descrizione probabilistica di numerosi ed interessanti fenomeni fisici. Invitiamo il lettore a visualizzare graficamente la distribuzione $P(r)$ per diversi valori fissati di m.

Esercizio 3.28. All'interno di un gruppo di n persone qual'è la probabilità che almeno due siano nati nello stesso giorno dell'anno?

[15] Questo è dimostrato in qualsiasi testo di Analisi!

[16] Simeon Denis Poisson, (Pithiviers 1781-Parigi 1840), fra i più illustri matematici della prima metà dell'ottocento.

Soluzione. Anche questo è un classico problema il cui risultato spesso sorprende chi non lo conosce. Innanzitutto assumiamo, come si fa solitamente, che in un anno ci siano $N = 365$ giorni (non consideriamo cioè il 29 di febbraio).

All'interno di un gruppo di n persone, vi sono N^n possibili compleanni. Calcoliamo ora in quanti modi queste n persone possono avere compleanni tutti differenti: vi sono N possibilità per la prima persona, $N-1$ per la seconda , $N-2$ per la terza e così via. Vale a dire

$$N(N-1)(N-2)\cdots(N-n+1) = \frac{N!}{(N-n)!}$$

modi di avere n compleanni tutti distinti. Concludendo, la probabilità $p(n)$ di avere almeno due persone fra n con lo stesso compleanno è data dal complementare della probabilità che non ci siano due o più persone con la stessa data di nascita:

$$p(n) = 1 - \frac{N!}{(N-n)!N^n}.$$

Un semplicissimo esperimento numerico ci fa vedere come questa probabilità aumenta relativamente in fretta con il numero di persone n:

$$p(20) = 0.411,\ p(23) = 0.507,\ p(30) = 0.70,\ p(40) = 0.89,\ p(50) = 0.97$$

In particolare, già con *sole* 23 persone conviene scommettere che almeno due persone avranno lo stesso compleanno. In un gruppo poi di 50 persone circa, possiamo essere praticamente certi di trovare almeno due persone nate nello stesso giorno.

4 Dinamica discreta

La matematica delle successioni numeriche ci consente di studiare da vicino l'evoluzione a tempo discreto (cioè ad intervalli di tempo fissati) di molti fenomeni naturali.

4.1 Generalità

Consideriamo l'evoluzione nel tempo di una qualsiasi quantità misurabile che siamo in grado di osservare, o che ci interessi osservare, solo ad intervalli di tempo fissati, di solito di uguale durata. Ad esempio, si può trattare della temperatura giornaliera in un determinato luogo ed ad una determinata ora, del prezzo di un titolo di borsa ogni ora, della proliferazione dei batteri in una cultura ogni minuto, della distanza dalla base di lancio di un missile ogni secondo, della portata di un fiume in un determinato luogo, cioè del volume d'acqua che vi passa ogni secondo, del numero dei giri di un motore ogni minuto, della posizione del punto luminoso sull'oscilloscopio ogni centesimo di secondo, ecc.

In ciascuno di questi casi i risultati delle osservazioni formeranno delle successioni numeriche. Potremo sempre interpretare l'indice n della successione come il tempo discreto, perché esso sarà sempre un multiplo di un intervallo fissato Δt che abbiamo la libertà di scegliere come unità di tempo: $\Delta t = 1$. Possiamo inoltre assumere che n prenda ogni valore in $\mathbb{Z}$: $n = 0$ corrisponderà all'istante iniziale, $n > 0$ al futuro e $n < 0$ al passato.

Per *dinamica discreta* si intende il problema di trovare e descrivere il comportamento della successione a_n che rappresenta l'evoluzione discreta in questione una volta assegnata la legge (fisica, biologica, economica, ecc.) che genera l'evoluzione. Per far ciò, occorre conoscere o ricavare la legge medesima e conoscere i dati iniziali. Prima di formulare il problema in generale diamo un esempio istruttivo risolvendo un esercizio, anch'esso contenuto nel *Liber abaci* di Leonardo Fibonacci.

Esercizio 4.1. Un levriero la cui velocità cresce aritmeticamente insegue una lepre la cui velocità cresce anch'essa aritmeticamente. Quanta strada faranno prima che il levriero raggiunga la lepre?

Soluzione. Questo è un caso in cui la legge di evoluzione non è data in forma esplicita, e quindi la legge della successione a_n è incognita. Occorre anzitutto trovarla a partire dai dati del problema, e poi risolverla. Sia α_n la velocità del levriero all'istante n. Il primo dato è che essa cresce aritmeticamente. Dire che la velocità cresce aritmeticamente significa, lo sappiamo bene, che ad ogni passo si deve aggiungere una quantità costante; quindi deve essere $\alpha_n = \alpha_{n-1} + A$ ossia $\alpha_n - \alpha_{n-1} = A$ per un qualche $A > 0$. Allo stesso modo, se β_n è la velocità della lepre all'istante n, $\beta_n - \beta_{n-1} = B$. Dobbiamo poi rendere esplicita l'ipotesi implicita nel problema che sia $0 < B < A$. Questa condizione è necessaria se si vuole che il levriero raggiunga prima o poi la lepre. La "strada" è la distanza percorsa prima del raggiungimento; ammettendo come è ovvio che la rincorsa abbia luogo su una traiettoria rettilinea, la distanza sarà un segmento (lo "spazio"). Ora la velocità è per definizione lo spazio percorso nell'unità di tempo; quindi detto s_n lo spazio all'istante $n\Delta t$ percorso dal levriero, e σ_n quello percorso dalla lepre, avremo

$$\alpha_n = \frac{s_{n+1} - s_n}{\Delta t} \quad \text{per il levriero;} \quad \beta_n = \frac{\sigma_{n+1} - \sigma_n}{\Delta t} \quad \text{per la lepre.}$$

Sostituendo $s_{n+1} - s_n$ per α_n, $s_n - s_{n-1}$ per α_{n-1}, facendo la stessa cosa con β_n e σ_n, e tenendo conto che Δt è l'unità di tempo troviamo:

$$s_{n+1} - 2s_n + s_{n-1} = A; \qquad \sigma_{n+1} - 2\sigma_n + \sigma_{n-1} = B$$

Si tratta ancora di relazioni di ricorrenza a tre termini, le cui incognite sono appunto le distanze. Esse sono però diverse dal caso esaminato in (1.16) per due motivi: anzitutto non sono omogenee, e quindi non ammettono la soluzione identicamente nulla; inoltre i segni del secondo e del terzo termine sono discordi. Per risolvere queste ricorrenze, osserviamo che da $\alpha_n - \alpha_{n-1} = A$ e $\beta_n - \beta_{n-1} = B$ segue subito $\alpha_n = nA + \alpha_0$ e $\beta_n = nB + \beta_0$; inoltre, inserendo in $\alpha_n = s_{n+1} - s_n$, otteniamo $s_{n+1} - s_n = nA + \alpha_0$. Quindi $s_{n+1} = s_n + nA + \alpha_0$ da cui: $s_1 = s_0 + \alpha_0$, $s_2 = s_1 + A + \alpha_0 = A + 2\alpha_0 + s_0$, $s_3 = s_2 + 2A + \alpha_0 = 3A + 3\alpha_0 + s_0$, $s_4 = s_3 + 3A + \alpha_0 = 6A + 4\alpha_0 + s_0, \ldots$.

Pertanto, in generale:

$$s_n = \frac{n(n-1)}{2}A + n\alpha_0 + s_0; \qquad \sigma_n = \frac{n(n1)}{2}B + n\beta_0 + \sigma_0, \quad \forall n \geq 2$$

Esercizio 4.2. Dimostrare per induzione le formule precedenti.

Il primo termine esprime il fatto che, se la velocità (che è lo spazio percorso nell'unità di tempo) cresce aritmeticamente, lo spazio percorso in n unità di tempo dovrà crescere come la somma della progressione. Sappiamo infatti che $\frac{An(n-1)}{2}$ è la somma dei primi $n-1$ termini della progressione aritmetica di ragione A.

Possiamo ora assumere, senza ledere la generalità, che tanto la lepre quanto il levriero partano da fermi, e quindi $\alpha_0 = \beta_0 = 0$. D'altra parte, la lepre parte in vantaggio: quindi $\sigma_0 > s_0$. Sia $d := \sigma_0 - s_0$ la distanza iniziale che il levriero deve colmare. Il raggiungimento avrà luogo all'intero n_0 (che corrisponde all'istante n_0 perché ricordiamo, $\Delta t = 1$) per cui risulta

$$\frac{n_0(n_0-1)}{2}A - \frac{n_0(n_0-1)}{2}B = \frac{n_0(n_0-1)}{2}(AB) = d$$

da cui

$$n_0(A, B; d) = \frac{1}{2}\left[1 + \sqrt{1 + \frac{8d}{A-B}}\right]$$

(scartiamo ovviamente la radice negativa). n_0 non è a priori intero; potremmo prenderne la parte intera $[n_0]$, tuttavia preferiamo assumere che A, B, d siano tali che $1 + \frac{8d}{A-B} = m^2$ con m intero dispari, $m = 2p+1$ (ipotesi questa concettualmente non restrittiva). Si ha allora $n_0 = p+1$. Quindi la lepre percorrerà la distanza $\frac{p(p+1)}{2}B$, e il levriero la distanza $\frac{p(p+1)}{2}A + d$, dove A, B, d sono legati dalle relazioni precedenti. Si noti che:

$$\lim_{A\to B} n_0(A, B; d) = +\infty; \quad \lim_{d\to\infty} n_0(A, B; d) = +\infty; \quad \lim_{d\to 0} n_0(A, B; d) = 1$$

in accordo con tre intuizioni ovvie: la prima è il levriero non raggiungerà mai la lepre se non corre più forte di lei, la seconda è che non la raggiungerà mai se la lepre parte con un vantaggio iniziale infinito, e la terza è che la raggiungerà subito se il vantaggio iniziale della lepre è nullo. Ciò risolve l'esercizio.

Osservazione 4.1.

1. Se la velocità v_n è lo spazio percorso nell'unità di tempo, $v_n = s_{n+1} - s_n$, l'accelerazione a_n, è per definizione l'incremento della velocità nell'unità di tempo: $a_n = \frac{v_{n+1} - v_n}{\Delta t} = v_{n+1} - v_n$ perché al solito prendiamo Δt come unità di tempo. Pertanto $a_n = [s_{n+2} - s_{n+1}] - [s_{n+1} - s_n] = s_{n+2} - 2s_n + s_n$. Quindi le ricorrenze precedenti esprimono l'ipotesi che lepre e levriero si muovono con accelerazione costante, quella del levriero essendo la più elevata delle due.
2. *(Per chi conosce già il calcolo infinitesimale)*
   Sia $s(t)$ lo spazio percorso al tempo t, dove ora t è una variabile continua (cioè prende valori in $\mathbb{R}$). Allora la velocità $v(t)$ all'istante t, definita sempre come lo spazio percorso nell'unità di tempo, vale

$$\lim_{h\to 0} \frac{s(t+h) - s(t)}{h} = \frac{ds(t)}{dt}$$

(in questo contesto si usa spesso la notazione $\frac{ds(t)}{dt} = \dot{s}(t)$) e l'accelerazione, che è ancora l'incremento della velocità nell'unità di tempo, avrà l'espressione:

$$a(t) = \lim_{h \to 0} \frac{v(t+h)v(t)}{h} = \frac{dv(t)}{dt} = \frac{d^2 s(t)}{dt^2}$$

(anche qui si usa la notazione $\frac{d^2 s(t)}{dt^2} = \ddot{s}(t)$). Se il tempo scorre in maniera discreta, allora possiamo porre $h = 1$, $t = nh = n$ e la formula della velocità, cioè la derivata prima, si riduce al rapporto incrementale unitario $s(n) - s(n-1)$; la indichiamo con $s_{n+1} - s_n$ e la chiamiamo *differenza prima*. Allora stesso modo, la formula dell'accelerazione, cioè la derivata seconda, si riduce a $s_{n+2} - 2s_n + s_{n-1}$ che si chiama *differenza seconda.* Infatti $v_{n+1} - v_n = s_{n+2} - s_{n+1} - [s_{n+1} - s_n] = s_{n+2} - 2s_n + s_{n-1}$. In altre parole se la variabile indipendente di una funzione (derivabile tante volte quanto occorre) viene ristretta ad assumere solo valori discreti che sono multipli interi di una quantità fissata, come avviene sempre nel calcolo numerico, le derivate diventano delle *differenze finite.*

Questo esempio mostra che la dinamica discreta consiste in una legge che si concretizza in una relazione, da ricavarsi a seconda del problema o da considerare nota, fra i primi elementi della successione e quelli successivi. Essa descrive l'evoluzione temporale che si cerca perché l'intera successione viene ricavata iterando indefinitamente la legge in questione. Trovare la relazione temporale significa risolvere la relazione, come negli esempi del Capitolo 1.

Definizione 4.1 *Si dice che è definita una dinamica discreta di ordine p e legge F se, data la funzione $F(x_1, \ldots, x_p) : \mathbb{R}^p \to \mathbb{R}$ si pone*

$$a_{n+p} = F(a_{n+p-1}, \ldots, a_n), \quad n = 0, 1, \ldots \tag{4.1}$$

Qui i primi p termini della successione, detti condizioni iniziali, sono numeri reali noti: $a_0 = \alpha_0, a_1 = \alpha_1, \ldots, a_{p-1} = \alpha_{p-1}$.

Osservazione 4.2.

1. Si assume che la F sia una funzione *regolare* dei suoi argomenti, cioè derivabile rispetto ad ogni coordinata x_k quante volte si vuole. Si ricordi poi che una funzione $f(x)$ della variabile reale x derivabile è monotona (crescente o decrescente) su un intervallo $I \subset \mathbb{R}$ se la sua derivata è ivi nonnegativa (funzione crescente) o non positiva (funzione decrescente).
2. Una dinamica di ordine p è generata da una relazione di ricorrenza a $p+1$ termini: ad esempio, la ricorrenza di Fibonacci è una dinamica discreta di ordine 2, e la relazione di ricorrenza a due termini dell'incremento o decremento esponenziale è una dinamica discreta di ordine 1.

3. La (4.1) genera una successione *diversa* per ogni diversa scelta dei dati iniziali. Assegnati i dati iniziali $\alpha_0, \ldots, \alpha_{p-1}$, e usando l'abbreviazione $\alpha := (\alpha_0, \ldots, \alpha_{p-1})$ l'intera successione $a_n(\alpha)$ è determinata iterando la legge F:

$$\begin{aligned} a_p(\alpha) &= F(a_{p-1}, \ldots, a_0); \\ a_{p+1}(\alpha) &= F(F(\alpha_{p-1}, \ldots, \alpha_0), a_{p-1}, \ldots, a_1) = \\ &= F(F(\alpha_{p-1}, \ldots, \alpha_0), \alpha_{p-1}, \ldots, \alpha_1) \\ a_{p+2} &= F(a_{p+1}, \ldots, a_2) = \\ &= F(F(\alpha_p, \ldots, \alpha_1), F(\alpha_{p1}, \ldots, \alpha_0), \ldots, \alpha_2) \end{aligned}$$

Definendo la legge di composizione $F\hat{\circ}F$ nel seguente modo naturale:

$$\begin{aligned} F(F(\alpha_{p-1}, \ldots, \alpha_0), \ldots, \alpha_1) &= (F\hat{\circ}F)(\alpha_{p-1}, \ldots, \alpha_0); \\ F(F(\alpha_p, \ldots, \alpha_1), F(\alpha_{p-1}, \ldots, \alpha_0), \ldots, \alpha_2) &= (F\hat{\circ}F\hat{\circ}F)(\alpha_{p-1}, \ldots, \alpha_0) \end{aligned}$$

otteniamo

$$a_{p+n} = (F\hat{\circ}F \ldots \hat{\circ}F)(\alpha_{p-1}, \ldots, \alpha_0) := F^n(\alpha_{p-1}, \ldots, \alpha_0) \tag{4.2}$$

dove l'ultima abbreviazione sta per la $n-$sima composizione della funzione F *e non* per una elevazione a potenza.

4. Il caso più semplice si ha per $p = 1$. Qui, data una funzione regolare $f(x) : I \subset \mathbb{R} \to \mathbb{R}$, dove I è un intervallo chiuso qualsiasi, e il codominio deve contenere l'intervallo I medesimo, la dinamica è semplicemente definita dalla formula della composizione abituale successiva

$$\begin{aligned} x_{n+1} = f(x_n) &= f^n(x_0); \qquad n = 0, 1, \ldots \\ f^n(x_0) = f(x_n) &= f(f(x_{n-1})) = \ldots = f(\ldots f(x_0) \ldots)) \end{aligned} \tag{4.3}$$

dove al solito il dato iniziale è da considerare noto.
Ricordiamo che un intervallo $I \subset \mathbb{R}$ di estremi $a < b$ *limitato* (cioè $-\infty < a < b < +\infty$) si dice *chiuso* se contiene i suoi estremi: $I = \{x \in \mathbb{R} \mid a \leq x \leq b\}$. Si denota di solito $[a, b]$ un intervallo chiuso di estremi $a < b$. Un intervallo si dice *aperto* se non contiene i suoi estremi, e lo si denota $]a, b[$. In altre parole $]a, b[:= \{x \in \mathbb{R} \mid a < x < b\}$. Analogamente, $]a, b]$ denota un intervallo *aperto a sinistra*, e $[a, b[$ un intervallo *aperto a destra*. Siano I_1 e I_2 intervalli limitati, con $I_1 \subset I_2$. Sia $J := I_2 \setminus I_1$ l'insieme complementare di I_1 in I_2.

Se f è una funzione lineare, $f = \beta x$, la legge (4.3) si riconduce alla relazione di ricorrenza a due termini studiata nel Cap.1 che dà l'incremento o il decremento esponenziale: $x_{n+1} = \beta^n x_0$.
Altri esempi concreti se ne possono fare quanti se ne vogliono:
1. $f(x) = \sin x$ definita su $I = [0, 2\pi]$. Sia $x_0 = \pi/2$. Allora $x_1 = 1$, $x_2 = \sin 1$, $x_3 = \sin(\sin 1)$, $x_4 = \sin(\sin(\sin 1))$, ...

2. $f(x) = e^x$ definita su $\mathbb{R}$. Sia $x_0 = 0$. Allora $x_1 = 1$, $x_2 = e^1 = e$, $x_2 = e^e, x_3 = e^{e^e}$;
3. $f(x) = x^2 + c$ definita su $\mathbb{R}$; c è una costante reale. Sia $x_0 = 0$. Allora $x_1 = c$, $x_2 = c^2 + c$, $x_3 = c^2(c+1)^2 + c, \ldots$.

5. Riconsideriamo infine la mappa logistica: $f(x) = kx(1-x)$. Si ha:

$$\max_{0 \le x \le 1} x(1-x) = \frac{1}{4}$$

perché il massimo di $g(x) := x(1-x)$ su $[0,1]$ è raggiunto a $x = 1/2$ per evidenti ragioni di simmetria (per chi conosce il calcolo infinitesimale: $g'(1/2) = 0, g''(1/2) = -2 < 0$; $g(0) = g(1) = 0$). Allora dobbiamo richiedere $k \le 4$ affinché il codominio della mappa sia contenuto in $[0,1]$ in modo da poterla iterare. Sia $x_0 = \frac{1}{2}$. Allora

$$x_1 = k\frac{1}{4}, x_2 = k\frac{1}{4}(1 - k\frac{1}{4}), \ldots$$

6. Se la funzione f è iniettiva possiamo definire la dinamica anche per n negativo nel modo seguente:

$$x_{-1} = f^{-1}(x_0), \ldots x_{-n-1} = f^{-n}(x_0) \tag{4.4}$$

dove al solito $f^{-1}(x)$ denota la funzione inversa di $f(x)$: $(f^{-1} \circ f)(x) = (f \circ f^{-1})(x) = x$. In questo caso potremo distinguere, come abbiamo già fatto più volte, fra l'evoluzione *in avanti*, o *nel futuro*, che avviene per definizione se $n > 0$, e l'evoluzione *all'indietro*, o *nel passato*, che avviene per definizione se $n < 0$.
Sia ad esempio $f(x) = e^x$ definita su $\mathbb{R}$. Poiché $f : \mathbb{R} \to \mathbb{R}_+$ è iniettiva $f^{-1}(x) = \ln x$ è definita per $x \in \mathbb{R}_+$. Allora $x_{-1} = \ln x_0$, $x_{-2} = \ln \ln x_0$, $\ldots$, $x_{-n-1} = \ln \ln \ldots \ln x_0$. Con la convenzione naturale $f^0(x) = I_d$ si vede subito che $f^n \circ f^{-n}(x) = f^{\circ - n} \circ f^n(x) = x \; \forall x \in \mathbb{R}_+$.

Esempio 4.1.

1. Le relazioni di ricorrenza a due, tre, p termini studiate nel Capitolo 1 sono ovviamente tutti esempi di dinamica discreta. Esse hanno la particolarità, già rilevata, di essere *lineari*: combinazioni lineari di soluzioni sono ancora soluzioni. Questa particolarità è dovuta al fatto che la funzione F della (4.1) è in questi casi essa stessa lineare, cioè un polinomio di primo grado nelle $a_{n+p1}, \ldots, a_n$. Ad esempio per il caso di Fibonacci $a_{n+2} = a_{n+1} + a_n$ si ha $F(a_{n+1}, a_n) = a_{n+1} + a_n$ che è una funzione di primo grado. Abbiamo poi visto come esse ammettano soluzione unica una volta assegnati i dati iniziali, e le abbiamo determinate esplicitamente.

2. Consideriamo ora una "legge" quadratica, e precisamente la relazione di ricorrenza a due termini di tipo quadratico

$$x_{n+1} = f_\mu(x_n); \quad f_\mu(x) := \mu x(1-x), \quad x \in [-1,1], \quad 0 < \mu < 4 \quad (4.5)$$

Essa è nota col nome di "mappa logistica". C'è un solo dato iniziale, $x_0 = p \in [-1,1]$. Si noti che possiamo riscrivere la legge (4.5) anche sotto la forma $x_{n+1} = f_\mu \circ f_\mu \ldots \circ f_\mu(x_0) := (\circ f_\mu)^n(x_0)$ dove al solito il simbolo $f \circ g$ significa la composizione di f con g.
3. Si parla di dinamica discreta perché questa nozione altro non è che la formulazione in astratto delle nozioni più semplici della dinamica assumendo di osservare il flusso del tempo ad intervalli fissati. Ad esempio, esaminiamo il significato meccanico dell'esempio della lepre e del levriero. L'accelerazione è per definizione l'incremento della velocità nell'unità di tempo. Quindi se la velocità cresce in progressione aritmetica la differenza fra le velocità a due istanti successivi è costante. Ciò equivale ad affermare che l'accelerazione è costante. I moti ad accelerazione costante si dicono uniformemente accelerati, e tali dunque sono quelli della lepre e del levriero. La maggiore accelerazione del levriero gli consente di aumentare progressivamente la velocità più della lepre e quindi di raggiungerla.
4. *(Per chi conosce già il calcolo infinitesimale).* La legge elementare del moto uniformemente accelerato afferma che la distanza percorsa dal mobile trascorso un tempo t è proporzionale a t^2. Possiamo ricavarla tramite il calcolo infinitesimale. Se $a = \frac{dv}{dt} = A$, allora $v(t) = At+B$. Dato poi che $v = \frac{ds}{dt}$, da $\frac{ds}{dt} = At + B$ ricaviamo $s(t) = \frac{1}{2}t^2 + Bt + C$; qui la ritroviamo al trascorrere del tempo discreto perché dopo n "secondi" la distanza percorsa è proporzionale a $n(n+1)$. La seconda legge della dinamica afferma che l'accelerazione è proporzionale alla forza impressa al mobile: possiamo così dire che la legge del moto di lepre e levriero è la stessa che avrebbero se fossero sottoposti all'azione di una forza costante.

4.2 Orbite, punti fissi, periodicità

Consideriamo la legge di evoluzione (4.1). La domanda fondamentale alla quale la dinamica discreta (come del resto qualsiasi dinamica) deve rispondere è la seguente:

Scelto arbitrariamente un dato iniziale, quale sarà la sua evoluzione?

In altra parole, quale sarà la successione generata dalla (4.1) in corrispondenza ad ogni dato iniziale? Per una scelta generale di F sarà impossibile dare una risposta completa a questa domanda risolvendo esplicitamente la ricorrenza come abbiamo fatto per gli esempi in precedenza. Anche per il caso più semplice di mappa quadratica, la mappa logistica (4.5), ciò risulta impossibile. Per la soluzione quantitativa ci si può affidare al calcolatore; tuttavia bisogna imparare a porre a questo strumento le domande giuste per non usarlo in modo bovino. L'uso del calcolatore in modo bovino, cioè acritico, spesso ci confonde le idee e addirittura ci conduce in grave errore invece di insegnarci qualcosa. In particolare la dipendenza dai dati iniziali può essere così delicata da rendere praticamente impossibile il calcolo delle traiettorie, come discuteremo in seguito. In altre parole si deve fare prima uno studio qualitativo dell'evoluzione. Questa locuzione significa che si vogliono capire a priori le proprietà più rilevanti dell'evoluzione senza risolvere esplicitamente la ricorrenza. A questo scopo occorre elaborare gli opportuni concetti matematici. Fatto ciò, avremo le idee sufficientemente chiare per sapere cosa dovremo effettivamente esaminare con l'aiuto del calcolatore.

Cominciamo quindi col dare alcune definizioni fondamentali relative alle successioni generate dalla (4.1). Osserviamo anzitutto che poiché i dati iniziali $\alpha_0, \ldots, \alpha_{p-1}$ sono numeri reali qualsiasi possiamo senz'altro identificare l'insieme di tutti i dati iniziali con lo spazio vettoriale $\mathbb{R}^p$ a p dimensioni, $p \geq 1$. Nel seguito useremo la notazione vettoriale, cioè scriveremo $\alpha := (\alpha_0, \ldots, \alpha_{p-1})$, in corrispondenza alla decomposizione cartesiana lungo la base canonica $\alpha = \alpha_0 e_1 + \ldots + \alpha_{p-1} e_p$. Qui al solito $e_1 = (1, 0, \ldots, 0)$; $e_2 = (0, 1, \ldots, 0)$;..., $e_p = (0, 0, \ldots, 1)$. Ad esempio, per $p = 1$ (la retta) avremo semplicemente il dato iniziale $\alpha \in \mathbb{R}$, cioè un punto sulla retta; per $p = 1$ avremo i due dati iniziali $(\alpha_0, \alpha_1) \in \mathbb{R}^2$, identificabili con un punto nel piano cartesiano, per $p = 2$ tre dati iniziali $(\alpha_0, \alpha_1, \alpha_2) \in \mathbb{R}^3$, identificabili con un punto nello spazio ecc.

Definizione 4.2 *Sia $a_n(\alpha)$ la successione generata dalla (4.1) in corrispondenza ad un fissato dato iniziale $\alpha \in \mathbb{R}^p$. Allora*

1. *L'insieme numerico $a_n(\alpha) : n \in \mathbb{Z}$ dei valori assunti dalla successione si dice* orbita *del dato iniziale α.*
2. *Se esiste $N \in \mathbb{N}, N \geq 2$ tale che $a_n(\alpha) = a_{n+N}(\alpha)$, $\forall\ n = 0, 1, 2, \ldots$ l'orbita consiste esattamente di N punti e si dice periodica di periodo N.*
3. *Un'orbita che consiste di un punto solo (e quindi periodica di periodo* 1*) si dice* punto fisso, *o punto di equilibrio.*

Esempio 4.2.

1. Prendendo l'unione su $n \in \mathbb{N}$ dei valori dei numeri di Fibonacci (1.15) si ottiene l'orbita di dato iniziale $(0, 1)$ generata dalla legge di ricorrenza a tre termini $a_{n+2} = a_{n+1} + a_n$; prendendo quella dei valori della soluzione (1.17) si ottiene l'orbita di ogni dato iniziale $(p, q) \in \mathbb{R}^2$ generata dalla ricorrenza a tre termini $A_{n+2} = aA_{n+1} + bA_n$. Ciascuna di queste "leggi" è ovviamente un caso particolare della (4.1): basta prendere $F = x_1 + x_2$ nel primo caso e $F = ax_1 + bx_2$ nel secondo. In ognuno di questi casi i punti dell'orbita sono tutti distinti.

2. Consideriamo invece ancora la ricorrenza $a_{n+2} + a_n = 0$ dell'osservazione 4.5 del Capitolo 1. Per ogni dato iniziale $(p, q) \in \mathbb{R}^2$ si ha $a_{2n} = (-1)^n p$, $a_{2n+1} = (-1)^n q$ per cui l'orbita è composta esattamente dai quattro punti $\pm p$ e $\pm q$. Se $p = q = 1$ addirittura dai soli due punti ± 1. Quindi è sufficiente che un'orbita contenga anche solo due punti distinti per non coincidere con un punto fisso. Nel primo caso ogni orbita è periodica di periodo 4; nel secondo caso si tratta di un'orbita di periodo 2.
3. L'origine in $\mathbb{R}^p$, cioè il punto di coordinate $(0, 0, \ldots, 0)$, è ovviamente un punto fisso per l'evoluzione generata dalla ricorrenza lineare omogenea a p termini
$$a_{n+p} + b_1 a_{n+p-1} + \ldots + b_n a_n = 0 \tag{4.6}$$
($b_1, \ldots, b_n$ sono delle costanti). L'orbita generata da queste condizioni iniziali è infatti la successione nulla $(0, 0, \ldots)$ che prende solo il valore 0. In particolare, l'origine è pertanto un punto fisso per tutte le successioni del tipo di Fibonacci studiate finora.
4. Consideriamo nella (4.6) il dato iniziale $\alpha_0 = \ldots \alpha_{p-1} = \alpha$. Allora, se la (4.6) medesima ammette la soluzione $a_p = \alpha$, α è chiaramente un punto fisso. Esempio: la legge del moto uniformemente accelerato dell'esercizio precedente con accelerazione nulla, cioè $x_{n+2} - 2x_{n+1} + x_n = 0$. Sia $x_0 = x_1 = \alpha$, $\forall\ \alpha \in \mathbb{R}$. Allora $x_2 = \alpha$ risolve la ricorrenza e quindi $\forall\ a \in \mathbb{R}$ è un punto fisso.
5. Consideriamo la mappa quadratica (4.5). Allora il punto $x = 0$ è chiaramente punto fisso perché $F(x) = \mu x(1 - x) = 0$ per $x = 0$ e quindi $x_n = 0\,, \forall n = 0, 1, \ldots$. Il punto $x = 1$ *non è* punto fisso anche se $F(1) = 0$. L'orbita è infatti $(1, 0, 0, \ldots)$ ed è composta da *due* punti. Punti iniziali come questo, che evolvono in punti fissi verranno in seguito definiti come punti successivamente fissi.

4.3 Caratterizzazione dei punti fissi

Per studiare l'andamento delle orbite generate dalla dinamica discreta cominciamo dal caso più semplice, quello delle orbite composte da un solo punto: i punti fissi, o punti di equilibrio. Questa locuzione viene dall'analogia meccanica: un punto che non si muove sotto l'azione di una dinamica (necessariamente generata da una forza) si dice in equilibrio, o in quiete. Il principio d'inerzia di Galileo afferma che un corpo non soggetto a forze o sta in quiete o si muove di moto rettilineo uniforme, cioè con velocità costante. Anche qui cominciamo dal caso più semplice, $p = 1$, la dinamica discreta generata dall'iterazione di una mappa unidimensionale $f(x) : I \to \mathbb{R}$. L'affermazione seguente è una conseguenza diretta della definizione di punto fisso:

Definizione 4.3 *Sia $I \subset \mathbb{R}$ un intervallo non necessariamente limitato. I punti fissi della dinamica discreta generata dall'iterazione della funzione $f(x) : I \to \mathbb{R}$ sono tutte e sole le soluzioni dell'equazione $x = f(x), x \in I$.*

Esempio 4.3.

1. Consideriamo ancora la mappa logistica $f_\mu(x) = \mu x(1-x)$, $x \in I = [0,1]$, $\mu > 0$. I suoi punti fissi sono le soluzioni dell'equazione $x = \mu x(1-x)$. Il primo punto fisso è il punto $x_1 = 0$ come già sappiamo; il secondo zero dell'equazione è $x_2 = \dfrac{\mu - 1}{\mu}$, che è accettabile come punto fisso se $0 \leq \mu - 1 \leq \mu$. D'ora in poi supponiamo $\mu > 1$ cosicché possiamo concludere che la mappa logistica ammette i due punti fissi $x_1 = 0$ e $x_2 = \dfrac{\mu - 1}{\mu}$ (fig.4.1).
2. Consideriamo le mappe $f_1(x) = x^3$ e $f_2(x) = x^2$ definite su $\mathbb{R}$. f_1 ammette i tre punti fissi $x_1 = 0$ e $x_{2,3} = \pm 1$. La mappa f_2 ammette il punto fisso $x = 1$; invece il punto $x = -1$ non è fisso perché dà origine alla successione $-1, 1, \ldots, 1, \ldots$ (fig.4.2).

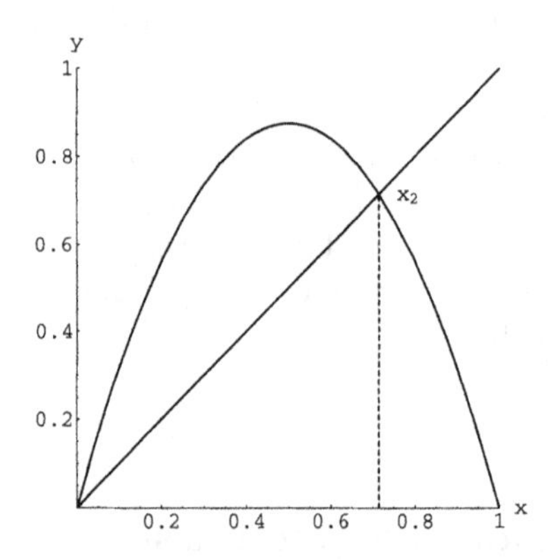

Fig. 4.1. Punti fissi della mappa f_μ, per $\mu = 3.5$. Geometricamente essi sono determinati dall'intersezione della curva $y = f_\mu(x)$ con la bisettrice $y = x$

Quest'ultimo esempio, assieme all'orbita generata dal punto $x = 1$ della mappa logistica, motiva le seguente generalizzazione della nozione di punto fisso:

Definizione 4.4 *Un punto $\alpha = (\alpha_1, \ldots, \alpha_p)$ si dice successivamente fisso rispetto alla dinamica discreta F definita dalla (4.1) se esiste $N \in \mathbb{N}$ tale che $a_n(\alpha) = a_N(\alpha)$ $\forall n \geq N$.*

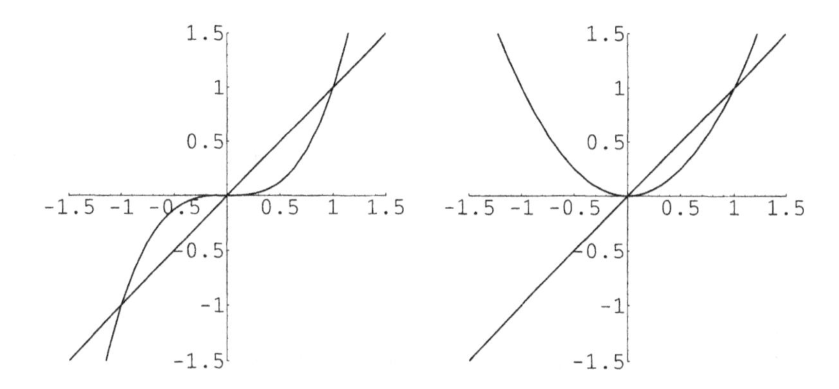

Fig. 4.2. Punti fissi della mappa $f = x^3$ (sinistra) e $f = x^2$ (destra). Geometricamente essi sono determinati dall'intersezione della curva $y = f(x)$ con la bisettrice $y = x$

Esempio 4.4. Si denoti S^1 la circonferenza di raggio 1. Ogni punto di S^1 può essere individuato tramite una coordinata angolare θ, $0 \leq \theta \leq 2\pi$. L'angolo non cambia se gli aggiungiamo un multiplo intero di 2π: $\theta \equiv \theta + 2k\pi$, $k \in \mathbb{Z}$. Quindi possiamo anche scrivere $S^1 = \mathbb{R} \bmod 2\pi$. Ora la funzione $f(\theta) : \theta \mapsto 2\theta$ è ben definita da S^1 in S^1 perché $f(\theta + 2k\pi) = 2\theta + 4k\pi = 2\theta = f(\theta)$. Si noti per di più che f è lineare per cui $(f(\theta))^n = f^n(\theta)$. Tuttavia non è biunivoca. Anzi, è un'applicazione 2 a 1. Infatti tutti i punti y e $\pi + y$, $0 \leq y < \pi$, che sono distinti, vengono inviati nel medesimo punto $2y$. Troviamo ora i punti fissi ed i punti successivamente fissi per la dinamica in S^1 definita da $f(\theta)$. $\theta = 0$ è ovviamente un punto fisso. Sia ora $\theta_N := \dfrac{2k\pi}{2^N}$, $k \in \mathbb{N}$. Allora $f^N(\theta_N) = 2k\pi \equiv 0$ e quindi tutti i punti θ_N sono successivamente fissi. L'analogia meccanica è la seguente: ad ogni "secondo" il punto θ compie una rotazione di ampiezza pari a θ stesso; allora il punto $\dfrac{2k\pi}{2^N}$ impiega (al più) N secondi per arrivare all'origine e lì si ferma.

Si noti infine che fra tutte le applicazioni lineari $\theta \mapsto A\theta$ quelle e solo quelle per cui $A \in \mathbb{Z}$ definiscono un'applicazione di S^1 in sè: in tal caso infatti, e solo in questo, $A(\theta + 2k\pi) = A\theta + 2Ak\pi = A\theta$. Ritorneremo presto su questo tipo di mappe.

Nel caso generale della dinamica discreta di ordine p consideriamo per il momento solo il caso più semplice, quello lineare, in cui la (4.1) assume la forma

$$a_{n+p} + b_{p-1}a_{n+p-1} + \ldots + b_0 a_n = b_p \tag{4.7}$$

con le condizioni iniziali $a_i = \alpha_i, i = 0, \ldots, p-1$. Se $b_p = 0$ la ricorrenza (4.7) si dice *omogenea*. Qui possiamo formulare in via generale alcune delle osservazioni del paragrafo precedente:

Proposizione 4.1

1. *Nel caso omogeneo* $b_p = 0$ *la soluzione banale* $\gamma = 0$ *è un punto fisso.*
2. *Sia* $(1 + b_{p-1} + \ldots + b_0) \neq 0$*. Allora* $\gamma := \dfrac{b_p}{1 + b_{p-1} + \ldots + b_0}$ *è un punto fisso per la dinamica di ordine p generata dalla (4.7). In particolare: la soluzione banale* $\gamma = 0$ *è sempre un punto fisso nel caso omogeneo, e non lo è mai nel caso non omogeneo.*
3. *Sia* $1 + b_{p-1} + \ldots + b_0 = 0$*. Allora la (4.7) non ha punti fissi nel caso non omogeneo; ogni* $\gamma \in \mathbb{R}$ *è fisso nel caso omogeneo.*

Dimostrazione: L'affermazione 1 è evidente; per verificare la 2 basta sostituire l'espressione di γ nella (4.7) nel caso non omogeneo, e il fatto che $\gamma = 0$ non sia punto fisso nel caso non omogeneo è banale. Quanto all'affermazione 3, se $1 + b_{p-1} + \ldots + b_0 = 0$ nessun punto $\gamma \in \mathbb{R}$ può essere un'orbita nel caso non omogeneo perché il primo membro di (4.7) diventa $\gamma(1 + b_{p-1} + \ldots + b_0) = 0 \neq b_p$; nel caso omogeneo invece ciascun γ lo è proprio perché $\gamma(1 + b_{p-1} + \ldots + b_0) = 0$. Ciò prova la proposizione. □

Esempio 4.5. Riprendiamo la dinamica discreta della lepre e del levriero, cioè la ricorrenza a tre termini $a_{n+2} - 2a_{n+1} + a_n = 1$. Qui $p_1 = -2, p_2 = 1$ e quindi $1 + p_1 + p_2 = 0$. Dunque non ci nono punti fissi, e d'altra parte ogni punto è fisso nel caso omogeneo. L'interpretazione meccanica di questo esempio è istruttiva: la quantità $a_{n+2} - 2a_{n+1} + a_n$ è l'accelerazione discreta. Se essa è costante, ma non nulla, nessun punto potrà rimanere fermo, e quindi non potrà esserci alcun punto fisso perché i punti fissi sono punti di equilibrio; se invece è inizialmente nulla, insieme alla velocità $a_n - a_{n-1}$, non potrà esserci alcuna evoluzione perché un punto a veolcità nulla, cioè fermo, deve possedere accelerazione non nulla per acquistare velocità e potersene andare. (In particolare, lepre e levriero staranno sempre fermi alla medesima distanza).
Nel caso generale della (4.8) vale un'affermazione analoga alla Proposizione 4.3. La si può enunciare così:

Proposizione 4.2 *I punti fissi della dinamica discreta generata dall'iterazione della* $F(x_1, \ldots, x_p) : \mathbb{R}^p \to \mathbb{R}$ *cioè dall'equazione*

$$a_{n+p} = F(a_{n+p-1}, \ldots, a_n), \quad n = 0, 1, \ldots \tag{4.8}$$

sono le soluzioni delle equazioni

$$\begin{cases} a_0 = \ldots = a_{p-1} := x \\ x = F(x, x, \ldots, x) \end{cases}$$

4.4 Punti periodici e orbite periodiche

Definizione 4.5 *Un punto* $\alpha = (\alpha_1, \ldots, \alpha_p) \in \mathbb{R}^p$ *che preso come dato iniziale per la dinamica discreta di ordine p (4.8) dà origine ad un'orbita periodica si dice* punto periodico *per la dinamica F. Il più piccolo intero N per* *cui* $F^N(\alpha) = \alpha$ *si dice* periodo primitivo. *Un punto periodico con periodo primitivo* 1 *è un punto fisso.*

Osservazione 4.3. Sia $p = 1$. Allora $\alpha \in \mathbb{R}$ è periodico se esiste $N \in \mathbb{N}$ tale che $F^n(\alpha) = \alpha$.

Esempio 4.6.

1. Consideriamo la ricorrenza $a_{n+2} + a_n = 0$ dell'Osservazione 4.5 del Capitolo 1. Si tratta come abbiamo visto un caso particolare della (4.8) con $p = 2$ e $F(a_{n+1}, a_n) = -a_n$. Allora ogni dato iniziale $\alpha = (\alpha_1, \alpha_2) \in \mathbb{R}^2$ è periodico. Sia infatti $a_0 = \alpha_0; a_1 = \alpha_1$. Allora $a_2 = -\alpha_0$, $a_3 = -\alpha_1$, $a_4 = \alpha_0$, $a_5 = a_1$ ed in generale $a_{2n} = (-1)^n\alpha_0$, $a_{2n+1} = (-1)^n\alpha_1$.
2. Consideriamo il caso $p = 1$. La dinamica lineare $a_{n+1} = \lambda a_n$ (che corrisponde chiaramente alla funzione $F(a) = \lambda a$), $\lambda \in \mathbb{R}$, non ha ovviamente alcun punto periodico. Sia poi $F(a) = a^3$ definita su $\mathbb{R}$. È chiaro che F non ha punti periodici, perché qui $F^n(a) = a^{3n}$, e le soluzioni reali dell'equazione $a^{3n} = a$ sono $a = 0$, $a = \pm 1$ che sono punti fissi.
3. Sempre con $p = 1$ sia $F(a) = a^2 - 1$, $a \in \mathbb{R}$. Il punto $a = 0$ è periodico, e genera un'orbita di periodo 2. Infatti $F(0) = -1$, $(F \circ F)(0) = 0$, $(F \circ F \circ F)(0) = -1, \ldots$ D'altra parte, $F(1) = 0$, $(F \circ F)(1) = -1$, $(F \circ F \circ F)(1) = 0, \ldots$ e il punto $a = 1$ è successivamente periodico di periodo 2.
4. Riprendiamo la mappa $F(\theta) = 2\theta$ della circonferenza S^1 in sè. Anche qui $F^n(\theta) = 2^n\theta$. Pertanto il dato iniziale θ sarà periodico se e solo se $2^n\theta = \theta + 2k\pi$ per un qualche $n \geq 2$ ed un qualche intero k. Dunque tutti i punti θ del tipo

$$\theta = \frac{2k\pi}{2^n - 1}, \quad n = 2, \ldots, \quad 0 \leq k \leq 2^n - 1$$

sono periodici.

Esercizio 4.3. Sia F la mappa del punto 3. Dimostrare che $F^{2n}(0) = -1$, $F^{2n+1}(0) = 0$, $n = 0, 1, 2, \ldots$.

Un esempio molto significativo di dinamica discreta è la traslazione della circonferenza.

Definizione 4.6 *Dicesi traslazione della circonferenza di angolo* $\lambda \in [0, 2\pi[$ *la mappa* $\theta \mapsto T_\lambda(\theta)$ *da* S^1 *in sé definita nel modo seguente:*

$$T_\lambda(\theta) = \theta + \lambda \mod 2\pi \tag{4.9}$$

Osservazione 4.4. La mappa T_λ, essendo una traslazione, è biunivoca e lascia invariate le lunghezze degli archi sulla circonferenza. Consideriamo infatti l'arco Γ di estremi $\alpha < \beta$. La sua lunghezza è $l(\Gamma) = \beta - \alpha$. Calcoliamo la lunghezza $l(T_\lambda \Gamma)$ dell'immagine di Γ attraverso T_λ. Si ha, per definizione di lunghezza d'arco:

$$l(T_\lambda \Gamma) = T_\lambda \beta - T_\lambda \alpha = \beta - \lambda - \alpha + \lambda = \beta - \alpha = l(\Gamma)$$

come volevasi dimostrare. Inoltre l'inversa è evidentemente $T_\lambda^{-1}(\theta) = \theta - \lambda$.

La mappa T_λ ha un comportamento radicalmente diverso a seconda della natura aritmetica di λ. Il teorema seguente, molto famoso, è uno dei modi migliori per mettere in risalto la natura differente fra numeri razionali e irrazionali.

Teorema 4.1 *Per la mappa T_λ da S^1 in sé definita dalla (4.9) vale la seguente alternativa:*

1. *Se $\dfrac{\lambda}{2\pi} \in \mathbb{Q}$, $\lambda = 2\pi\dfrac{p}{q}$, tutti i punti $\theta \in S^1$ sono periodici di periodo q, cioè $[T_{p/q}(\theta)]^q = \theta$.*
2. *(Teorema di Jacobi[1]). Se $\frac{\lambda}{2\pi} \notin \mathbb{Q}$ tutti i punti di ogni orbita $T_\lambda^n(\theta) : n \in \mathbb{Z}, \theta \in S^1$ sono distinti e per ogni dato iniziale θ l'orbita è densa in S^1, cioè: se $\phi \in [0, 2\pi[$ è un punto qualsiasi di S^1, $\forall\, \epsilon > 0$ esiste $n(\epsilon) \in \mathbb{Z}$ tale che $|T_\lambda^{n(\epsilon)} - \phi| < \epsilon$.*

Dimostrazione: Sia $\dfrac{\lambda}{2\pi} = \dfrac{p}{q}$. Allora, applicando la definizione (4.9):

$$(T_{p/q}(\theta))^q = \theta + 2\pi q \frac{p}{q} = \theta + 2p\pi = \theta$$

e ciò prova la prima affermazione. Quanto alla seconda, dimostriamo inizialmente che per ogni θ i punti dell'orbita sono tutti distinti. Supponiamo per assurdo $T_\lambda^n(\theta) = T_\lambda^m(\theta)$ con $n \neq m$. Dato che $T_\lambda^n(\theta) - T_\lambda^m(\theta) = (n-m)\lambda$ si concluderebbe che $(n-m)\lambda = 0 \bmod 2\pi$ cioè $\dfrac{(n-m)\lambda}{2\pi} \in \mathbb{Z}$ il che contraddice l'ipotesi. In particolare, se $\dfrac{\lambda}{2\pi}$ è irrazionale nessuna condizione iniziale può dare origine ad un punto fisso o ad un punto periodico. L'orbita è quindi composta da infiniti punti. Per dimostrare la densità è sufficiente dimostrare che l' orbita visiterà[2] un qualsiasi arco $\Lambda \subset S^1$. Per dimostrare questo, ragioniamo per assurdo: sia $\Lambda_1, \ldots, \Lambda_m, \ldots$ l'insieme degli archi disgiunti della circonferenza che non vengono visitati dall'orbita di un dato $\theta \in S^1$. Sia ora Λ l'arco di lunghezza maggiore (se due o più intervalli hanno la stessa lunghezza massimale, se ne scelga uno). Per quello visto prima, $T_\lambda^n(\Lambda)$ sono ancora degli

[1] Carl Gustav Jacobi (Potsdam 1804- Berlino 1851), anche lui fra i massimi matematici di ogni epoca, fu Professore di Matematica alle Università di Königsberg e poi di Berlino.

[2] E' facile vedere che questo dovrà quindi accadere infinite volte.

archi con la stessa lunghezza di Λ, per $n = 1, 2, \ldots$. Questo perché la rotazione è una traslazione rigida che lascia invariate le distanze fra i punti. Inoltre, non può accadere che $T_\lambda^n(\Lambda) = T_\lambda^k(\Lambda)$ $(k \neq n)$, poiché altrimenti gli estremi dell'intervallo Λ sarebbero periodici. Infatti, supponiamo $\Lambda = [\alpha, \beta] \subset S^1$. L'ipotesi $T_\lambda^n(\Lambda) = T_\lambda^k(\Lambda)$ $(k \neq n)$ implica immediatamente $T_\lambda^n(\alpha) = T_\lambda^k(\alpha)$ e anche $T_\lambda^n(\beta) = T_\lambda^k(\beta)$. In particolare, assumendo $n > k$, $T_\lambda^{n-k}(\alpha) = \alpha$ e $T_\lambda^{n-k}(\beta) = \beta$. Questo, come abbiamo visto, non può accadere se λ è un numero irrazionale. Nello stesso tempo, gli archi $T_\lambda^n(\Lambda)$ non possono essere tutti disgiunti. Infatti, sia $\epsilon > 0$ la lunghezza di Λ: $\epsilon = |T_\lambda^n(\Lambda)|$, $n = 0, 1, 2, \ldots$, e se fossero tutti disgiunti

$$| \cup_{n\geq 0}^{\infty} T_\lambda^n(\Lambda)| = \sum_{n\geq 0} |T_\lambda^n(\Lambda)| = \sum_{n\geq 0} \epsilon = +\infty.$$

Poiché la circonferenza ha lunghezza finita, necessariamente devono esistere $k \neq n$ tali che $I = T_\lambda^n(\Lambda) \cap T_\lambda^k(\Lambda) \neq \emptyset$. Se cosi è, però, I è un arco mai visitato dall'orbita di θ e di lunghezza maggiore di Λ, in contraddizione con la massimalità di Λ. Questo conclude la dimostrazione. □

Osservazione 4.5.

1. Si può dimostrare (teorema di Weyl[3]) che questi punti non solo sono densi sulla circonferenza, ma che formano anche una successione *uniformemente ripartita*. Ciò significa quanto segue: dato l'arco di circonferenza S_α di apertura α, e dato $N > 0$ sia f_α^N la *frequenza di visita* del settore S_α della successione dei primi N termini di $T_\lambda^n(\theta)$:

$$f_\alpha^N := \frac{\#\{n : T_\lambda^n(\theta) \in S_\alpha \,|\, 1 \leq n \leq N\}}{N}$$

   In parole: f_α^N è la frazione dei primi N termini della successione che va a cadere nell'arco S_α. Allora la successione è uniformemente ripartita se $\lim_{N\to\infty} f_\alpha^N = \alpha$. In parole: al tendere di n all'infinito i punti della successione cadono in ogni dato arco di circonferenza in proporzione alla sua lunghezza.
2. Esaminiamo il significato meccanico della mappa T_λ: all'angolo θ essa associa l'angolo $\theta + \lambda$. Equivalentemente, al punto di coordinate $x = \cos(\theta), y = \sin(\theta)$ sulla circonferenza unitaria viene associato il punto di coordinate $x = \cos(\theta + \lambda), y = \sin(\theta + \lambda)$. Iterando, avremo che la mappa T_λ^n associa al punto $x = \cos(\theta), y = \sin(\theta)$ su S^1 il punto di coordinate $x_n = \cos(\theta + n\lambda), y_n = \sin(\theta + n\lambda)$. Se al solito interpretiamo la successione n come il trascorrere del tempo di un quantità discreta, ad esempio di un secondo, il punto (x_n, y_n) sarà la posizione raggiunta dopo n secondi dal dato iniziale (x, y) a seguito del moto circolare uniforme

[3] Hermann Weyl (Amburgo 1885-Zurigo 1955), Professore al Politecnico Federale di Zurigo, poi a Berlino, Göttingen e infine a Princeton.

di velocità angolare λ. L'insieme dei punti $(x_n, y_n) : n \in \mathbb{Z}$ sarà l'orbita di questo moto circolare uniforme. Il teorema di Weyl afferma dunque che l'orbita del moto circolare uniforme è uniformemente ripartita sulla circonferenza per ogni dato iniziale se la velocità angolare è irrazionale.

4.5 Punti fissi. Stabilità, instabilità, attrazione, repulsione

Come abbiamo già ricordato, lo scopo della dinamica discreta è la descrizione di tutte le orbite possibili, cioè la risposta alla domanda: scelto arbitrariamente un dato iniziale, come sarà fatta l'orbita? Vorremmo cioè essere capaci di determinare se (e come) la dinamica discreta a partire da un dato iniziale scelto a piacere darà origine ad un punto fisso o ad un orbita periodica, o comunque determinare come si comporterà l'orbita per $n \to \infty$. Poiché i soli dati iniziali per i quali sappiamo descrivere completamente l'orbita sono i punti fissi e quelli periodici, è chiaro che la prima cosa da fare sarà esaminare l'evoluzione dei dati iniziali che si discostano poco da questi, dove la locuzione *discostarsi poco* andrà precisata matematicamente.

Vediamo alcuni esempi molto semplici.

Esempio 4.7. Consideriamo la ricorrenza a due termini (equivalentemente, mappa lineare di $\mathbb{R}$ in sè) $a_{n+1} = \lambda a_n$, con la condizione iniziale $a_0 = x \in \mathbb{R}$. Sappiamo già che la soluzione è $a_n = \lambda^n x$, $n \in \mathbb{Z}$ (futuro per $n > 0$, passato per $n < 0$). Qui c'è un solo punto fisso $\forall\,\lambda$, $x = 0$; per $\lambda = 1$ ogni punto è fisso, e per $\lambda = -1$ ogni punto è periodico di periodo 2. Sia pertanto $|\lambda| \neq 1$. Distinguiamo ora quattro casi:

1. $0 < \lambda < 1$. In tal caso, come sappiamo, $\lim_{n\to+\infty} a_n = \lim_{n\to+\infty} \lambda^n x = 0$, $\forall\, x \in \mathbb{R}$.
2. $\lambda > 1$. Anche questo caso è già stato esaminato, e sappiamo che $\lim_{n\to+\infty} a_n = \lim_{n\to+\infty} \lambda^n x = \infty$.
3. $-1 < \lambda < 0$. Qui abbiamo $a_{2p} = |\lambda|^{2p} x \to 0$ per $p \to \infty$ decrescendo, cioè da valori positivi, mentre $a_{2p+1} = -|\lambda|^{2p+1} x \to 0$ crescendo, cioè da valori negativi. Quindi $\forall\, x \in \mathbb{R}$ la successione a_n tende ancora a zero , ma oscillando perché due termini consecutivi hanno segno opposto; l'*ampiezza* delle oscillazioni, definita come la differenza, $|a_n - a_{n-1}|$ diminuisce con velocità esponenziale. Infatti:
$$|a_n - a_{n-1}| = |a_{2p} - a_{2p-1}| = |\lambda|^{2p-1}|\lambda - 1| < 1$$
4. $\lambda < -1$. Qui abbiamo $a_{2p} = |\lambda|^{2p} x \to +\infty$ per $p \to \infty$ crescendo, mentre $a_{2p+1} = |\lambda|^{2p+1} x \to -\infty$ decrescendo, cioè da valori negativi. Quindi $\forall\, x \in \mathbb{R}$ la successione a_n oscillando perché due termini consecutivi hanno

segno opposto; l'*ampiezza* delle oscillazioni, definita come la differenza, $|a_n - a_{n-1}|$ aumenta con velocità esponenziale. Infatti:

$$|a_n - a_{n-1}| = |a_{2p} - a_{2p-1}| = |\lambda|^{2p-1}|\lambda - 1| > 1$$

In simili casi si dice che la successione è *divergente per oscillazione.*

5. Dato che $\lambda^{-n} = \dfrac{1}{\lambda^n}$, se scambiamo n con $-n$ i ruoli di λ e λ^{-1} si invertono, nel senso che le divergenze si trasformano in convergenze e viceversa. Poiché lo scambio $n \leftrightarrow -n$ corrisponde a scambiare il passato col futuro, possiamo concludere che l'inversione del tempo trasforma convergenze esponenziali in divergenze esponenziali e viceversa.

Dunque in questo esempio siamo in grado di classificare il comportamento di *tutti* i dati iniziali $x \in \mathbb{R}$ per $n \to \infty$ (e anche per $n \to -\infty$ in virtù dell'osservazione precedente). Oltre i casi $\lambda = \pm 1$ già classificati, si vede che ogni dato iniziale converge verso il punto fisso $x = 0$ con velocità esponenziale per $n \to +\infty$ se $|\lambda| < 1$, e se ne allontana con pari velocità se $|\lambda| > 1$. Per $n \to -\infty$, cioè nel passato, questi comportamenti si invertono. In un linguaggio che formalizzeremo meglio fra poco, il punto fisso a $x = 0$ è *stabile* e *globalmente attrattivo* (nel futuro, o in avanti) se $|\lambda| < 1$, e *instabile* e *globalmente repulsivo* se $|\lambda| > 1$.

Il significato del concetto di stabilità di un punto fisso è intuitivo: punti che si scostano poco da $x = 0$ per $n = 0$, cioè che all'istante iniziale si scostano poco dal punto fisso, continuano a scostarsene poco per tutti gli istanti successivi; *attrattivo* significa che i dati iniziali che si scostano poco da $x = 0$ non solo gli rimangono vicini per ogni n, ma che convergeranno a tale punto per $n \to \infty$; *globalmente attrattivo* significa che *ogni* dato iniziale convergerà a $x = 0$, anche quelli inizialmente distanti a piacere da tale punto. Analogamente, instabilità significa che un dato iniziale vicino a $x = 0$ se ne allontana al crescere di n, e repulsività significa che esso tende ad allontanarsene indefinitamente. Repulsività globale significa che tutti i dati iniziali si comportano così.

Esempio 4.8. Consideriamo ora la mappa logistica $F_\mu(x) = \mu x(1-x)$ della (4.5), con $\mu > 1$. Sappiamo che essa ammette i punti fissi $x = 0$ e $x = p_\mu := \dfrac{\mu - 1}{\mu}$. Facciamo vedere quanto segue:

$$\lim_{n \to \infty} F_\mu^n(x) \to -\infty \quad \text{se} \quad x < 0 \quad \text{oppure} \quad x > 1.$$

Infatti se, per cominciare, $x < 0$ si ha $\mu x(1-x) < x$ perché $1 - x > 1$ e quindi $F_\mu(x) < x$. Poiché questa affermazione vale per ogni $x < 0$ possiamo applicarla di nuovo e concludere che la successione $F_\mu^n(x)$ è decrescente. Ora non esiste alcun $p \in \mathbb{R}$ per cui $F_\mu^n(p)$ converge a p. Se così fosse, infatti, si avrebbe anche $\lim_{n \to +\infty} F_\mu^{n+1}(p) = F_\mu(p) < p$, in contraddizione con l'affermazione precedente.

Pertanto per il Teorema 2.2 la successione $F_\mu^n(p)$ tende a $-\infty$ per ogni $p<0$. Se poi $x>1$ si ha ancora $F_\mu(x)<x$ e quindi si può ripetere lo stesso ragionamento. La conclusione è che tutte le orbite corrispondenti ai dati iniziali $x<0$ e $x>1$ sono classificate, perché tendono tutte a $-\infty$. In particolare possiamo concludere che il punto fisso a $x=0$ non è stabile.

Esempio 4.9. Consideriamo la dinamica discreta definita dalla ricorrenza di Fibonacci $a_{n+2}=a_{n+1}+a_n$ con le condizioni iniziali $a_0=p, a_1=q$, $(p,q)\in\mathbb{R}^2$. La forma esplicita di ogni orbita $a_n(p,q)$ è data dalla (1.17) con $a=b=1$, che qui riscriviamo per comodità:

$$A_n=\frac{q-p(1\sqrt{5})/2}{\sqrt{5}}\left[\frac{1+\sqrt{5}}{2}\right]^n+(p-\frac{qp(1-\sqrt{5})/2}{\sqrt{5}})\left[\frac{1-\sqrt{5}}{2}\right]^n \tag{4.10}$$

Si tratta di una combinazione lineare di due leggi esponenziali, la prima crescente, perché $\lambda_1:=\dfrac{1+\sqrt{5}}{2}>1$, e la seconda invece decrescente, perché ora $|\lambda_2|=|\dfrac{1-\sqrt{5}}{2}|<1$; pertanto il punto fisso $(p,q)=(0,0)$ non può essere stabile. Per $\epsilon>0$ arbitrario, possiamo infatti trovare infiniti punti nella circonferenza $p^2+q^2\le\epsilon$ per cui il coefficiente di λ_1^n non è zero e quindi l'orbita si allontana indefinitamente dall'origine.

Studiamo tuttavia in maggior dettaglio la dipendenza dai dati iniziali. I termini esponenzialmente crescente e decrescente sono rispettivamente nulli per

$$q-p(1-\sqrt{5})/2=0, \qquad -q+p(1+\sqrt{5})/2=0$$

Abbiamo già osservato che si tratta di due rette ortogonali passanti per l'origine nel piano (p,q). Se il dato iniziale si trova sulla prima, esso convergerà con velocità esponenziale al punto fisso nell'origine $p=q=0$ per $n\to+\infty$; se si trova sulla seconda, se ne allontanerà esponenzialmente. Un punto fisso che ammette due direzioni ortogonali che ivi si incrociano, su una delle quali la dinamica evolve in maniera attrattiva e sull'altra in maniera repulsiva, si dice *iperbolico*.

Si noti che i ruoli delle due rette si invertono per $n\to-\infty$: stabilità nel "futuro" ($n>0$) diventa instabilità nel "passato" ($n<0$) e viceversa.

Gli esempi precedenti motivano la seguente definizione generale, di cui ci serviremo spesso in seguito:

Definizione 4.7 *Sia $y=(y_1,\dots,y_p)\in\mathbb{R}^p$ un punto fisso per la dinamica discreta definita dalla (4.8). Allora*

1. *Il punto fisso y si dice* stabile *se, $\forall\ \epsilon>0$, esiste $\delta(\epsilon)$ tale che $|F^n(x)-y|\le\epsilon$ per ogni n intero positivo e tutti gli x appartenenti alla sfera*

$S_\delta(y)$ di centro y e raggio $\delta(\epsilon)$, cioè tutti gli x tali che $\|x-y\| := \sqrt{(x_1-y_1)^2+\ldots+(x_p-y_p)^2} < \delta(\epsilon)$.

2. *Il punto fisso stabile y si dice poi* attrattivo, attrattore *se esiste $\delta > 0$ tale che*
$$\lim_{n\to+\infty} |F^n(x)-y| = 0, \quad \forall\, x \in S_\delta(y) \tag{4.11}$$
In tal caso, ogni punto $x \in S_\delta(y)$ si dice asintotico *(nel futuro) al punto fisso y.*
3. *Se la stabilità vale per ogni x del dominio di definizione di F il punto fisso si dice* globalmente stabile*; se vale inoltre la (4.11) per ogni x del dominio di definizione di F il punto fisso si dice* globalmente attrattivo *o* attrattore globale.
4. *Se per ogni punto $x \in S_\delta(y)$ nella sfera di centro y e raggio δ si ha*
$$\lim_{n\to+\infty} |F^n(x)-y| = +\infty \tag{4.12}$$
il punto fisso si dice repulsivo *o* repulsore*; se la (4.12) vale per ogni x del dominio di F il punto fisso si dice* globalmente repulsivo *o* repulsore globale.
5. *L'insieme dei punti asintotici nel futuro si dice* insieme stabile *del punto fisso p. L'insieme dei punti asintotici nel passato si dice* insieme instabile *del punto fisso p.*

Osservazione 4.6. Il dato iniziale y è un punto di $\mathbb{R}^p$: $y=(y_1,\ldots,y_p)$. La distanza $|F^n(x)-y|$ è, *per definizione*, la distanza massima fra le componenti cartesiane di y e il numero reale $F^n(x)$:
$$|F^n(x)-y| := \max_{1\le k\le p} |F^n_k(x)-y_k|$$

Esempio 4.10. Esempi di punti fissi attrattivi e repulsivi ne abbiamo già visti. Vediamo ora un esempio di punto fisso stabile ma non attrattivo. Consideriamo ancora la dinamica discreta definita dalla ricorrenza $a_{n+2}+a_n=0$, per cui ogni dato iniziale $\alpha=(\alpha_1,\alpha_2)\in\mathbb{R}^2$ è periodico come abbiamo visto in precedenza e che ammette il punto fisso $(0,0)$. Facciamo vedere che questo punto fisso è stabile ma non attrattivo. Infatti, fissati i dati iniziali $a_0=\alpha_0; a_1=\alpha_1$ l'orbita è $a_{2n}=(-1)^n\alpha_0$, $a_{2n+1}=(-1)^n\alpha_1$. La condizione $|F^n(x)-y|<\epsilon$ si scrive qui
$$\sqrt{|(-1)^n\alpha_0|^2+|(1)^n\alpha_1|^2} = \sqrt{\alpha_0^2+\alpha_1^2} < \epsilon;$$
ciò è sicuramente vero per $\sqrt{\alpha_0^2+\alpha_1^2} < \delta(\epsilon)$ con $\delta(\epsilon)=\epsilon$, cioè per (α_0,α_1) nella circonferenza di centro l'origine e raggio ϵ (sfera nel piano). Il punto fisso non è però attrattivo perché, come abbiamo già visto, tutte le successioni

$a_n(\alpha)$ sono periodiche; pertanto non hanno limite e non possono convergere a 0 per $n \to \infty$.

Osservazione 4.7. Consideriamo ancora l'esempio precedente. Si noti che l'insieme dei dati iniziali tali che $\sqrt{\alpha_0^2 + \alpha_1^2} < \epsilon$ è una circonferenza di raggio $\sqrt{\epsilon}$ e quindi di area $\pi\epsilon$. Calcoliamo ora l'immagine di questa circonferenza attraverso la dinamica discreta definita dalla ricorrenza $a_{n+2} + a_n = 0$ ad ogni "istante" n, e facciamo vedere che si tratta ancora della medesima circonferenza, che quindi avrà la medesima area. Notiamo così che la dinamica discreta conserva le aree.

All'istante $n, n = 1, 3, \ldots$ l'immagine della coppia di dati iniziali α_0 e α_1 è la coppia $a_{2n} = (-1)^n \alpha_0$, $a_{2n+1} = (-1)^n \alpha_1$. Pertanto

$$\sqrt{|a_{2n}|^2 + |a_{2n+1}|^2} = \sqrt{\alpha_0^2 + \alpha_1^2}$$

e quindi l'area di ogni circonferenza è conservata.

4.6 Il problema di Collatz

Vogliamo qui descrivere un semplice sistema dinamico discreto definito sui numeri interi che pur nella sua incredibile semplicità presenta aspetti legati alle orbite periodiche tuttora non dimostrati rigorosamente. Preso un numero intero $n \in \mathbb{Z}$, definiamo la *mappa di Collatz*[4] T come:

$$T(n) = \begin{cases} \dfrac{n}{2} & ,n \text{ pari} \\ \\ \dfrac{3n+1}{2} & , n \text{ dispari} \end{cases}$$

Poiché $3n + 1$ è pari quando n è dispari, la mappa T è ben definita sugli interi. È facile ora studiare alcune orbite. Ad esempio, se $n = 4$, $T(n) = 2, T(2) = 1, T(1) = 2, T(2) = 1, \ldots$. In generale, se $n = 2^k$, allora l'orbita di n finirà in k passi sul ciclo periodico $T(2) = 1, T(1) = 2$. È altrettanto facile ora accorgersi che esistono altri cicli periodici che vengono raggiunti da diverse condizioni iniziali. Una semplice esplorazione numerica evidenzia l'esistenza di 4 cicli periodici distinti: $(1, 2), (-1), (-5, -7, -10)$ e $(-17, -25, -37, -55, -82, -41, -61, -91, -136, -68, -34)$. Da molto tempo è stato congetturato che in effetti questi sono i soli cicli periodici esistenti e che ogni condizione iniziale converge, prima o poi, a uno di questi cicli. Sorprendentemente, pur essendo facile verificare questa congettura per un numero

[4] Lothar Collatz (1908-1991), matematico tedesco Professore all'Università di Amburgo.

molto grande di condizioni iniziali, ad oggi non esiste una dimostrazione rigorosa di questo fatto. Invitiamo lo studente ad esplorare numericamente la mappa di Collatz T e stimare quanto spesso ciascun ciclo periodico viene raggiunto.

5

Studio della mappa logistica

In questo capitolo esamineremo molto più in dettaglio la dinamica discreta generata dalla mappa logistica. La ragione è che questo modello semplicissimo da formulare permette di dare un esempio esplicito e sorprendentemente generale di strutture matematiche assai profonde e importanti quali i frattali ed il comportamento caotico delle orbite.

Esistono numerosi testi (molti in lingua inglese) che descrivono e analizzano la dinamica della mappa quadratica, sia dal punto di vista matematico e sia dal punto di vista numerico [1].

Fra gli aspetti più importanti noi qui tratteremo solo quelli che richiedono conoscenze elementari di matematica. Seguiremo molto da vicino l'esposizione e i contenuti di [Dev]. Rinviamo a questo trattato il lettore desideroso di ulteriori approfondimenti.

Poiché desideriamo usare il calcolatore per esplorare numericamente il comportamento dei sistemi dinamici qui considerati è necessario anzitutto sviluppare un metodo generale che ci permetta di visualizzare le orbite generate da una data mappa $f : I \to I$, dove $I \subset \mathbb{R}$ è un intervallo fissato.

5.1 Rappresentazione grafica delle orbite

Consideriamo quindi una data mappa f dell'intervallo e per semplicità assumiamo $f : [0, 1] \to [0, 1]$, con $f(0) = f(1) = 1$ come ad esempio la mappa

[1] È interessante notare che il "diagramma di biforcazione" che discuteremo nei prossimi capitoli (esperimento che al giorno d'oggi può essere facilmente ricreato su un qualsiasi calcolatore) costituisce uno dei primi esempi di *matematica sperimentale*. La matematica sottostante a questa teoria fu sviluppata dalla prima volta da Mitchell J. Feigenbaum. Egli lavorò sulla mappa logistica verso la metà degli anni '70, usando soltanto carta, penna e un calcolatore HP-65. I primi grafici furono prodotti da stampanti ad aghi a bassissima definizione; i dati numerici ivi riportati richiesero giorni di calcolo. Oggi sono ottenibili in pochi secondi su un qualsiasi calcolatore da tavolo.

logistica f_μ con $0 \le \mu \le 4$. Dato un punto iniziale arbitrario $x_0 \in [0,1]$, desideriamo visualizzare in qualche modo la sua orbita $x_0, x_1 = f(x_0), x_2 = f(x_1), \ldots, x_n$, in maniera tale che ci sia possibile comprenderne gli aspetti qualitativi: ad esempio l'eventuale convergenza per $n \to \infty$ verso un punto fisso, oppure verso un'orbita periodica.

In effetti questo metodo esiste ed è facile da ottenere al calcolatore[2]:

1. La rappresentazione grafica dell'orbita avviene nel piano xy. Anzitutto si disegni il grafico della funzione $y = f(x)$ e la bisettrice $y = x$ (fig.5.1).
2. Dato il punto iniziale $x_0 \in [0,1]$ sull'asse delle x, la sua immagine $x_1 = f(x_0)$ si ottiene intersecando la retta verticale passante per x_0 con il grafico di f. Questo punto avrà coordinate $(x_0, f(x_0))$.
3. Si tracci la retta orizzontale passante per $(x_0, f(x_0))$. Questa retta intersecherà la bisettrice nel punto $(f(x_0), f(x_0)) = (x_1, x_1)$.
4. Si disegni ora la verticale passante per il punto (x_1, x_1); questa retta intersecherà l'asse delle ascisse nel punto $(x_1, 0)$.
5. Si ripetano ora i punti (2), (3) e (4).

Osservazione 5.1. In figura 5.1 riportiamo le prime due orbite di un punto x_0 al fine di illustrare i principi della costruzione.

In figura 5.2 e 5.3 sono riportati invece alcuni esempi del metodo di visualizzazione ora descritto per alcune orbite della famiglia logistica con diversi valori del parametro μ. Questo metodo può comunque essere usato per qualsiasi mappa dell'intervallo.

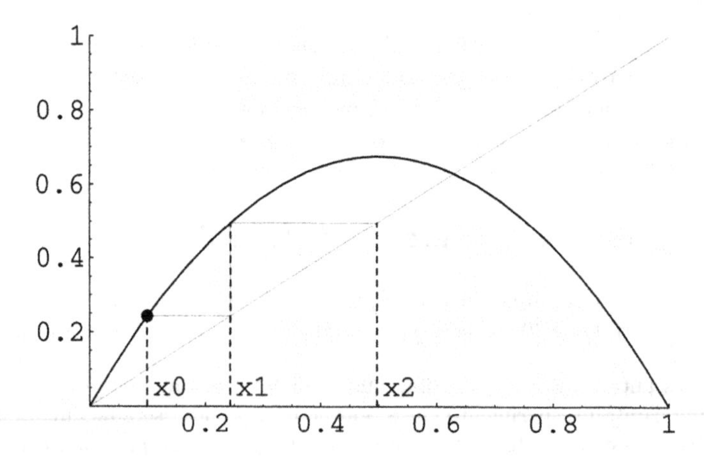

Fig. 5.1. Esempio di rappresentazione grafica delle prime due iterate di un'orbita con punto iniziale x_0

[2] Ad esempio usando *Mathematica*. Si veda la nota relativa all'uso del calcolatore nell'introduzione.

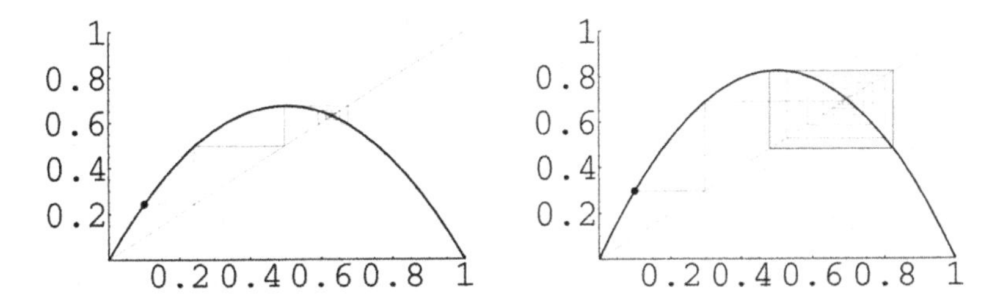

Fig. 5.2. Esempio di rappresentazione grafica delle orbite generate dalla famiglia logistica per diversi valori del parametro μ. Nel grafico di sinistra è possibile individuare la convergenza verso il punto fisso della mappa, mentre a destra è possibile scorgere la convergenza dell'orbita verso un'orbita periodica di periodo 2. Vedremo presto un'analisi accurata di questi comportamenti

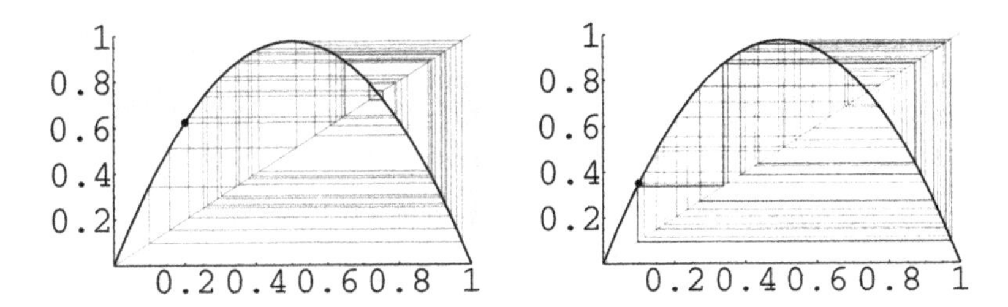

Fig. 5.3. Altri due esempi di orbite generate dalla mappa logistica per diversi valori del parametro. Qui la struttura delle orbite è particolarmente più complicata e presto vedremo un'analisi più accurata di questo comportamento

Osservazione 5.2. L'orbita così rappresentata si presta immediatamente ad una indagine qualitativa delle sue proprietà. La successione dei punti lungo l'orbita può essere studiata sia guardando i punti sull'asse delle x e sia osservando l'orbita attraverso i punti individuati sulla bisettrice.

Osservazione 5.3. Esistono innumerevoli programmi o *applet* disponibili in internet che mettono in atto il procedimento descritto. Abbiamo già menzionato nell'introduzione che in questo libro si usa il programma *Mathematica*. Invitiamo il lettore ad elaborare in maniera autonoma un procedimento di costruzione della rappresentazione grafica dell'orbita sopra descritta.

Useremo spesso questo procedimento per analizzare l'andamento delle orbite per la mappa logistica al variare del parametro. Passiamo ora ad una trattazione matematica formale.

5.2 L'iperbolicità dei punti periodici

Abbiamo già visto un esempio di punto fisso iperbolico. Vediamo ora di specializzare questo concetto al caso dei punti periodici della dinamica discreta unidimensionale definita da una funzione $f(x) : I \subset \mathbb{R} \to \mathbb{R}$, che ammetteremo sempre derivabile tante volte quante si vuole su tutto l'intervallo I.

Definizione 5.1 *Sia p un punto periodico per f di periodo primitivo N: $f^N(p) = p$. Il punto p si dice* iperbolico *se $|(f^N)'(p)| \neq 1$ (qui l'apice denota la derivata).*

Osservazione 5.4.

1. Per $N = 1$ si ha un punto fisso, che sarà quindi iperbolico se $|f'(p)| \neq 1$.
2. Cerchiamo di rendere esplicito il significato della condizione di iperbolicità. Poniamo per comodità di notazione $f^N(x) = g(x)$. Allora p è un punto fisso di g: $g(p) = p$. Per $|x - p|$ sufficientemente piccolo applichiamo la formula di Taylor di punto iniziale p al secondo ordine. Ricordiamo dall'analisi la formula di Lagrange-Taylor all'ordine n: se $g(x)$ è derivabile almeno $n + 1$ volte in un intervallo aperto $I \subset \mathbb{R}$, e $x_0 \in I$, esiste un intervallo $J(x_0) \subset I$ tale che per $x \in J(x_0)$ si può scrivere:

$$
\begin{aligned}
g(x) = g(x_0) + g'(x_0)(x - x_0) + g''(x_0)\frac{(x - x_0)^2}{2} + \dots \\
+ g^{(n)}(x_0)\frac{(x - x_0)^n}{n!} + \frac{g^{n+1}(\overline{x})(x - x_0)^{n+1}}{(n + 1)!}
\end{aligned}
$$

dove il punto $\overline{x} \in I$ è compreso fra x e x_0. Si ottiene allora, se si tronca la formula tenendo il resto al secondo ordine:

$$
\begin{aligned}
g(x) &= g(p) + g'(p)(x - p) + g''(\overline{x})(x - p)^2 \\
&= [g(p) - pg'(p)] + g'(p)x + g''(\overline{x})(x - p)^2
\end{aligned}
$$

Traslando l'origine di $g(p) - pg'(p)$ sull'asse delle ordinate e trascurando i termini quadratici otteniamo per definizione la *linearizzazione*, o *parte lineare*, o *mappa linearizzata* della mappa definita dalla funzione $f^N(x)$ attorno al punto fisso p:

$$
f_L(x) := g'(p)x \tag{5.1}
$$

Allora la condizione di iperbolicità significa che la mappa linearizzata è una mappa non banale, cioè diversa da $\pm x$ (x è la mappa identica, e $-x$ la mappa identica cambiata di segno). Ad esempio, la funzione $f(x) = \sin x$ genera una mappa non lineare su $[0, 2\pi]$ i cui punti fissi a $x = 0$ e $x = \pi$ non sono iperbolici perché $f'(0) = \cos(0) = 1$, $f'(\pi) = \cos(\pi) = -1$. La mappa logistica genera invece punti fissi iperbolici come ora vedremo.

Esempio 5.1.

1. Consideriamo la mappa logistica $f_\mu(x) = \mu x(1-x)$ per $\mu > 1$. Ci sono come sappiamo due punti fissi: $x = 0$ e $x = p_\mu = \dfrac{\mu - 1}{\mu}$. Allora se $\mu \neq 2$ entrambi sono iperbolici perché $f'_\mu(0) = \mu$ e $f'_\mu(p_\mu) = 2 - \mu$ (fig. 5.4);
2. Sia $f(x) = \dfrac{1}{2}(x^3 + x)$. Qui c'è un punto fisso a $x = 0$, iperbolico perché $f'(0) = -\dfrac{1}{2}$, e altri due ulteriori punti fissi in $x = \pm 1$. Anche questi sono entrambi iperbolici, perché $(f \circ f)'(\pm 1) = f'(1) \cdot f'(-1) = 4$ (fig.5.5).

Abbiamo già completamente analizzato il comportamento della mappa line-

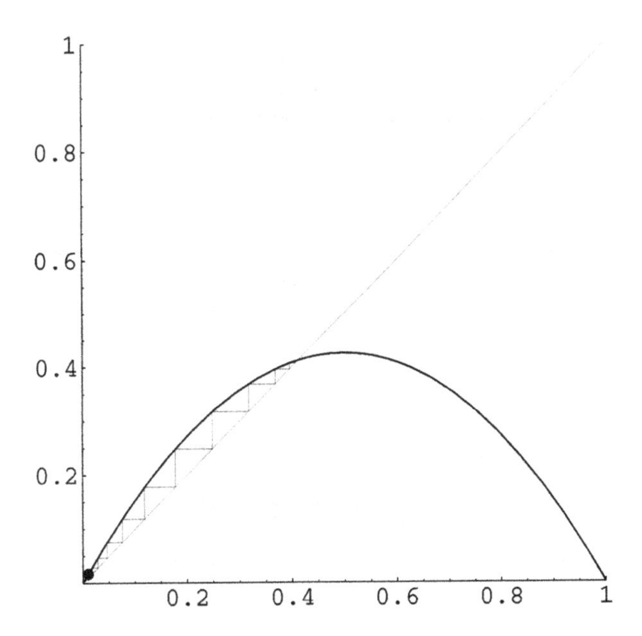

Fig. 5.4. Rappresentazione di un orbita generica per la mappa logistica con $\mu = 1.7$. Il punto iniziale è stato scelto in prossimità del punto fisso $x_0 = 0.01$. Si noti come l'orbita si allontani dall'origine e converga verso il secondo punto fisso

arizzata f_L per quanto riguarda l'analisi di stabilità: attrattività globale del punto fisso $x = 0$ se $|g'(p)| < 1$, repulsività globale se $|g'(p)| > 1$. Poiché la nostra mappa f è approssimabile con la mappa lineare f_L con approssimazione tanto migliore quanto più x si avvicina al punto fisso p, ci si aspetta in corrispondenza dei due casi $|g'(p)| < 1$ e $|g'(p)| > 1$ rispettivamente l'attrattività e la repulsività *locale*. Proprietà *locale* significa che deve esistere almeno un intorno del punto fisso i cui punti godono della proprietà in questione. Per

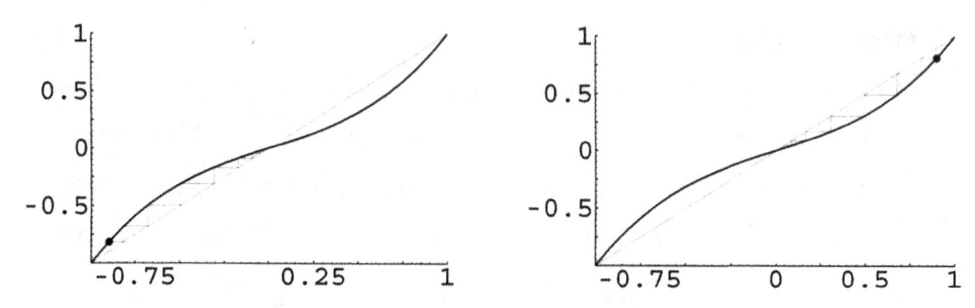

Fig. 5.5. Rappresentazione di due orbite generiche per la mappa $f(x) = \frac{1}{2}(x^3 + x)$. I punti iniziale sono stati scelti in prossimità dei punti fissi $x = \pm 1$ ($x_0 = -0.9$ (sinistra) e $x_0 = 0.9$ (destra)). Si noti come le orbite si allontanino dai punti fissi vicini e convergano verso il punto fisso in $x = 0$

intorno di un punto in $x \in \mathbb{R}$ intenderemo qui un intervallo aperto centrato in x. Nel seguito quando parleremo di proprietà quali l'attrattività ecc. senza alcuna ulteriore specificazione esse saranno sempre intese in senso locale. Qui si ha:

Proposizione 5.1

1. *Sia p un punto fisso iperbolico di f con $|f'(p)| < 1$. Allora p è stabile e attrattivo.*
2. *Sia p un punto fisso iperbolico di f con $|f'(p)| > 1$. Allora p è instabile e repulsivo.*

Dimostrazione: Dobbiamo far vedere che esiste un intervallo aperto I attorno a p tale che $\lim_{n\to+\infty} f^n(x) = p \ \forall x \in I$. Poiché f è almeno C^1 (cioè ammette derivata prima continua sul suo dominio di definizione), $\exists \epsilon > 0$ tale che $|f'(x)| < A < 1$ per $x \in [p-\epsilon, p+\epsilon]$. Ora applichiamo il teorema del valor medio di Lagrange tenendo conto del fatto che p è un punto fisso di f. Si ottiene:

$$|f(x) - p| = |f(x) - f(p)| \leq A|x - p| < |x - p| \leq \epsilon$$

Pertanto $f(x) \in [p-\epsilon, p+\epsilon]$ e quindi la distanza di $f(x)$ da p è minore della distanza di x stesso da p. Iterando il ragionamento troviamo

$$|f^n(x) - p| \leq A^n|x - p|$$

e pertanto $\lim_{n\to+\infty} f^n(x) = p$ perché $A < 1$.
Se $|f'(p)| > 1 \ \exists \epsilon > 0$ tale che $|f'(x)| > A > 1$ per $x \in [p-\epsilon, p+\epsilon]$. Ripetendo il ragionamento otteniamo la disuguaglianza

$$|f^n(x) - p| \geq A^n|x - p|$$

Dunque la distanza fra $f^n(x)$ e p aumenta. Ciò conclude la prova della proposizione. □

Osservazione 5.5. Un punto periodico di periodo $N \geq 2$ di $f(x)$ è per definizione un punto fisso della mappa $g(x) := f^N(x)$. A quest'ultimo potremo quindi applicare la proposizione precedente.

È quindi naturale porre la seguente ulteriore

Definizione 5.2 *Sia p un punto periodico iperbolico di periodo primitivo N della mappa f, e sia $g = f^N$. Allora*

1. *Diremo che p è stabile ed attrattivo se $|g'(p)| = |(f^N)'(p)| < 1$.*
2. *Diremo che p è instabile e repulsivo se $|g'(p)| = |(f^N)'(p)| > 1$.*
3. *Gli insiemi stabili ed instabili del punto periodico sono gli insiemi stabili ed instabili del punto fisso di g.*

Per definizione un punto periodico p (e in particolare fisso) per la mappa f sarà non iperbolico quando $f'(p) = \pm 1$.

In mappe che, come quella logistica, dipendono da un parametro, può succedere che al variare del parametro medesimo un punto fisso non iperbolico possa dare luogo ad una coppia di punti fissi iperbolici. Questo fenomeno, quando avviene, si chiama *biforcazione.*

Poiché darne una definizione generale può essere inutilmente complicato, ci limiteremo ad illustrare questa nozione tramite due esempi:

Esempio 5.2.

1. Consideriamo la famiglia di mappe quadratiche $q_c(x) := x^2 + c$, $c \in \mathbb{R}$. Se $c > \frac{1}{4}$, q_c non ammette punti fissi perché l'equazione $x = x^2 + c$ non ha radici reali: infatti, dette $x_{1,2}$ le radici, si ha $x_{1,2} = \frac{1}{2}[1 \pm \sqrt{1-4c}]$. Se $c = \frac{1}{4}$ nasce un punto fisso a $x = \frac{1}{2}$, che non è iperbolico perché $q_c'\left(\frac{1}{2}\right) = 1$. Per $c < \frac{1}{4}$ vi sono due punti fissi; poiché $q_c'(x_{1,2}) = [1 \pm \sqrt{1-4c}]$, x_1 è repulsivo e x_2 è attrattivo. Si ha quindi una biforcazione a $c = \frac{1}{4}$.
2. Consideriamo ancora la mappa logistica $f_\mu(x) = \mu x(1-x)$ con $\mu > 1$ ed i suoi punti fissi 0 e $p_\mu = \frac{\mu - 1}{\mu}$. Ora $f_\mu'(0) = \mu$, $f_\mu'(p_\mu) = 2 - \mu$. Quindi 0 è sempre repulsivo ($\mu > 1$) mentre p_μ è attrattivo per $1 < \mu < 3$. Quando $\mu = 3$ si ha $f_\mu'(p_\mu) = -1$ ed il punto fisso p_μ perde il carattere di iperbolicità. Consideriamo ora la mappa $f_\mu^2(x)$, cioè μ composta con sé stessa. Si può dimostrare che se $\mu > 3$ essa ha due punti fissi iperbolici, che quindi saranno punti periodici iperbolici di f_μ di periodo 2, uno attrattivo e l'altro repulsivo. Questo è un altro esempio di biforcazione . Le

considerazioni e i grafici del prossimo capitolo elucideranno meglio questo fenomeno e le sue implicazioni.

Esercizio 5.1. Dimostrare l'affermazione precedente. (Suggerimento: dimostrare che

$$g_\mu(x) := f_\mu^2(x) = \mu^2 x(1-x)(1-\mu x(1-x))$$

e fare vedere che per $\mu = 3$ la retta $y = x$ è tangente alla curva $y = g_\mu(x)$).

5.3 La mappa logistica al crescere del parametro

Cominciamo in questo paragrafo lo studio ancor più dettagliato della mappa logistica $f_\mu(x) = \mu x(1-x)$ per $\mu > 1$. Abbiamo già dimostrato che:

1. $\lim_{n\to+\infty} f_\mu^n(x) = -\infty$ se $x < 0$ o $x > 1$.
2. Se $1 < \mu < 3$ f_μ ha un punto fisso repulsivo a $x = 0$ e un punto fisso attrattivo a $x = p_\mu := \dfrac{\mu - 1}{\mu}$.

L'affermazione 1 mostra che le sole condizioni iniziali interessanti sono quelle per cui $0 \leq x \leq 1$. Questo fatto è perfettamente in linea con l'interpretazione di x come popolazione relativa. 0 è un punto fisso. La proposizione che segue classifica il destino di ogni condizione iniziale quando $1 < \mu < 3$, cioè prima della prima biforcazione.

Proposizione 5.2 *Sia* $0 < x < 1$. *Allora,* $\forall\, 1 < \mu < 3$*:*

$$\lim_{n\to+\infty} f_\mu^n(x) = p_\mu \tag{5.2}$$

Osservazione 5.6. Dunque, a parte il punto fisso a $x = 0$ (soluzione banale), ogni dato iniziale tende a p_μ per $n \to \infty$. Se si prende sul serio la mappa come modello qualitativo della crescita delle popolazioni (relative), questa proposizione afferma che per tutti i valori del parametro fra 1 e 3 ci sarà un solo valore di equilibrio per la popolazione relativa a cui si giungerà quale che fosse la popolazione relativa iniziale.

Dimostrazione: Cominciamo col supporre $1 < \mu < 2$, e $x \in]0, 1/2]$. Si noti che $1/2 < p_\mu < 1$ e che per $x \in]0, 1/2]$ la $f_\mu(x)$ è iniettiva. Infatti $f'_\mu(x) = \mu(1-2x) > 0$ per $x \in]0, 1/2[$. Pertanto $f_\mu(x)$ è strettamente crescente e come tale iniettiva. Allora in tale intervallo si ha

$$|f_\mu(x) - p_\mu| < |x - p_\mu|, \qquad x \neq p_\mu$$

Distinguiamo i 4 casi che occorre discutere per risolvere la disuguaglianza precedente:
1. $f_\mu(x) - p_\mu > 0$, $x - p_\mu > 0$. Poiché per $x \in]0, 1/2[$ e $1 < \mu < 2$ si ha $x > \mu x(1-x) = f_\mu(x)$; quindi $f_\mu(x) - p_\mu < x - p_\mu$.
2. $f_\mu(x) - p_\mu < 0$, $x - p_\mu > 0$. Risolvendo la disequazione di secondo grado $\mu x(1-x) = p_\mu < 0$ si trova che $f_\mu(x) - p_\mu < 0$ per $x < p_\mu$ oppure $x > 1/\mu$. Poiché $1/\mu > 1/2$ e $x > p_\mu$ questo caso non si verifica mai.
3. $f_\mu(x) - p_\mu > 0$, $x - p_\mu < 0$. La seconda disuguaglianza implica $x < p_\mu$, e per questi valori di x sappiamo dal caso precedente che $f_\mu(x) - p_\mu < 0$. Quindi nemmeno il caso 3 si verifica.
4. Questo caso è equivalente al caso 1.

Dunque la disuguaglianza è dimostrata. Allora, iterando, tramite un'ulteriore applicazione del ragionamento impiegato già molte volte, possiamo concludere che $\lim_{n\to+\infty} f_\mu^n(x) = p_\mu$. D'altra parte, se $x \in]1/2, 1[$ allora $0 < f_\mu(x) < 1/2$ cosicché il ragionamento precedente implica

$$f_\mu^n(x) = (f_\mu^{n-1} \circ f_\mu)(x) \to p_\mu$$

Il caso $2 < \mu < 3$ è più complicato. Denotiamo $\tilde{p}_\mu$ l'unico punto nell'intervallo $]0, 1/2[$ la cui immagine rispetto a $f_\mu(x)$ è p_μ. Si può verificare tramite un calcolo esplicito, che ometteremo, che l'immagine dell'intervallo $[\tilde{p}_\mu, p_\mu]$ attraverso $f_\mu \circ f_\mu$ è contenuta nell'intervallo $[1/2, p_\mu]$. Ne segue, come sopra, che $\lim_{n\to+\infty} f_\mu^n(x) = p_\mu \ \forall x \in [\tilde{p}_\mu, p_\mu]$. Supponiamo ora $x < \tilde{p}_\mu$. Si può dimostrare, con un ulteriore calcolo esplicito che ometteremo ancora, che esiste $k > 0$ tale che $f^k(x) \in [\tilde{p}_\mu, p_\mu]$. Dunque anche in questo caso $\lim_{n\to+\infty} f^{k+n}(x) = p_\mu$. Finalmente, come sopra, l'immagine di $]p_\mu, 1[$ attraverso f_μ è esattamente l'intervallo $]0, p_\mu[$. Quindi il risultato vale anche per $x \in]p_\mu, 1[$. Ora notiamo che

$$]0, 1[=]0, \tilde{p}_\mu[\cup]\tilde{p}_\mu, p_\mu[\cup]p_\mu, 1[$$

e questo conclude la dimostrazione, a parte il caso del punto $\mu = 2$ che viene lasciato come esercizio. □

Esercizio 5.2. Sia $f_2(x) = 2x(1-x)$. Dimostrare che $\lim_{n\to+\infty} f_2^n(x) = \frac{1}{2}$ per ogni $0 < x < 1$.

Soluzione. $x = \frac{1}{2}$ è un punto fisso. Sia $\epsilon > 0$. Facciamo vedere anzitutto che l'immagine dell'intervallo $\left]\epsilon, \frac{1}{2}\right]$ è un intervallo $\left]\epsilon_1, \frac{1}{2}\right]$ strettamente contenuto in $\left]\epsilon, \frac{1}{2}\right]$. A questo scopo, dato che $\frac{1}{2}$ è un punto fisso basta far vedere che l'immagine ϵ_1 di ϵ attraverso f_2 è tale che $\epsilon < \epsilon_1 < \frac{1}{2}$. Si ha: $f_2(\epsilon) = 2\epsilon(1-\epsilon) := \epsilon_1$; $\epsilon_1 > \epsilon$ dato che $0 < \epsilon < \frac{1}{2}$. Iterando il ragionamento, al secondo passo troviamo un intervallo $\left]\epsilon_2, \frac{1}{2}\right]$ con $\epsilon_2 > \epsilon_1$ e per $n \to \infty$ concludiamo che ogni dato iniziale $0 < x \leq \frac{1}{2}$ convergerà a 1 per $n \to +\infty$. Se $x \in \left[\frac{1}{2}, 1-\epsilon\right]$ vale lo stesso ragionamento perché $f_2(x)$ è simmetrica rispetto alla sostituzione $x \leftrightarrow 1-x$ essendo $\frac{1}{2}$ il centro dell'intervallo $[0,1]$.

Per $\mu = 3$ sappiamo che ha luogo una biforcazione. C'e' quindi da attendersi un comportamento più complicato per $\mu > 3$. Questo è esattamente quello che avviene.

La famiglia quadratica è una famiglia ad un parametro di mappe dell' intervallo *semplice*; tuttavia vedremo nel prossimo capitolo che le cose nell'intervallo $3 < \mu < 4$ si complicano di molto. L'analisi è però più facilmente comprensibile quando $\mu \geq 4$. Per $\mu = 4$ vedremo che la dinamica è *caotica* in un senso matematico preciso. L'orbita di un punto arbitrario dell'intervallo visita l'intervallo in maniera *apparentemente casuale.*

Per $\mu < 4$, la dinamica mostra comportamenti ancora più complicati che (per certi valori di μ) si dicono *complessi.* Essi non sono semplicemente *predicibili* o ordinati, ma non sono neppure completamente aleatori. In questo senso la mappa logistica costituisce il paradigma più elementare del comportamento di molti fenomeni fisici o biologici. Riferiamo il lettore per approfondimenti, ad esempio, al trattato [BaPo]), che richiede conoscenze fisiche e matematiche più avanzate.

Nel caso di $\mu > 4$ si osserva un altro fenomeno interessante. E qui ora punteremo la nostra attenzione. Per descriverlo, è bene premettere una nozione matematica importante.

5.4 L'insieme ternario di Cantor

Procediamo alla costruzione dell'insieme di Cantor[3]. Sia I l'intervallo chiuso $[0,1] := \{x \in \mathbb{R} \,|\, 0 \leq x \leq 1\}$. Il procedimento iterativo procede nel modo seguente:

1. Togliamo da I l'intervallo aperto centrale $A_1^{(0)} := \left]\frac{1}{3}, \frac{2}{3}\right[$ di centro $\frac{1}{2}$ e lunghezza $\frac{1}{3}$ (la "terza parte centrale" aperta). (Usiamo la locuzione "togliere da" come abbreviazione di "considerare l'insieme complementare di". In altre parole, qui dovremmo dire: consideriamo il complementare

[3] Georg Cantor, (S.Pietroburgo 1845- Halle a.d. Saale (Germania) 1918), Professore di Matematica all'Università di Halle-Wittenberg, fu il fondatore della moderna teoria degli insiemi. A lui si debbono le nozioni di potenza di un insieme, numero transfinito, ecc. L'insieme ternario che ora procederemo a costruire è una delle nozioni più sottili e profonde della matematica.

rispetto ad I dell'intervallo aperto $\left]\frac{1}{3}, \frac{2}{3}\right[$). Rimane l'insieme complementare $I - A_1^{(0)}$ definito dall'unione disgiunta di intervalli chiusi $\left[0, \frac{1}{3}\right] \cup \left[\frac{2}{3}, 1\right]$.

2. Dall'insieme rimasto (il complementare $I - A_1^{(0)}$) togliamo ora le due terze parti centrali aperte, e cioè gli intervalli aperti e $\left]\frac{1}{9}, \frac{2}{9}\right[:= A_1^{(1)}$ e $\left]\frac{7}{9}, \frac{8}{9}\right[:= A_2^{(1)}$ di lunghezza $\frac{1}{9}$ e centro $\frac{1}{6}$ e $\frac{5}{6}$, rispettivamente. Rimane l'insieme complementare $I - A_1^{(0)} - A_1^{(1)} - A_2^{(1)}$ definito dall'unione disgiunta di intervalli chiusi $\left[0, \frac{1}{9}\right] \cup \left[\frac{2}{9}, \frac{1}{3}\right] \cup \left[\frac{7}{9}, 1\right] \cup \left[\frac{8}{9}, 1\right]$.
3. Ripetiamo indefinitamente il procedimento.

In figura 5.6 si mostrano le prime 6 iterazioni del procedimento. Le ultime due iterazioni non sono forse molto ben distinguibili. Il motivo è che stiamo cercando di visualizzare un procedimento che avviene a scale spaziali sempre più piccole. Prima o poi la scala diventa più piccola del singolo pixel di schermo o di stampa che usiamo per visualizzare gli intervalli. In ogni caso la visualizzazione di un numero finito di iterazioni ed una conseguente estrapolazione mentale permette di carpire qualcosa della struttura che si ottiene iterando il procedimento un numero infinito di volte: l'insieme di Cantor.

Analizziamo ora la costruzione dal punto di vista matematico. Si ha allora

Lemma 5.1

1. *Al passo di ordine n dell'iterazione, $n = 0, 1, 2 \ldots$ si rimuovono esattamente 2^n intervalli aperti $A_k^{(n)}, k = 1 \ldots, 2^n$ ciascuno di lunghezza $\frac{1}{3^{n+1}}$.*
2. *Tutti gli intervalli $A_k^{(n)}$ sono disgiunti due a due: $A_k^{(n)} \cap A_l^{(m)} = \emptyset$, $k \neq l, n \neq m$.*
3. *Sia:*

$$A_n := \bigcup_{k=1}^{2^n} A_k^{(n)}; \qquad A := \bigcup_{n=0}^{\infty} A_n \tag{5.3}$$

Sia $l(A_n)$ la lunghezza totale di questa unione di intervalli disgiunti. Allora

$$l(A_n) = \frac{1}{3}\left(\frac{2}{3}\right)^n; \qquad l(A) = \sum_{n=0}^{\infty} l(A_n) = 1$$

Dimostrazione: Dimostriamo la prima affermazione per induzione. Essa è vera per $n = 0$. Assumiamola vera per $s = 1, \ldots, n$ e proviamola per $s = n+1$. La lunghezza della parte centrale di ogni intervallo $A_k(n+1)$ all'ordine $n+1$ vale $\frac{1}{3}$ della lunghezza di ogni intervallo $A_k(n)$, e quindi vale $\frac{1}{3^{n+1}}$ perché

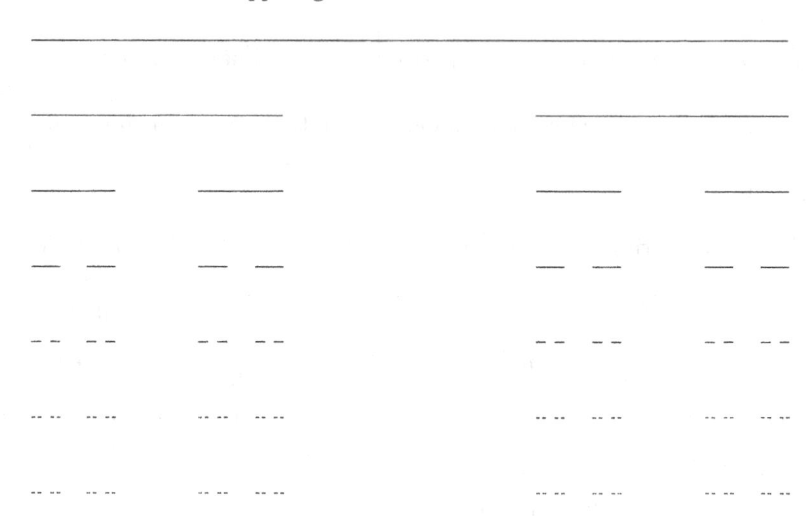

Fig. 5.6. Le prime 6 iterazioni nella costruzione dell'insieme di Cantor. Dall'alto verso il basso vengono mostrati gli intervalli che sopravvivono e che contengono l'insieme di Cantor

la lunghezza di ogni intervallo all'ordine n è 3^{-n-1}. Gli intervalli $A_k(n)$ sono poi ad ogni ordine disgiunti per costruzione. Per provare la terza affermazione, per prima cosa notiamo che la lunghezza dell'unione di un numero qualsiasi di intervalli *disgiunti* è la somma delle loro lunghezze. Ad e sempio, la lunghezza dell'unione dei due intervalli $]-1,0[$ e $]0,1[$ vale $1+1=2$. La lunghezza dell'unione dei due intervalli $]-\frac{1}{2},\frac{1}{2}[$ e $]0,1[$, che non sono disgiunti, vale $\frac{3}{2}<2$. In generale si può dimostrare che se A è un'unione finita o infinita di intervalli disgiunti I_k, cioè $A=\bigcup_{k=0}^{\infty} I_k$, e A è un insieme limitato, allora la serie $\sum_{k=0}^{\infty} l(I_k)$ converge e si ha

$$l(A)=\sum_{k=0}^{\infty} l(I_k).$$

Pertanto:

$$l(A_n)=\left(\sum_{k=1}^{2^n} l(A_k^{(n)})\right)=\frac{2^n}{3^{n+1}}$$

perché ognuno degli intervalli $A_k^{(n)}$ è lungo 3^{-n-1}, e ce ne sono 2^n. Dunque, poiché anche gli insiemi A_n sono disgiunti a due a due:

$$l(A) = \sum_{n=0}^{\infty} l(A_n) = \sum_{k=0}^{\infty} \frac{2^k}{3^{k+1}}$$
$$= \frac{1}{3} \sum_{k=0}^{\infty} \frac{2^k}{3^k} = \frac{1}{3} \frac{1}{1-2/3} = 1$$

e ciò conclude la prova del Lemma. □

Siamo ora in grado di definire l'insieme ternario di Cantor.

Definizione 5.3 *Il complementare rispetto a $I = [0,1]$ dell'insieme $A := \bigcup_{n=1}^{\infty} A_n$ definito dalla (5.3) si dice insieme ternario di Cantor $\mathcal{C}$.*

Osservazione 5.7.

1. Per costruzione l'insieme di Cantor è un sottoinsieme di $[0,1]$ chiuso, e *totalmente disconnesso*, cioè non contiene alcun intervallo. $\mathcal{C}$ è chiuso perché è il complementare dell'insieme aperto A rispetto all'intervallo chiuso $[0,1]$. Infatti il complementare di un insieme aperto rispetto ad un insieme chiuso è chiuso, e a sua volta A è aperto perché si può dimostrare che l'unione finita o numerabile di intervalli aperti è un insieme aperto. (Per il significato della locuzione numerabile si veda il punto 3 successivo). Inoltre si può dimostrare un'altra proprietà che emerge dal meccanismo di costruzione, e cioè che si tratta di un insieme *perfetto.* Questo significa che ogni punto dell'insieme di Cantor è punto limite di successioni di punti distinti appartenenti all'insieme medesimo.
2. Supponiamo di avere due sottoinsiemi B_1 e B_2 dell'intervallo $[0,1]$ complementari rispetto all'intervallo: $B_1 \cap B_2 = \emptyset$, $B_1 \cup B_2 = [0,1]$. Allora da quanto precede segue che[4] $l(B_1) + l(B_2) = l([0,1]) = 1$. Ne concludiamo che la lunghezza dell'insieme di Cantor è zero poiché la lunghezza del suo insieme complementare rispetto all'intervallo $[0,1]$ vale 1.
3. Tuttavia l'insieme di Cantor, anche se di lunghezza 0, *contiene lo stesso numero di punti* dell'intervallo $[0,1]$. Si può infatti dimostrare che l'insieme di Cantor e l'intervallo $[0,1]$ sono insiemi *equipotenti*, cioè che i punti dell'uno possono essere messi in corrispondenza biunivoca con quelli dell'altro (si vedano i due esempi che seguono). *La proprietà di ammettere sottoinsiemi propri equipotenti è caratteristica di un insieme infinito, ed è spesso anzi assunta come definizione di insieme infinito medesimo.* Infatti è del tutto evidente che gli elementi di un qualsiasi insieme composto da un numero finito di elementi non potranno mai essere messi in corrispondenza biunivoca con gli elementi di un suo sottoinsieme *proprio.*

[4] Assumiamo qui che B_1 e B_2 sono due sottoinsiemi cosiddetti *misurabili*, sottoinsiemi cioè dei quali è possibile calcolare la lunghezza. Sebbene gran parte dei sottoinsiemi che considereremo (aperti,chiusi, numerabili, cantoriani) sono misurabili, è possibile costruire infiniti sottoinsiemi *non misurabili.*

Facciamo invece vedere, come semplice esempio, che l'insieme $\mathbb{N}$ dei numeri naturali è un insieme infinito. Esso è infatti è equipotente al suo sottoinsieme proprio costituito dai numeri pari. Per vedere questa affermazione, basta fare corrispondere 2 a 1, 4 a 2, e in generale $2n$ a n, cioè ad ogni numero il suo doppio. La corrispondenza è chiaramente biunivoca. Allo stesso modo si prova che $\mathbb{N}$ è equipotente al sottoinsieme proprio costituito dai numeri dispari. Si può dimostrare che $\mathbb{N}$ e $\mathbb{Q}$ sono equipotenti. Gli insiemi che hanno la potenza dell'insieme $\mathbb{N}$ si dicono *numerabili*. L'intervallo $[0, 1]$ ha potenza strettamente maggiore del numerabile. Tutti gli insiemi equipotenti a $[0, 1]$ hanno per definizione la *potenza del continuo*. Dunque l'insieme di Cantor ha la potenza del continuo.

4. L'insieme di Cantor costituisce anche l'esempio più semplice di *insieme frattale*. Intuitivamente un insieme frattale è un insieme che rimane lo stesso se osservato in qualsiasi scala. Più o meno equivalentemente, un insieme frattale rimane lo stesso dopo qualsiasi ingrandimento, o anche qualsiasi suo sottoinsieme proprio ha la medesima struttura[5]. Supponiamo ad e sempio di osservare solo i punti che stanno nell'intervallo di sinistra $[0, 1/3]$, ma attraverso un microscopio che ingrandisce da 1 a 3. Allora questo "pezzo" dell'insieme di Cantor è esattamente uguale all'insieme originale. Il procedimento può naturalmente essere iterato: allo stadio n ogni pezzo dell'insieme di Cantor è esattamente uguale all'insieme originale se lo si osserva con un microscopio che ingrandisce da 1 a 3^n.

Esercizio 5.3. Dimostrare che l'insieme di Cantor coincide con l'insieme dei numeri reali $0 \leq x \leq 1$ che non ammettono la cifra 1 nella loro rappresentazione *ternaria.*

Suggerimento: Osservare con attenzione la rappresentazione ternaria degli insiemi A_0, A_1 e A_2 precedentemente definiti nella costruzione dell'insieme di Cantor e procedere per induzione.

Esercizio 5.4. Usare il risultato precedente per dimostrare che l'insieme di Cantor e l'intervallo $[0, 1]$ sono *equipotenti.*

Suggerimento: Definire una corrispondenza biunivoca naturale tra i punti dell'intervallo espressi in base 2 e i punti dell'insieme di Cantor espressi in base 3.

Le proprietà precedenti, assunte in astratto, danno la definizione generale di insieme di Cantor:

Definizione 5.4 *Un sottoinsieme limitato A di $\mathbb{R}$ si dice insieme di Cantor se è chiuso, totalmente disconesso e perfetto.*

[5] In inglese questa proprietà si dice *self- similarity.*

La cosa sorprendente è che la costruzione di un insieme di Cantor, apparentemente frutto della pura invenzione matematica[6], è generata dalle orbite della dinamica discreta anche nel suo esempio non lineare più semplice, la mappa logistica.

5.5 La mappa logistica genera un insieme di Cantor

Riconsideriamo la mappa logistica, stavolta con $\mu > 4$, e omettiamo di indicare la dipendenza esplicita da μ. Scriveremo dunque $f(x) = \mu x(1-x)$, e sia $x \in I := [0,1]$. Sappiamo infatti che se $x \notin [0,1]$ ogni dato iniziale tende a $-\infty$. Cominciamo coll'osservare che, poiché $\mu > 4$, il massimo di f che vale $\frac{\mu}{4}$ è maggiore di 1. Dunque certi punti di I ne usciranno dopo un'iterazione. Denotiamo A_0 l'insieme di questi punti:

$$A_0 := \{x \in I \mid f(x) > 1\}$$

Ora il massimo di f è raggiunto nel punto $x = \frac{1}{2}$, e f è simmetrica attorno a tale punto. Pertanto, per continuità, A_0 sarà un intervallo aperto di centro $\frac{1}{2}$ contenuto in I. A_0 è rappresentato in figura 5.7.

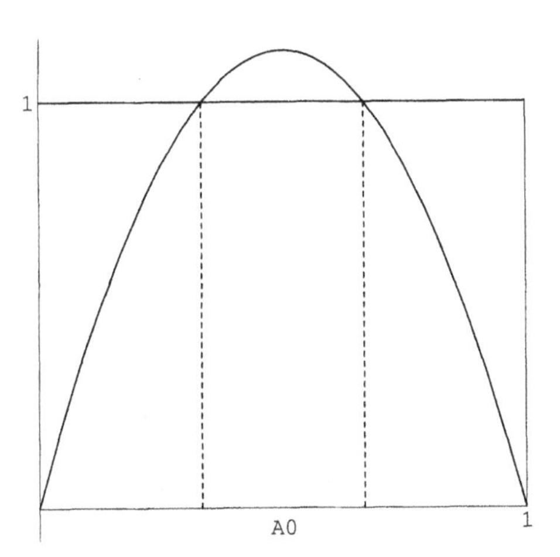

Fig. 5.7. L'intervallo A_0 per $\mu > 4$

Se $x \in A_0$, si ha $f(x) > 1$ e quindi $(f \circ f)(x) < 0$ da cui, come sappiamo, $f^n(x) \to -\infty$ per $n \to \infty$. Dunque A_0 è l'insieme dei punti che escono subito

[6] In realtà Cantor fu condotto ad isolare queste nozioni dalle ricerche che andava conducendo sulle proprietà degli insiemi di punti sui quali si cercava di dimostrare la convergenza delle serie di Fourier delle funzioni continue.

(cioè alla prima applicazione della mappa f) da I per andarsene a ∞ quando $n \to \infty$. Equivalentemente, tutti i punti in $I \setminus A_0$ rimangono in I dopo la prima iterazione. Consideriamo ora l'insieme

$$A_1 := \{x \in I \mid f(x) \in A_0\}$$

Se $x \in A_1$ allora $(f \circ f)(x) > 1$, $(f \circ f \circ f)(x) < 0$ e quindi, come sopra, $f^n(x) \to -\infty$ per $n \to \infty$. A_1 è rappresentato in figura 5.8. Definiamo allora

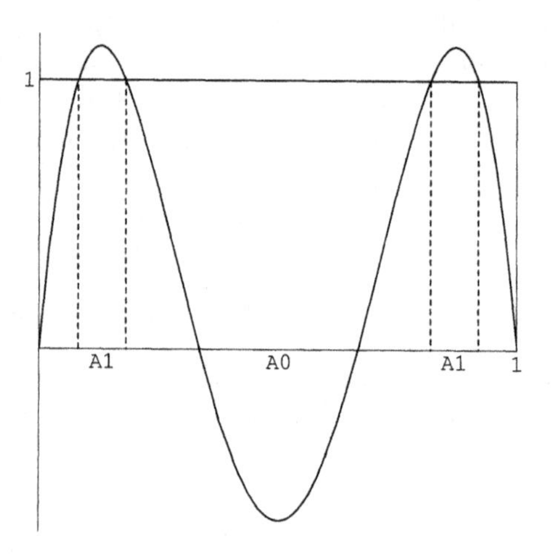

Fig. 5.8. Grafico di $f_\mu^2(x)$ e il corrispondente intervallo A_1 per $\mu > 4$

induttivamente la successione di insiemi

$$A_n := \{x \in I \mid f^n(x) \in A_0\} = \{x \in I \mid f^k(x) \in I, k = 1, \ldots, n \mid f^{n+1}(x) \notin I\}$$

In altre parole, A_n consiste in tutti i punti che escono da I alla $n+1$-esima iterazione. Come sopra, ne segue che l'orbita di x tenderà a $-\infty$ per $n \to \infty$. Poiché conosciamo quale sarà il destino dei punti che stanno in A_n, ci rimane da analizzare cosa capiterà a quelli che non escono mai da I; vogliamo cioè analizzare l'orbita di tutti i dati iniziali che appartengono all'insieme

$$\Lambda := I \setminus \left(\bigcup_{n=0}^{\infty} A_n \right) \tag{5.4}$$

È chiaro che la prima cosa da capire è come sia fatto questo insieme. Per capirlo, guardiamo più da vicino la sua costruzione ricorsiva. A_0 è un intervallo aperto di centro $\frac{1}{2}$. Pertanto il suo complementare $I - A_0$ consiste di due intervalli chiusi disgiunti, uno a destra di $\frac{1}{2}$, denotato I_1, e uno a sinistra, denotato I_0. Notiamo poi che f è monotona tanto su I_0 (crescente) quanto su I_1 (decrescente), e che $f(I_0) = f(I_1) = I$. Infatti $f(I_0) = f(I_1)$ segue dalla simmetria tanto di f quanto di I_0 e I_1 attorno a $x = \frac{1}{2}$, e il fatto che l'immagine sia I è conseguenza della monotonia: $f(I_0)$ parte da 0 e arriva a 1 perché per definizione A_0 è l'insieme degli $x \in I$ per cui $f(x) > 1$. Ora dato che $f(I_0) = f(I_1) = I$ esiste una coppia di intervalli aperti, uno contenuto in I_0 e l'altro in I_1, la cui immagine attraverso f è A_0. Questa coppia di intervalli (disgiunti, e simmetrici rispetto a $x = \frac{1}{2}$) è per definizione l'insieme A_1.

Consideriamo ora l'insieme complementare $I - (A_0 \cup A_1)$. Questo insieme consiste in 4 intervalli chiusi e f trasforma ciascuno di questi monotonicamente in I_0 oppure in I_1. Dunque ragionando come prima, potremo affermare che $f^2 = f \circ f$ trasformerà ciascuno di questi in I. Ancora iterando il ragionamento precedente, vediamo che ciascuno dei 4 intervalli in $I - (A_0 \cup A_1)$ contiene un sottointervallo che viene trasformato in A_0 da f^2. Pertanto i punti di questi intervalli escono da I dopo la terza iterazione, e formano per definizione l'insieme A_2. Ci servirà in seguito l'osservazione che f^2 cresce e decresce alternativamente in ciascuno di questi 4 intervalli. Infatti, si ha

$$(f \circ f)' = f'(f(x))f'(x) = \mu^2[1 - 2\mu x(1 - x)](1 - 2x)$$

L'ultimo fattore è positivo per $0 < x < 1/2$, e negativo per $1/2 < x < 1$; il fattore $1 - 2\mu x(1-x)$ è negativo per $\frac{1}{2}(1 - \sqrt{1 - 2/\mu}) < x < \frac{1}{2}(1 + \sqrt{1 - 2/\mu})$. Quindi f^2 cresce per $0 < x < \frac{1}{2}(1 - \sqrt{1 - 2/\mu})$, raggiunge in questo punto il massimo che vale μ, decresce fino a raggiungere nel punto $x = 1/2$ il minimo che vale $\frac{\mu^2}{4}(1 - \mu/4)$, per poi ricrescere e comportarsi nell'intervallo $1/2 \leq x < 1$ in modo simmetrico all'intervallo precedente: g raggiunge il massimo che vale μ nel punto $x = \frac{1}{2}(1 + \sqrt{1 - 2/\mu})$, e poi decresce fino a 0 che viene raggiunto per $x = 1$. Si vede dunque, poiché $\mu > 4$, che l'equazione $x = f^2(x)$ ha esattamente due soluzioni.

Procedendo in questo modo arriviamo a tre conclusioni:

1. A_n consiste di 2^n intervalli aperti e disgiunti. Pertanto $I \setminus (A_0 \cup A_1 \cup \ldots A_n)$ consiste di 2^{n+1} intervalli chiusi.
2. f^n trasforma monotonicamente ciascuno di questi intervalli in I.
3. f^n è alternativamente crescente e decrescente su questi intervalli. Dunque il grafico di f avrà esattamente 2^n oscillazioni fra 0 e 1.

Segue da ciò che il grafico della bisettrice $y = x$ incontra il grafico di f^n esattamente in 2^n punti. Detto in altre parole, l'equazione $f^{n+1}(x) = x$ ha esattamente 2^n soluzioni. Quindi f^n ha esattamente 2^n punti fissi, e di conseguenza f ammette esattamente 2^n punti periodici di periodo n in I. Si vede quindi che la struttura della dinamica discreta definita dall'iterazione di f per

$\mu > 3$ è assai più complicata di quella che ha luogo per $\mu < 3$. Tanto per cominciare, caratterizziamo l'insieme Λ:

Proposizione 5.3 *Sia $\mu > 2 + \sqrt{5}$. Allora Λ è un insieme di Cantor.*

Dimostrazione: Cominciamo col verificare che se $\mu > 2+\sqrt{5}$ allora $|f'(x)| > 1$, $\forall x \in I_0 \cup I_1$. Infatti si ha, risolvendo la disequazione di secondo grado

$$\begin{aligned} A_0 &:= \{x \in [0,1] \mid \mu x(1-x) > 1\} \\ &= \left\{x \mid \frac{1}{2}(1 - \sqrt{1-4/\mu}) < x < \frac{1}{2}(1 + \sqrt{1-4/\mu})\right\} \end{aligned} \tag{5.5}$$

e pertanto

$$\begin{aligned} I_0 &= \left\{x \mid 0 \leq x \leq \frac{1}{2}(1 - \sqrt{1-4/\mu})\right\}; \\ I_1 &= \left\{x \mid \frac{1}{2}(1 + \sqrt{1-4/\mu}) \leq x \leq 1\right\} \end{aligned} \tag{5.6}$$

Dato che $f'(x) = -2\mu x + \mu$, si vede subito che $f'(x) > 1$ su I_0 se lo è al suo estremo destro. Sostituendo, questo sarà vero se $\mu(1 - \sqrt{1-4/\mu}) > 1$ da cui $\mu > 2 + \sqrt{5}$. Medesimo ragionamento per l'intervallo I_1. Pertanto, dato che $\Lambda \subset I_0 \cup I_1$, per questi valori di μ esiste $\lambda > 1$ tale che $|f'(x)| > \lambda > 1$ $\forall\, x \in \Lambda$. Per la regola di derivazione delle funzioni composte (si veda l'esercizio successivo) da ciò segue anche che $|(f^n)'(x)| > \lambda^n$ su Λ. Ora verifichiamo che Λ non contiene alcun intervallo. Infatti se lo contenesse esisterebbe una coppia di punti $x < y$ in Λ tale che l'intervallo chiuso $[x, y]$ è contenuto in Λ. In tal caso (si veda l'esercizio seguente) $|(f^n)'(\alpha)| > \lambda^n$, $\forall\, \alpha \in [x, y]$. Prendiamo n in modo tale che sia $\lambda^n|x - y| > 1$. Allora per il teorema del valor medio si può concludere che $|(f^n)(x) - (f^n)(y)| \geq \lambda^n|x - y| > 1$. Ciò implica che almeno uno dei punti $(f^n)(x)$ o $(f^n)(y)$ giace fuori da I, in contraddizione con l'ipotesi. Dunque Λ è totalmente disconnesso.

Poiché Λ è intersezione di intervalli chiusi contenuti gli uni dentro gli altri, è esso stesso un insieme chiuso per un teorema generale di teoria degli insiemi che non è necessario richiamare in dettaglio. Dimostriamo ora che è perfetto. Cominciamo con l'osservare che ogni estremo di ogni intervallo A_k appartiene a Λ. Infatti tali punti vengono ad una qualche iterazione trasformati nel punto fisso a 0, e pertanto l'iterazione non li porta fuori da I. Ora se un qualsiasi $p \in \Lambda$ fosse isolato, ogni punto a lui arbitrariamente vicino dovrebbe uscire da I ad un qualche stadio dell'iterazione di f. Questi punti devono appartenere ad un qualche A_k. Ora si possono dare due casi. O esiste una successione di estremi degli A_k che converge a p, oppure tutti i punti di un intorno di p diversi da p medesimo sono portati fuori da I da una qualche iterazione di f. Nel primo caso non c'è più nulla da dimostrare perché gli estremi degli A_k vengono mandati a 0 e pertanto sono in Λ. Nel secondo caso possiamo assumere che f^n manda p a 0 e tutti gli altri punti dell'intorno a ∞. Ma allora

f^n ha un massimo a p e quindi $(f^n)'(p) = 0$. Per la regola di derivazione delle funzioni composte dovrà essere $(f)'(f^i(p)) = 0$ per un qualche $i < n$. Pertanto $f^i(p) = 1/2$ perché $1/2$ è il solo punto dove $f'(x) = 0$. Ma allora $f^{i+1}(p) \notin I$ (il valore del massimo a $x = 1/2$ è maggiore di 1) e pertanto $f^n(p) \to -\infty$ per $n \to \infty$. Ciò contraddice il fatto che $f^n(p) = 0$, e conclude la dimostrazione della proposizione. □

Esercizio 5.5. Sia $f : I \to \mathbb{R}$ derivabile. Dimostrare che per $x \in I$ vale la formula seguente:

$$(f^n)'(x) = f'((f^{n-1})'(x)) \cdot f'((f^{n-2})'(x)) \cdots f'(x) := \prod_{k=0}^{n-1} (f^k)'(x)$$

Osservazione 5.8. Il risultato vale anche per $4 < \mu \leq \mu + \sqrt{5}$, ma la dimostrazione è molto più complicata.

Riassumendo l'analisi fin qui svolta, possiamo dire che abbiamo classificato l'andamento "principale" di tutte le orbite per $\mu > 4$. Vale infatti l'alternativa seguente: o un punto iniziale viene portato a $-\infty$ dalla dinamica discreta generata dall'iterazione di f, oppure la sua intera orbita è contenuta nell'insieme cantoriano Λ. La dinamica fuori da Λ è quindi banale: il punto iniziale semplicemente tende a $-\infty$. La dinamica in Λ è invece sottile ed interessante, e la svilupperemo tramite strumenti matematici assai profondi.

Abbiamo dimostrato che $|f'_\mu(x)| > 1$ su $I_0 \cup I_1$, e ciò implica $|f'_\mu(x)| > 1$ su Λ. Questa condizione equivale ad assumere l'iperbolicità su un intero insieme, e non solo su un punto periodico come l'avevamo definita nel §1 di questo capitolo. In altre parole, possiamo introdurre la nozione di *insieme iperbolico*:

Definizione 5.5 *Un insieme $\Gamma \subset \mathbb{R}$ è iperbolico nonché repulsivo (attrattivo) per f se è chiuso, limitato, invariante rispetto a f (cioè $f(\Gamma) \subset \Gamma$) ed esiste $N > 0$ tale che $|(f^n)'(x)| > 1$ ($|(f^n)'(x)| < 1$) $\forall\, n \geq N$ e $\forall\, x \in \Gamma$.*

Esempio 5.3. L'insieme di Cantor Λ per la mappa quadratica quando $\mu > 2 + \sqrt{5}$ è un insieme iperbolico repulsivo con $N = 1$.

Per comprendere meglio la dinamica sull'insieme di Cantor è utile a questo punto introdurre un'altra importante classe di sistemi dinamici, i cosiddetti *sistemi dinamici simbolici.*

5.6 La dinamica simbolica

Riconsideriamo le successioni con elementi 0 e 1. Denotiamo Σ_2 l'insieme di tutte le successioni s_n i cui elementi assumono solo i valori 0 o 1. I punti di

Σ_2, d'ora in poi denotati $\mathbf{s}$, saranno dunque successioni di elementi 0 e 1. In altre parole:

$$\mathbf{s} \in \Sigma_2 \Longleftrightarrow \{\mathbf{s} = (s_0, s_1, s_2, \ldots) \mid s_j = 0 \text{ o } 1\}$$

Dunque gli elementi di Σ_2 sono le stringhe infinite del tipo 001001111... che abbiamo già considerato sotto l'aspetto probabilistico nel Capitolo 3. Vogliamo ora introdurre una nozione di distanza fra due punti $\mathbf{s}$ e $\mathbf{t}$ di Σ_2. Dati due punti $\mathbf{s}$ e $\mathbf{t}$ in Σ_2, cioè due successioni $\mathbf{s} = (s_0, s_1, s_2, \ldots)$; $\mathbf{t} = (t_0, t_1, t_2, \ldots)$; $s_j = 0, 1$; $t_k = 0, 1$ poniamo la seguente

Definizione 5.6 *Dati* $\mathbf{s}$ *e* $\mathbf{t}$ *in* Σ_2 *la loro* distanza $d(\mathbf{s}, \mathbf{t})$ *è definita nel modo seguente:*

$$d(\mathbf{s}, \mathbf{t}) := \sum_{k=0}^{\infty} \frac{|s_k - t_k|}{2^k} \tag{5.7}$$

Esempio 5.4. (Calcolo di qualche distanza notevole)

1. Sia $\mathbf{s} = (0, 0, 0, \ldots)$, $\mathbf{t} = (1, 1, 1, \ldots)$. Allora:

$$d(\mathbf{s}, \mathbf{t}) = \sum_{k=0}^{\infty} \frac{1}{2^k} = \frac{1}{1 - 1/2} = 2$$

2. Siano $\mathbf{s}$ e $\mathbf{t}$ tali che $s_k = t_k : k = 0, \ldots, N$. Allora $d(\mathbf{s}, \mathbf{t}) \le 2^{-N}$. Infatti:

$$\begin{aligned} d(\mathbf{s}, \mathbf{t}) &= \sum_{k=N+1}^{\infty} \frac{|s_k - t_k|}{2^k} \\ &= \frac{1}{2^{N+1}} \sum_{k=0}^{\infty} \frac{|s_{N+1+k} - t_{N+1+k}|}{2^k} \le \frac{1}{2^{N+1}} \sum_{k=0}^{\infty} \frac{2}{2^k} = \frac{1}{2^N} \end{aligned}$$

Verifichiamo ora che $d(\mathbf{s}, \mathbf{t})$ ha tutte le proprietà che ci si aspettano da una distanza, e cioè la positività (la distanza di ogni punto da un altro qualsiasi deve essere positiva o al più nulla, e quest'ultimo caso deve valere se e solo se i due punti coincidono), la simmetria (la distanza di un punto da un secondo deve essere uguale a quella del secondo dal primo) e la disuguaglianza triangolare (dati tre punti, la distanza fra due qualsiasi di essi non deve superare la somma delle distanze fra loro stessi ed il terzo punto, come avviene per le distanze fra i vertici di un triangolo: la lunghezza di un lato qualsiasi non supera mai la somma delle lunghezze degli altri due). Per di più, Σ_2 è un insieme limitato rispetto a d. Ciò significa che ogni punto di Σ_2 ha distanza finita da qualsiasi altro. Vale infatti la seguente

Proposizione 5.4

1. $d(\mathbf{s}, \mathbf{t}) \ge 0$, $\forall\, (\mathbf{s}, \mathbf{t}) \in \Sigma_2$, *inoltre* $d(\mathbf{s}, \mathbf{t}) = 0$ *se e solo se* $\mathbf{s} = \mathbf{t}$;
2. $d(\mathbf{s}, \mathbf{t}) = d(\mathbf{t}, \mathbf{s})$

3. Vale la disuguaglianza triangolare:

$$d(\mathbf{s},\mathbf{t}) \le d(\mathbf{s},\mathbf{u}) + d(\mathbf{u},\mathbf{t})$$

4. Inoltre la distanza massima fra due punti qualsiasi $\mathbf{s}$ *e* $\mathbf{t}$ *di* Σ_2 *vale* 2.

Dimostrazione: Poiché $|s_k - t_k| \le 1$, $\forall k$, per la definizione (5.7) di distanza si ha subito

$$d(\mathbf{s},\mathbf{t}) \le \sum_{k=0}^{\infty} \frac{1}{2^k} = 2, \quad \forall\, (\mathbf{s},\mathbf{t}) \in \Sigma_2$$

D'altra parte, è ovvio che $d(\mathbf{s},\mathbf{t}) \ge 0 \;\forall\, (\mathbf{s},\mathbf{t}) \in \Sigma_2$, e poiché (5.7) è una serie a termini non negativi si avrà $d(\mathbf{s},\mathbf{t}) = 0$ se e solo se $|s_k - t_k| = 0 \;\forall\, k$ cioè se e solo se $\mathbf{s} = \mathbf{t}$. Infine la disuguaglianza triangolare segue dalla disuguaglianza triangolare numerica: dato che

$$|s_k - t_k| = |s_k - u_k + u_k - t_k| \le |s_k - u_k| + |u_k - t_k|$$

si ha

$$d(\mathbf{s},\mathbf{t}) := \sum_{k=0}^{\infty} \frac{|s_k - t_k|}{2^k} \le \sum_{k=0}^{\infty} \frac{|s_k - u_k|}{2^k} + \sum_{k=0}^{\infty} \frac{|u_k - t_k|}{2^k} = d(\mathbf{s},\mathbf{u}) + d(\mathbf{u},\mathbf{t})$$

e ciò conclude la prova della Proposizione. □

Osservazione 5.9.

1. Poiché la distanza massima fra due punti qualsiasi di Σ_2 vale 2, Σ_2 è un insieme limitato rispetto alla distanza $d(\mathbf{s},\mathbf{t})$.
2. Sulla retta reale definiamo intervallo aperto di centro a e lunghezza $2b$ l'insieme $I_a := \{x \in \mathbb{R} \mid |x - a| < b\}$, $b > 0$. Nel piano cartesiano definiamo analogamente disco aperto di centro $a = (a_1, a_2)$ e raggio r l'insieme $D_A := \{x = (x_1, x_2) \in \mathbb{R}^2 \mid \sqrt{(x_1 - a_1)^2 + (x_2 - a_2)^2} < r\}$; nello spazio $\mathbb{R}^3$ la palla aperta di centro a è l'insieme

$$P_A := \{x = (x_1, x_2, x_3) \in \mathbb{R}^3 \mid \sqrt{(x_1 - a_1)^2 + (x_2 - a_2)^2 + (x_3 - a_3)^2} < R\}.$$

   È dunque naturale definire palla *aperta* di centro a in Σ_2 e raggio R l'insieme:

$$\Pi_a = \{x \in \Sigma_2 \mid d(x,a) < R\}$$

   per un qualche $R > 0$.
3. Abbiamo già visto che se i punti $\mathbf{s}$ e $\mathbf{t}$ in Σ_2 hanno le prime N componenti in comune allora si trovano a distanza non superiore a 2^{-N}. Proviamo che anche il viceversa è vero. Infatti, sia

$$d(\mathbf{s},\mathbf{t}) \le 2^{-N}$$

   D'altra parte si ha

$$d(\mathbf{s},\mathbf{t}) = \sum_{k=0}^{\infty} \frac{|s_k - t_k|}{2^k} = \sum_{k=0}^{N} \frac{|s_k - t_k|}{2^k} + \sum_{k=N+1}^{\infty} \frac{|s_k - t_k|}{2^k}$$

Poiché $d(\mathbf{s},\mathbf{t}) \leq 2^{-N}$, dall'uguaglianza precedente segue subito

$$\frac{|s_k - t_k|}{2^k} \leq 2^{-N}$$

Moltiplicando ambo i membri di quest'ultima per 2^N otteniamo

$$\sum_{k=0}^{N} 2^{N-k}|s_k - t_k| \leq 1$$

Quest'ultima disuguaglianza può sussistere solo se $s_k = t_k$, $k = 0, \ldots, N-1$. Questa caratterizzazione ci dice che due successioni in Σ_2 sono tanto più vicine quanto più numerosi sono i loro primi termini coincidenti.

Introduciamo ora la nozione alla base della dinamica simbolica, che è una particolare applicazione da Σ_2 in sé (la traslazione, o spostamento, di un'unità[7]) che si itera in modo naturale.

Definizione 5.7 *L'applicazione $\sigma : \Sigma_2 \to \Sigma_2$ definita da:*

$$\sigma(\mathbf{s}) = \sigma(s_0, s_1, s_2 \ldots) := (s_1, s_2, s_3 \ldots)$$

si dice traslazione *o* spostamento *unitario.*

Osservazione 5.10.

1. L'azione della funzione σ su $\mathbf{s} = (s_0, s_1, s_2, \ldots)$ è semplicemente la traslazione di un'unità verso sinistra di ciascun elemento della successione, ignorando il primo, cioè s_0. Ad esempio, se $\mathbf{s} = (0, 1, 1, 0, 1, 0, \ldots)$, $\sigma(\mathbf{s}) = (1, 1, 0, 1, 0, \ldots)$.
2. L'azione della mappa $\sigma \circ \sigma := \sigma^2$ sarà lo spostamento di due unità verso sinistra, e chiaramente per ogni $k = 1, 2, 3, \ldots$ si ha

$$\sigma^k(s_0, s_1, s_2, \ldots) = (s_k, s_{k+1}, s_{k+2}, \ldots); \qquad \sigma^0 = Id.$$

   Ad esempio, prendendo ancora $\mathbf{s} = (0, 1, 1, 0, 1, 0, \ldots)$, e $k = 4$, si ha $\sigma^4\mathbf{s} = (1, 0, \ldots)$.

Data una funzione $f : I \subset \mathbb{R} \to \mathbb{R}$, sappiamo che essa si dice *continua* in un punto x interno a I se $|f(x) - f(y)| \to 0$ quando $|x - y| \to 0$, $x, y \in I$. Equivalentemente:

$$\lim_{y \to x} f(y) = f(x)$$

[7] *Unit shift* in inglese.

Una funzione continua in tutti i punti di un intervallo I si dice continua su I. In parole, possiamo dire che una funzione è continua su un intervallo quando la distanza fra i valori assunti in due punti differenti tende a zero al tendere a zero della distanza fra i due punti medesimi. Lo stesso concetto quindi può essere formulato in via del tutto generale una volta che si siano introdotte la nozione di funzione come applicazione fra insiemi ed una nozione di distanza. In altre parole, possiamo porre la seguente

Definizione 5.8 *Data una funzione qualsiasi $f : \Sigma_2 \to \Sigma_2$ diremo che essa è continua se, per ogni coppia di successioni $(\mathbf{s}, \mathbf{t}) \in \Sigma_2$ tali che $d(\mathbf{s}, \mathbf{t}) < \delta$, esiste $\epsilon(\delta) \to 0$ per $\delta \to 0$ tale che*

$$d(f(\mathbf{s}), f(\mathbf{t})) < \epsilon.$$

Osservazione 5.11. Se $f : \Sigma_2 \to \Sigma_2$, l'immagine $f(\mathbf{s})$ dell' elemento $\mathbf{s}$ sarà la successione $f(\mathbf{s}) := f_0(\mathbf{s}), f_1(\mathbf{s}), f_2(\mathbf{s}), \ldots$ con $f_k(\mathbf{s}) = 0, 1\ \forall k$. Allora la condizione $d(f(\mathbf{s}), f(\mathbf{t})) < \epsilon$ si scrive in forma esplicita così:

$$d\left(f(\mathbf{s}), f(\mathbf{t})\right) = \sum_{k=0}^{\infty} \frac{|f_k(\mathbf{s}) - f_k(\mathbf{t})|}{2^k} < \epsilon \tag{5.8}$$

Possiamo quindi formulare la seguente

Proposizione 5.5 *La funzione $\sigma : \Sigma_2 \to \Sigma_2$ è continua.*

Dimostrazione: Dato $\epsilon > 0$ scegliamo N tale che $2^{-N} < \epsilon$, e sia $\delta := 2^{-N-1}$. Se $\mathbf{s} = (s_0, s_1, s_2, \ldots)$, $\mathbf{t} = (t_0, t_1, t_2, \ldots)$ soddisfano la condizione $d(\mathbf{s}, \mathbf{t}) < \delta$, per quanto visto sopra si ha $s_k = t_k$ per $0 \le k \le N$. Dunque i primi $N - 1$ elementi di $\sigma(\mathbf{s})$ e $\sigma(\mathbf{t})$ coincidono. Da ciò segue che $d(\sigma(\mathbf{s}), s(\mathbf{t})) < 2^{-N} \le \epsilon$ e ciò conclude la prova della Proposizione. □

La dinamica discreta generata dall'iterazione di σ ha molti aspetti interessanti. Vediamone alcuni. Anzitutto denotiamo:

1. $\mathrm{Per}_N(\sigma)$ l'insieme dei punti periodici di periodo N per σ, cioè, ricordiamo l'insieme di tutte le successioni $\mathbf{s} = (s_0, s_1, s_2, \ldots)$ tali che $s_{k+N} = s_k\ \forall k$;
2. $\mathrm{Per}(\sigma) := \bigcup_{N=1}^{\infty} \mathrm{Per}_N(\sigma)$ l'insieme di *tutti* i punti periodici di σ, quindi inclusi i punti fissi.

Allora si ha

Proposizione 5.6

1. $\mathrm{Per}_N(\sigma)$ contiene esattamente 2^N punti (cioè ci sono esattamente 2^N successioni di elementi $0, 1$ periodiche di periodo N).
2. L'insieme di tutti i punti periodici $\mathrm{Per}(\sigma)$ è denso in Σ_2;
3. σ ammette un'orbita densa in Σ_2, cioè esiste almeno un punto $\mathbf{r} \in \Sigma_2$ tale che l'insieme formato dai punti $\{\sigma^k \mathbf{r} : k = 0, 1, 2, \ldots\}$ è denso in Σ_2.

Osservazione 5.12. Ricordiamo che, dato un insieme $\mathcal{A}$ munito di una nozione di distanza fra i suoi punti, un suo sottoinsieme $\mathcal{B}$ si dice denso in $\mathcal{A}$ se dato un qualsiasi punto di $\mathcal{A}$ esiste un punto di $\mathcal{B}$ a distanza arbitrariamente piccola da esso. Ad esempio, l'insieme $\mathbb{Q}$ dei numeri razionali è denso nell'insieme $\mathbb{R}$ dei numeri reali perché dato un numero reale qualsiasi esiste sempre una successione di numeri razionali che converge ad esso. Nel caso in esame, l'insieme è Σ_2, e la distanza è definita dalla (5.7). Quindi la densità di $\mathrm{Per}(\sigma)$ significa che $\forall\, \mathbf{s} \in \Sigma_2$, e $\forall\, \epsilon > 0$, esiste $\mathbf{t} \in \mathrm{Per}(\sigma)$ tale che $d(\mathbf{s}, \mathbf{t}) < \epsilon$; allo stesso modo, dire che l'orbita è densa significa dire che dato un punto qualsiasi di Σ_2 esiste almeno un punto dell'orbita a distanza arbitrariamente piccola da esso; in formule, $\forall\, \mathbf{s} \in \Sigma_2$, e $\forall\, \epsilon > 0$, esiste almeno un $p \in \mathbb{N}$ tale che $d(\mathbf{s}, \sigma^p \mathbf{r}) < \epsilon$.

Dimostrazione:I punti periodici di periodo N sono successioni che devono ripetersi nel modo seguente: $\mathbf{s} = (s_0, s_1, \ldots, s_{N-1}; s_0, s_1, \ldots, s_{N-1}; \ldots)$ e quindi ce ne sono 2^N in corrispondenza alle 2^N differenti stringhe di lunghezza N composte dagli elementi $0, 1$. Ciò prova il punto 1. Per dimostrare la seconda affermazione, dato un punto qualsiasi $\mathbf{s} = (s_0, s_1, s_2, \ldots) \in \Sigma_2$ dobbiamo costruire una successione di punti appartenenti a $\mathrm{Per}(\sigma)$ che vi converga. Per ogni n costruiamo una successione i cui primi n elementi coincidono con i primi n elementi della successione data e poi la prolunghiamo periodicamente.Definiamo a tale scopo la successione $\mathbf{t}^{(n)} \in \mathrm{Per}(\sigma)$ nel modo seguente:

$$\mathbf{t}^{(n)} := (s_0, \ldots, s_{n-1}; s_0, \ldots, s_{n-1}; \ldots)$$

e facciamo vedere che $\lim_{n\to\infty} \mathbf{t}^{(n)} = \mathbf{s}$. In altre parole, per l'espressione esplicita (5.8) dobbiamo far vedere quanto segue:

$$\lim_{n\to\infty} \sum_{k=0}^{\infty} \frac{|\mathbf{t}_k^{(n)} s_k|}{2^k} = 0.$$

Poiché i primi n elementi di $\mathbf{s}$ e $\mathbf{t}_n$ coincidono sappiamo che $d(\mathbf{s}, \mathbf{t}_n) < 2^{-n}$; facendo $n \to \infty$ otteniamo il risultato. Per provare l'ultima affermazione dobbiamo ancora approssimare un arbitrario $\mathbf{s}$ con una successione, stavolta però appartenente ad un'unica orbita. A tale scopo, consideriamo il seguente dato iniziale

$$\mathbf{u} = (01 \mid 00\ 01\ 10\ 11 \mid 000\ 001\ 010\ \ldots)$$

che viene costruito mettendo in fila l'uno dopo l'altro prima tutte le possibili stringhe di 1 elemento, poi di 2 elementi, poi di 3 elementi, ecc. È chiaro che un qualche iterato di $\mathbf{u}$ genererà una successione che coincide con ogni successione data in un numero arbitrariamente grande di elementi, da cui la densità. Ciò conclude la prova della proposizione. □

Vediamo ora come la dinamica simbolica rappresenti un utile strumento per lo studio dei sistemi dinamici generati dall'iterazioni di mappe sull'intervallo.

5.7 Mappe espandenti sulla circonferenza

In questo paragrafo considereremo un sistema dinamico discreto sulla circonferenza ed esploreremo la dinamica simbolica associata.

Qui x denoterà un punto arbitrario della circonferenza S^1, che assumeremo avere lunghezza unitaria. Definiamo ora la *mappa espandente* $E_2(x) = 2x \mod 1$, dove l'operazione $\mod 1$ corrisponde a considerare la dinamica sulla circonferenza unitaria e non sulla retta reale.

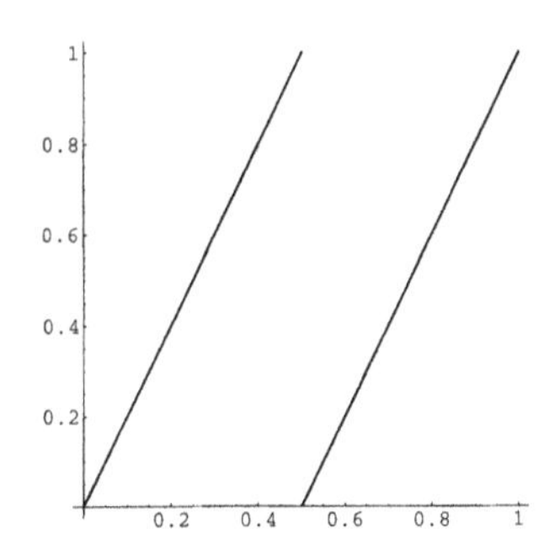

Fig. 5.9. Grafico della mappa $E_2(x)$

Ad esempio, se $x = 0.3$, la sua orbita sarà descritta dai seguenti punti sulla circonferenza: $x_0 = 0.3, x_1 = E_2 x_0 = 0.6, x_2 = 0.2, x_3 = 0.4, x_4 = 0.8, x_5 = 0.6, \ldots$. Osservando il grafico della mappa E_2 (fig. 5.9) è facile rendersi conto delle seguenti proprietà:

1. La mappa E_2 è suriettiva sulla circonferenza ed ogni punto $0 \neq y \in S^1$ ha esattamente due preimmagini che si trovano a sinistra e a destra del punto $x = 1/2$ rispettivamente
2. Sia $I_0 = [0, 1/2[$ e $I_1 = [1/2, 1[$, $S^1 = I_0 \cup I_1$. E_2 ristretta a ciascuno di questi due intervalli è iniettiva e suriettiva sulla circonferenza: $E_2(I_0) = E_2(I_1) = S^1$
3. La mappa E_2 è derivabile ovunque e la sua derivata prima è costante: $E_2' = 2$. Questo significa che se J è un sottointervallo di lunghezza $|J| = \epsilon$ interamente contenuto in I_0 o in I_1, allora la sua immagine sarà un intervallo di lunghezza doppia: $|E_2(J)| = 2\epsilon$. Questa semplice osservazione giustifica il nome di *mappa espandente* precedentemente usato.
4. Per un qualsiasi intervallo $J \subset S^1$ si ha:

$$|E_2^{-1}(J)| = |J|, \tag{5.9}$$

dove, ricordiamo

$$E_2^{-1}(J) := \{x : E_2(x) \in J\}.$$

Questa proprietà si esprime dicendo che il sistema dinamico corrispondente *conserva la lunghezza d'arco sulla circon ferenza.* Equivalentemente diremo che la la lunghezza d'arco è una *lunghezza invariante* per il sistema dinamico generato dall'iterazione E_2.

Questo sistema dinamico, pur nella sua semplicità, rappresenta come vedremo un esempio di sistema che potremmo definire *completamente caotico.* Cerchiamo ora di essere più precisi e mostriamo come una opportuna *codifica* delle orbite ci permette di svelare completamente tutte le proprietà della dinamica.

Osservazione 5.13. La mappa E_2 puó essere immediatamente generalizzata ad una classe piú ampia di mappe espandenti sulla circonferenza che godono, come vedremo brevemente più avanti, di proprietà analoghe alla mappa qui considerata. Più precisamente, dato un numero $k \in \mathbb{N}$ intero e positivo, definiamo la *mappa espandente di grado* k, la mappa E_k sulla circonferenza definita nel modo seguente: $E_k(x) = kx \bmod 1$.

Esercizio 5.6. Generalizzare le proprietà di E_2 precedentemente elencate al caso della mappa E_k, con $k > 2$, numero intero.

Definiamo ora una *codifica* naturale delle orbite, usando la *partizione* della circonferenza $S^1 = I_0 \cup I_1$ precedentemente definita: ad ogni punto $x \in S^1$ associamo una stringa infinita di 0 e 1 ottenuta *registrando* l'intervallo della partizione I_0, I_1 visitato ad ogni istante dall'orbita. Formalizziamo questa costruzione.

Definizione 5.9 *Denoteremo* ϕ *la mappa dalla circonferenza* S^1 *nello spazio* Σ_2 *delle successioni infinite di* 0 *e* 1 *definita tramite la legge:*

$$\phi : S^1 \to \Sigma_2, \qquad \phi(x) = (\omega_0, \omega_1, \omega_2, \dots)$$

dove,

$$E_2^k(x) \in I_{\omega_k}; \quad I_{\omega_k} := \begin{cases} I_0 & \text{se} \quad \omega_k = 0 \\ I_1 & \text{se} \quad \omega_k = 1 \end{cases}$$

La successione $\phi(x)$ *è detta successione simbolica o codifica simbolica associata al punto* x.

Nell'esempio che qui stiamo trattando esiste un'interpretazione immediata della successione simbolica associata ad un dato $x \in S^1$.

Proposizione 5.7 *Sia* $x \in S^1$. *Allora la sua rappresentazione binaria coincide con la successione simbolica associata alla sua orbita definita dalla dinamica* E_2*:*

$$x = \sum_{k \geq 0} 2^{-(k+1)} \omega_k \Longleftrightarrow E_2^k(x) \in I_{\omega_k}, i.e. \phi(x) = \omega \tag{5.10}$$

Inoltre, denotando con σ la traslazione su Σ_2:

$$\phi(E_2^k(x)) = \sigma^k(\phi(x)) \tag{5.11}$$

Quest'ultima Proposizione segue immediatamente dal fatto che se

$$x = \sum_{k\geq 0} 2^{-(k+1)}\omega_k$$

allora $x \in I_{\omega_0}$ ed $2x = \sum_{k\geq 0} 2^{-k}\omega_k$; quindi $2x \bmod 1 = \sum_{k\geq 1} 2^{-k}\omega_k$. In particolare $E_2(x) \in I_{\omega_1} = I_{(\sigma(\omega))_0}$. La dimostrazione si completa infine con una semplice applicazione del principio di induzione.

Vediamo ora di interpretare *dinamicamente* l'equazione (5.11): essa ci dice che mediante la codifica ottenuta associando ad un dato punto iniziale la successione binaria infinita associata alla sua espressione in base 2, l'evoluzione nel futuro del punto indotta dalla mappa E_2 equivale, a livello della successione simbolica, alla semplice traslazione σ e viceversa. Equivalentemente, il *seguente diagramma commuta:*

$$\begin{array}{ccc} S^1 & \xrightarrow{E_2} & S^1 \\ \phi\downarrow & & \uparrow\phi^{-1} \\ \Sigma_2 & \xrightarrow{\sigma} & \Sigma_2 \end{array}$$

Se si esclude l'insieme dei punti della circonferenza che non hanno un'unico sviluppo binario, la mappa ϕ è iniettiva e suriettiva[8]. Inoltre, considerando Σ_2 con la metrica d precedentemente definita, ϕ è in effetti una mappa continua. Questo rappresenta un primo esempio di una cosiddetta *coniugazione topologica*, vale a dire una mappa suriettiva continua, con inversa continua (omeomorfismo) che rende *equivalenti* due sistemi dinamici diversi, in questo caso (S^1, E_2) e (Σ_2, σ).

E' possibile ora usare le proprietà delle orbite di σ per ottenere immediatamente delle informazioni non banali sulle orbite di E_2:

Proposizione 5.8 *Dato $n \in \mathbb{N}$, sia P_n l'insieme delle orbite periodiche di periodo n, vale a dire:*

$$P_n = \left\{x \in S^1 \, : \, E_2^n(x) = x\right\}.$$

1. *P_n ha cardinalità 2^n*
2. *L'insieme delle orbite periodiche di E_2 è denso sulla circonferenza: $(\cup_{n\geq 1} P_n)^{-} = S^1$, dove $\bar{A}$ indica la chiusura dell'insieme A.*
3. *Esistono punti $x \in S^1$ che hanno un'orbita non periodica e densa sulla circonferenza.*

[8] L'insieme dei punti sui quali ϕ non è unicamente definita è un insieme numerabile e quindi di "misura" (lunghezza) zero. Per questo motivo lo trascuriamo.

Dimostrazione: La mappa ϕ realizza una corrispondenza biunivoca fra le orbite periodiche della dinamica E_2 e le successioni periodiche binarie. Poiché per ogni dato $n \geq 1$ esistono esattamente 2^n successioni binarie di periodo n, si ha immediatamente $|P_n| = 2^n$. Il resto della dimostrazione segue ora dalla Proposizione 5.6 e dal fatto che essendo ϕ continua, essa trasforma insiemi densi in insiemi densi. □

Esercizio 5.7. Dimostrare che una funzione continua definita su due spazi *compatti* trasforma insiemi densi in insiemi densi.

Esercizio 5.8. Determinare tutte le orbite periodiche di periodo 5.

Esercizio 5.9. Dato un intero $k > 2$, sia $E_k(x)$ la mappa sulla circonferenza definita da:

$$E_k(x) = kx \mod 1.$$

Estendere a questa mappa le costruzioni e i risultati precedentemente esposti.

Vediamo ora come la mappa espandente E_2, pur essendo *deterministica*, contiene interessanti aspetti *probabilistici.*

Essenzialmente, i risultati appena visti affermano che la traiettoria di un punto iniziale x *estratto a caso* (cioè con distribuzione di probabilità uniforme) in S^1 genera una successione di 0 e 1 *indistinguibile* da una succes sione ottenuta, ad esempio, tramite infiniti lanci di una moneta non truccata. In generale, la tecnica di *codificare* le orbite di un sistema dinamico attraverso successioni infinite costruite con lettere prese da un alfabeto finito [9] costituisce un importante strumento di indagine per comprendere il comportamento *statistico* delle orbite. Vale a dire, per comprendere non tanto il comportamento delle singole orbite, ma il *tipico* comportamento che potremmo aspettarci da un'orbita pescata *a caso* fra le innumerevoli orbite generate dal sistema dinamico.

È importante anche sottolineare come questi aspetti *quasi aleatori* presenti in semplici sistemi dinamici deterministici, come quello appena studiato, vengono al giorno d'oggi utilizzati per *generare* al calcolatore, attraverso leggi deterministiche che come tali permettono il calcolo esplicito, successioni *aleatorie*[10] di numeri.

Un esempio che ci aiuta a comprendere meglio le affermazioni precedenti è il camino aleatorio del canguro ubriaco studiato nel capitolo 3. Ritorniamo ora alla mappa logistica e vediamo meglio come i concetti di dinamica simbolica e coniugazione topologica possano essere usati nella comprensione della mappa, almeno per i valori del parametro μ maggiori o uguali a 4. In particolare

[9] Solitamente attraverso generalizzazioni della *partizione* $[0, 1/2[\cup[1/2, 1[$ ora considerata.

[10] Più precisamente: *quasi-aleatorie.*

dimostreremo che f_μ, per $\mu = 4$ è in effetti topologicamente coniugata alla mappa E_2 appena studiata (esercizio 5.11).

5.8 Mappa logistica sull'insieme di Cantor e dinamica simbolica

In questo paragrafo faremo vedere che l'azione della mappa $f_\mu, \mu > 4$ sull' insieme di Cantor Λ è identica all'azione di σ su Σ_2. Per far ciò dobbiamo introdurre la nozione di dinamica simbolica, e poi sfruttare una nozione matematica molto generale, l'omeomorfismo, di cui ricordiamo la definizione e che abbiamo già usato nella sezione precedente.

Definizione 5.10 *Dati due insiemi A e B sui quali sono definite operazioni di composizione interna, diremo che l'applicazione h definisce un omeomorfismo h fra A e B se:*

1. *h è iniettiva;*
2. *h conserva le operazioni, cioè se l'immagine attraverso h della composizione di due elementi in A è l'operazione di composizione in B che agisce sugli elementi immagine.*

Esempio 5.5. L'esponenziale $x \mapsto e^x$ definisce un omeomorfismo fra la retta reale $\mathbb{R}$ e la semiretta reale positiva $\mathbb{R}_+$ che trasforma l'addizione in moltiplicazione: l'applicazione $x \mapsto e^{-x}$ è infatti iniettiva, e per di più il corrispondente dell'elemento $x + y$ è l'elemento $e^{x+y} = e^x \cdot e^y$.

Per applicare questo concetto alla mappa logistica, cominciamo col ricordare che $\Lambda \subset I_0 \cup I_1$. Se $x \in \Lambda$, tutti i punti della sua orbita appartengono a Λ e quindi appartengono a I_0 oppure a I_1 dato che questi due intervalli sono disgiunti.

Definizione 5.11 *Sia f_μ la mappa logistica. Si dice* itinerario *del punto iniziale x la successione $S(x) = (s_0, s_1, s_2, \dots)$ definita nel modo seguente*

$$s_k = \begin{cases} 0 & \text{se} \quad f_\mu^k(x) \in I_0 \\ 1 & \text{se} \quad f_\mu^k(x) \in I_1 \end{cases} \tag{5.12}$$

Osservazione 5.14. L'azione di S stabilisce un'applicazione fra Λ e Σ_2 in più di un modo analoga alla decomposizione binaria di un numero reale. Infatti, tanto per cominciare, ad ogni traiettoria, che ha sempre luogo in Λ se il punto iniziale vi appartiene, viene associata una successione di 0 e 1, cioè di due simboli. Le domande da porsi sono:

1. L'applicazione S sarà una codificazione? In altre parole, ci sarà una corrispondenza biunivoca fra gli elementi di Λ e quelli di Σ_2 (simile a quella fra numeri frazionari e loro sviluppi binari, oppure a quella vista per E_2)?

2. L'applicazione S sarà continua, cioè manderà elementi "vicini" in Λ in elementi vicini in Σ_2?
3. Sarà possibile codificare anche in Σ_2 l'azione della dinamica discreta generata dall'iterazione di f_μ su Λ? In altre parole, quale sarà l'immagine in Σ_2 della dinamica discreta su Λ? Essa sarà una dinamica nello spazio dei simboli, e pertanto verrà detta *dinamica simbolica.* L'idea è che la dinamica simbolica sia assai più facile da descrivere di quella originale, e quindi permetta di capire quest'ultima se la "codificazione" nello spazio Σ_2 è fedele.

A queste domande dà risposta il seguente

Teorema 5.1 *Se $\mu > 2 + \sqrt{5}$ allora l'applicazione $S : \Lambda \to \Sigma_2$ è un omeomorfismo topologico che coniuga la dinamica discreta definita dall'iterazione di f_μ su Λ con la dinamica definita dall'iterazione di σ su Σ_2.*

Osservazione 5.15.

1. In questo caso dire che S è un omeomorfismo topologico significa semplicemente che S gode delle seguenti proprietà:
   1. S è un'applicazione iniettiva;
   2. S è continua assieme a S^{-1}. La continuità di S significa che se $(x, y) \in \Lambda$ sono tali che $|x - y| < \epsilon$ allora esiste $\delta(\epsilon) \to 0$ per $\epsilon \to 0$ tale che $d(S(x), S(y)) < \delta(\epsilon)$, dove d è definita dalla (5.7). La continuità di S^{-1} significa che se $(\mathbf{s}, \mathbf{t}) \in \Sigma_2$ sono tali che $d(\mathbf{s}, \mathbf{t}) < \epsilon$, allora esiste $\delta(\epsilon) \to 0$ per $\epsilon \to 0$ tale che $|x - y| < \delta(\epsilon)$ dove $x = S^{-1}(\mathbf{s})$ e $y = S^{-1}(\mathbf{t})$.
2. La dinamica discreta definita dall'iterazione di f su Λ e quella definita dall'iterazione di σ su Σ_2 si dicono coniugate (o topologicamente coniugate) se
$$S \circ f_\mu = \sigma \circ S \tag{5.13}$$
cioè se l'azione della dinamica commuta con l'omeomorfismo. In altre parole, scrivendo la (5.13) più esplicitamente, le due dinamiche sono coniugate se
$$S(f_\mu(x)) = \sigma\,(S(x)) \tag{5.14}$$
da cui $S(f_\mu^k(x)) = \sigma^k\,(S(x))$, $k = 1, 2, \ldots$. In altre parole: le due dinamiche sono coniugate dall'omeomorfismo S se le orbite di f_μ in Λ di punto iniziale x sono mandate nelle orbite di σ in Σ_2 di punto iniziale $S(x)$.
3. Due modi equivalenti di riscrivere la (5.13) sono
$$f_\mu = S^{-1} \circ \sigma \circ S; \qquad S \circ f_\mu \circ S^{-1} = \sigma \tag{5.15}$$
e cioè, esplicitamente:
$$f_\mu(x) = S^{-1}(\sigma S(x)), \qquad \sigma S(x) = S(f_\mu(S^{-1}(x))$$

Dimostrazione: È riportata in Appendice per completezza, essendo piuttosto complicata. □

Se ad esempio riconsideriamo l'omeomorfismo fra $(\mathbb{R};+)$ e $(\mathbb{R}_+,\times)$ definito dall'applicazione esponenziale $h := x \mapsto e^x$, e definiamo su $\mathbb{R}$ la traslazione $T_\alpha := x+\alpha$, l'operazione su $\mathbb{R}_+$ topologicamente coniugata a T_α è la moltiplicazione $R_\alpha := e^x \mapsto e^{\alpha+x}$.

In generale si pone la definizione seguente:

Definizione 5.12 *Siano $f : A \to A$ e $g : B \to B$ due applicazioni. Diremo che f e g sono (topologicamente) coniugate se esiste un omeomorfismo topologico $h : A \leftrightarrow B$ tale che $h \circ f = g \circ h$, cioè $h(f(x)) = g(h(x))$.*

Esercizio 5.10. Dimostrare che la coniugazione topologica gode delle proprietà di
1. Identità: f è topologicamente coniugata con sé stessa;
2. Riflessività: se f è topologicamente coniugata a g, g è topologicamente coniugata a f;
2. Transitività: se f è topologicamente coniugata a g, e g è topologicamente coniugata a h, f è topologicamente coniugata a h.

Esempio 5.6. Sia $Q_c := x^2+c$, $x \in \mathbb{R}$. Facciamo vedere che, se $c < \frac{1}{4}$, Q_c è (topologicamente) coniugata alla mappa logistica $\mu x(1-x)$ per un ben determinato $\mu > 1$ tramite l'omeomorfismo lineare di $\mathbb{R}$: $h(x) = \alpha x + \beta$.

Infatti la condizione $Q_c(h(x)) = h(\mu x(1-x))$ si scrive esplicitamente così:

$$(\alpha x+\beta)^2+c = \alpha\mu x(1-\mu x)+\beta \Longrightarrow \alpha^2x^2+2\alpha\beta x+\beta^2+c = \alpha\mu x-\alpha\mu^2x^2+\beta$$

da cui, per il principio di identità dei polinomi:

$$\alpha^2 = -\alpha\mu^2; \quad 2\alpha\beta = \alpha\mu; \quad \beta^2+c=\beta$$

Poiché μ deve essere reale dovremo scegliere $\alpha < 0$. Allora si trova $\mu^2 = |\alpha|$, $\beta = \mu/2$, e $|\alpha|$ medesimo è determinato dalla terza condizione, che genera l'equazione di secondo grado $(\mu/2)^2 - \mu/2 + c = 0$. Questa equazione deve avere radici reali affinché h sia un omeomorfismo di $\mathbb{R}$. La condizione affinché le abbia è appunto $1-4c > 0$ da cui $c < \frac{1}{4}$.

Osservazione 5.16. Applicazioni (topologicamente) coniugate generano tramite iterazione dinamiche discrete completamente equivalenti. Ad esempio:

1. Se f è (topologicamente) coniugata a g tramite l'omeomorfismo h, e p è un punto fisso di f, allora $h(p)$ è un punto fisso di g. Infatti se $f(p) = p$, allora $g(h(p)) = h(p)$ perché $h(f(x)) = g(h(x))$.

2. Allo stesso modo h mette in corrispondenza biunivoca $\mathrm{Per}_n(f)$ e $\mathrm{Per}_n(g)$, e quindi anche $\mathrm{Per}(f)$ e $\mathrm{Per}(g)$.
3. Punti successivamente periodici e orbite asintotiche di f vengono trasformati da h in punti successivamente periodici e orbite asintotiche di g.

In particolare, dato che la mappa logistica f_μ è (topologicamente) coniugata alla traslazione di un posto σ, possiamo immediatamente concludere che f_μ gode delle sorprendenti proprietà dimostrate così agevolmente per σ. In altre parole, vale il seguente

Teorema 5.2 *Sia* $f_\mu(x) = \mu x(1-x)$, $\mu > 2+\sqrt{5}$, $x \in [0,1]$. *Allora*

1. *L'insieme* $\mathrm{Per}_n(f_\mu)$ *contiene esattamente* 2^n *punti;*
2. *L'insieme* $\mathrm{Per}(f_\mu)$ *è denso in* Λ*;*
3. f_μ *ammette un'orbita densa in* Λ.

Osservazione 5.17.

1. Le medesime affermazioni del teorema valgono anche per la mappa Q_c su $\mathbb{R}$, $c < 1/4$, perché essa è topologicamente coniugata alla mappa logistica tramite l'omeomorfismo lineare $h(x)$.
2. Questo teorema mette in chiaro la potenza della dinamica simbolica; più in generale, fa vedere come un problema apparentemente impossibile da affrontare diventa quasi banale se affrontato nelle coordinate "giuste". Naturalmente la difficoltà viene spostata nella ricerca di queste coordinate, cioè nella costruzione dell'omeomorfismo h.

5.9 Dipendenza delicata dalle condizioni iniziali. Caos

La mappa quadratica mette in luce in maniera stupefacentemente chiara un fenomeno molto importante e a tutt'oggi dimostrato rigorosamente solo in una piccola frazione dei casi nei quali si manifesta numericamente[11], cioè la dipendenza estremamente delicata della dinamica dalle condizioni iniziali. Ci sono molte definizioni possibili di comportamento caotico, o caos, nell'evoluzione dinamica, la cui origine sta appunto nella dipendenza delicata dalle condizioni iniziali. Qui, non potendo ancora fare uso di concetti di teoria della misura o di teoria della probabilità come in teoria ergodica, si seguirà un punto di vista *topologico*. Cominciamo con la seguente definizione:

[11] La comprensione di questo fenomeno non è ancora completa anche se i concetti fondamentali che definiscono il comportamento caotico e l'isolamento del meccanismo che lo determina risalgono a più di un secolo fa, e precisamente all'opera di Henri Poincaré (Nancy 1854-Parigi 1912), Professore di Fisica matematica alla Sorbona a Parigi. Poincaré fu anche un grandissimo epistemologo. È vivamente consigliata la lettura dei suoi libri *La scienza e l'ipotesi*, *Il valore della scienza* e *La scienza e il metodo*, scritti in uno stile quanto mai accessibile.

Definizione 5.13 *La funzione $f : J \to J$ si dice (topologicamente) transitiva se per ogni coppia di insiemi aperti $U \subset J$, $V \subset J$ esiste $k > 0$ tale che $f^k(U) \cap V \neq \emptyset$.*

Intuitivamente, una mappa topologicamente transitiva è fatta in modo tale che il fascio di orbite che escono da un intorno arbitrariamente piccolo prima o poi visita *qualsiasi* altro intorno, cioè ha intersezione non vuota con quest'ultimo. Si noti che:

1. Se una mappa ammette due insiemi invarianti disgiunti *non può essere* topologicamente transitiva, perché le orbite che hanno origine nel primo insieme, dovendo rimanervi, non potranno mai raggiungere il secondo e viceversa.
2. Ugualmente, se la mappa ammette solo orbite periodiche dello stesso periodo *non può essere* topologicamente transitiva, perché si può dimostrare che nessun fascio diverso dall'insieme stesso potrà visitare l'intero insieme se il periodo è il medesimo per ogni condizione iniziale;
3. Se invece la mappa ammette anche una sola orbita densa chiaramente è topologicamente transitiva. Infatti la densità implica che ogni aperto contiene almeno un punto dell'orbita, e quindi, ancora per la densità, il fascio di orbite che escono da ogni aperto prima o poi visiterà qualsiasi altro aperto.

Il concetto successivo è quello di *dipendenza delicata*[12] dalle condizioni iniziali.

Definizione 5.14

1. *Si dice cha la dinamica generata dall'iterazione di $f : J \to I$ ha* dipendenza delicata *dalle condizioni iniziali quando esiste $\delta > 0$ tale che, per ogni $x \in J$ e ogni intorno $\mathcal{N}$ di x, esistono $y \in \mathcal{N}$ e $n > 0$ tali che $|f^n(x) - f^n(y)| > \delta$.*
2. *Si dice che la dinamica generata dall'iterazione di $f : J \to I$ è* espansiva *se esiste $\nu > 0$ tale che, per ogni $x, y \in J, x \neq y$, esiste n tale che $|f^n(x) - f^n(y)| > \nu$.*

Osservazione 5.18.

1. Si noti che la nozione di espansività è strettamente più forte di quella di dipendenza delicata dalle condizioni iniziali. Infatti in questo caso, fissato un dato iniziale, *tutti* i punti iniziali arbitrariamente vicini se ne allontaneranno al trascorrere del tempo discreto n. Affinché si verifichi la dipendenza delicata invece è sufficiente che esista anche un solo dato iniziale in ogni intorno di x che se ne allontana al trascorrere del tempo.

[12] Ci permettiamo di proporre questa traduzione dell'espressione inglese *sensitive dependence on initial conditions*, perché la traduzione consueta, dipendenza sensibile, ci sembra un esempio dei disgustosi anglicismi che ogni giorno di più funestano l'italiano.

2. La dipendenza delicata dalle condizioni iniziali esclude nel modo più assoluto la stabilità. Infatti, scelto a piacere il punto iniziale x, esistono punti arbitrariamente vicino a lui che prima o poi se ne allontanano di almeno δ, e quindi sicuramente la condizione iniziale x non è stabile. Si noti ancora una volta che *non tutti* i punti vicini ad x devono separarsi da lui in seguito alla dinamica discreta, ma ce ne deve essere almeno uno *in ogni* intorno di x.
   Un'osservazione molto importante sul piano concettuale, e forse ancor più sul piano concreto, è la seguente:
   se una mappa possiede la proprietà della dipendenza delicata dalle condizioni iniziali la dinamica da essa generata non è in pratica calcolabile numericamente.
   Infatti gli arrotondamenti introdotti necessariamente dal calcolatore vengono amplificati in modo arbitrariamente grande dall'iterazione. In altre parole, se lavoriamo ad esempio con 16 cifre esatte il calcolatore assumerà uguali due numeri che differiscono solo per la 17-sima cifra decimale. Quindi se eseguiamo l'iterazione di ambedue tramite il calcolo numerico otterremo la medesima traiettoria; tuttavia può essere benissimo, se la dinamica è caotica, che le loro traiettorie *vere* siano totalmente differenti. La stessa cosa succederà se invece di 16 cifre esatte lavoriamo con 32, ecc. Non possiamo sfuggire da questo problema perché la precisione dei calcoli impostabili su *qualsiasi* calcolatore rimane finita. La conclusione è la seguente: pur essendo il sistema completamente deterministico, nel senso che l'evoluzione dinamica di ogni assegnato dato iniziale è in linea di principio univocamente determinata, la dinamica stessa può risultare così complicata nella sua dipendenza dalle condizioni iniziali che le sole previsioni possibili per l'andamento a tempi lunghi (cioè per $n \to \infty$) sono quelle basate sui metodi probabilistici. A questo fenomeno si dà il nome di *impredicibilità.*
   (Osservazione importante per chi studierà in futuro la meccanica quantistica: questo fenomeno non va assolutamente confuso con l'indeterminismo intrinseco nella meccanica quantistica).

Esempio 5.7. La mappa logistica $f_\mu(x) = \mu x(1-x)$ con $\mu > 2+\sqrt{5}$ dipende in maniera delicata dalle condizioni iniziali su Λ. Infatti si scelga δ minore della lunghezza $\sqrt{1-\frac{4}{\mu}}$ di A_0, dove A_0 è l'apertura fra gli intervalli I_0 e I_1 (si ricordino le formule (5.5,5.6) nella dimostrazione del Teorema 5.3). Siano $(x,y) \in \Lambda$ con $x \neq y$. Allora $S(x) \neq S(y)$, e quindi gli itinerari di x e y devono essere differenti in almeno un posto, ad esempio l'n-esimo. Se così è, però, $f_\mu^n(x)$ e $f_\mu^n(y)$ devono trovarsi da parti opposte rispetto ad A_0, cosicché

$$|f_\mu^n(x) - f_\mu^n(y)| > \frac{1}{3} = l(A_0) > \delta$$

(in altre parole: all'istante n la dinamica ha fatto evolvere le due condizioni iniziali in modo da trovarsi da parti opposte dell'intervallo centrale) e questo prova la dipendenza delicata dalle condizioni iniziali.

Esempio 5.8. La rotazione della circonferenza di angolo irrazionale della Definizione (4.6) genera una dinamica discreta topologicamente transitiva, dato che ogni orbita è densa, ma la sua dipendenza dalle condizioni iniziali non è delicata: trattandosi di una traslazione, due condizioni iniziali separate da una certa distanza angolare rimangono alla medesima distanza ad ogni iterazione:

$$T_\lambda^n(\theta_1) - T_\lambda^n(\theta_2) = \theta_1 + n\lambda - \theta_2 n\lambda = \theta_1 - \theta_2.$$

Siamo ora in grado di dare la definizione di dinamica discreta caotica generata dall'iterazione di una mappa o, per abbreviare, la definizione di mappa caotica.

Definizione 5.15 *Sia $V \subset \mathbb{R}$ un intervallo chiuso. La mappa $f : V \to V$ si dice* caotica *se gode delle seguenti tre proprietà:*

1. *f ha una dipendenza delicata dalle condizioni iniziali;*
2. *f è topologicamente transitiva;*
3. *I punti periodici di f sono densi in V.*

Osservazione 5.19.

1. Questa definizione continua a valere senza alcuna variazione nel caso in cui V sia un insieme arbitrario nel quale sia definita una distanza, e f una mappa da V in sè.
2. Secondo questa definizione gli ingredienti per fabbricare una mappa caotica sono tre: l'impredicibilità, l'indecomponibilità, ed un elemento di regolarità. L'impredicibilità è una conseguenza diretta, come abbiamo visto, della dipendenza delicata dalle condizioni iniziali. La transitività topologica impedisce alla dinamica di essere decomposta in sottoinsiemi invarianti più semplici dai quali non esce. In altre parole, un sistema caotico è *indecomponibile.* Infine esiste anche un elemento di regolarità in mezzo a tutto questo comportamento casuale, e cioè la presenza di un insieme denso di punti periodici.
3. *(Per chi riprenderà in mano queste note dopo avere proseguito negli studi di matematica).* Questi tre ingredienti sono definibili per sistemi ben più generali e importanti delle mappe, ad esempio le equazioni differenziali generate dalle leggi della meccanica. Le mappe unidimensionali non lineari sono gli esempi più semplici dove queste definizioni possono essere riscontrate, e servono come utile modello per il comportamento caotico dei sistemi fisici veri che sono molto più complicati.

Esempio 5.9.

1. La mappa $E_2 : S^1 \to S^1$ definita da $E_2(\theta) := 2\theta$, già considerata nell'esempio 4.3, è caotica. Infatti: la distanza angolare fra due punti iniziali si raddoppia ad ogni iterazione. Pertanto E_2 è espansiva ed in particolare gode della proprietà della dipendenza delicata dalle condizioni iniziali. La transitività topologica è anch'essa conseguenza dell'espansività: ogni arco in S^1 di ampiezza arbitrariamente piccola viene prima o poi amplificato da una qualche f^k in modo da coprire tutto S^1 e quindi in particolare ogni altro arco in S^1. Infine abbiamo visto nell'esempio 4.4, n.4, che l'insieme dei punti periodici della mappa $\theta \mapsto 2\theta$ è denso, e quindi la mappa è caotica.
2. La famiglia delle mappe logistiche $f_\mu(x) = \mu x(1-x)$ è caotica per $\mu > 2+\sqrt{5}$.

Il secondo esempio ha una marcata differenza dal primo: il comportamento caotico non avviene per qualsiasi scelta dei dati iniziali, ma solo se questi ultimi vengono scelti in un opportuno e *piccolo* sottoinsieme del dominio $I = [0,1]$, cioè l'insieme di Cantor Λ.

Facciamo tuttavia vedere che per il valore particolare $\mu = 4$ la mappa logistica è in effetti caotica su tutto $[0,1]$.

Esercizio 5.11. Si dimostri che $f_4(x) := 4x(1-x)$ è caotica sull'intervallo $I = [0,1]$.

Soluzione. Usiamo ancora lo strumento della coniugazione. Sia ancora $g(\theta) := \theta \mapsto 2\theta$ la mappa di S^1 in sé riconsiderata sopra. Definiamo l'applicazione $h_1 : S^1 \to [-1,1]$ nel modo seguente: $h_1 := \cos(\theta)$. In altre parole, h_1 proietta θ sull'asse x. Poiché h_1 è una mappa $2-1$ (salvo per $\theta = \pi$ e $\theta = \pi$) dato che $\cos\theta = \cos(-\theta)$, essa non genera un omeomorfismo. Tuttavia procediamo lo stesso a costruire una coniugazione. Sia $q(x) = 2x^2 - 1$. Allora abbiamo

$$h_1 \circ g(\theta) = \cos(2\theta) = 2\cos^2\theta - 1 = q \circ h_1(\theta)$$

cosicché h_1 coniuga g con q. La coniugazione è topologica per l'evidente continuità di h_2. Ora facciamo vedere che q è topologicamente coniugata a f_4. Sia infatti $h_2(t) := \dfrac{1-t^2}{2}$. Allora si ha

$$(f_4 \circ h_2)(t) = 2(1-t)\frac{t+1}{2} = 2t^2 - 1; \quad (h_2 \circ q)(x) = -\frac{1}{2} + 2x^2 - \frac{1}{2} = 2x^2 - 1$$

Dunque $f_4 \circ h_2 = h_2 \circ q$. Abbiamo già osservato che la coniugazione topologica gode della proprietà transitiva: se f è coniugata a q tramite h_1, e q è coniugata a g tramite h_2, f è coniugata a g tramite la composizione $h_1 \circ h_2$. Pertanto f_4 è topologicamente coniugata a g tramite $h_1 \circ h_2$, mappa continua perché lo sono tanto h_1 quanto h_2. Poiché g è caotica su tutto S^1, f_4 lo è su tutto I.

6

Biforcazioni e transizione al caos

Abbiamo visto che la mappa logistica si comporta in modo drammaticamente differente al crescere del parametro μ. Da una situazione, per $\mu < 3$, di massima semplicità in cui tutte le orbite convergono verso il punto fisso p_μ si passa se $\mu > 4$ ad una situazione caotica. Quale meccanismo genera il caos al crescere di μ? Abbiamo visto che a $\mu = 3$ ha luogo un fenomeno di biforcazione del punto fisso. Ebbene faremo vedere che proprio il moltiplicarsi e l'accumularsi di simili fenomeni, in particolare le biforcazioni con raddoppiamento di periodo dei punti periodici, è il meccanismo che genera il caos. Poiché la trattazione matematica completa di questo punto richiede conoscenze più avanzate, ci limiteremo a *dimostrare* numericamente questo fenomeno, dopo avere introdotto però le nozioni matematiche necessarie per descriverlo. Rimandiamo il lettore interessato agli approfondimenti al libro in lingua originale [Dev] che ha ispirato fortemente la stesura di questo capitolo.

6.1 Esempi di biforcazioni

Cominciamo al solito con qualche esempio, scegliendone due molto significativi perché rappresentano i due casi fondamentali.

Esempio 6.1. (Biforcazione tangenziale, o nodo-sella) Consideriamo la famiglia di funzioni $E_\lambda(x) = \lambda e^x$, $x > 0$, al variare del parametro $\lambda > 0$. Facciamo vedere che questa famiglia subisce una biforcazione del suo punto fisso quando $\lambda = \frac{1}{e}$. Per capirlo geometricamente basta dare un'occhiata ai grafici della funzione per $\lambda > 1/e$, $\lambda = \frac{1}{e}$ e $\lambda < 1/e$ rispettivamente (fig.6.1 a,b,c).

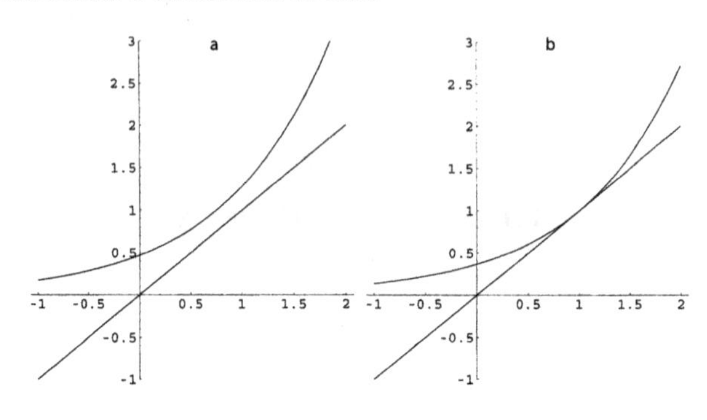

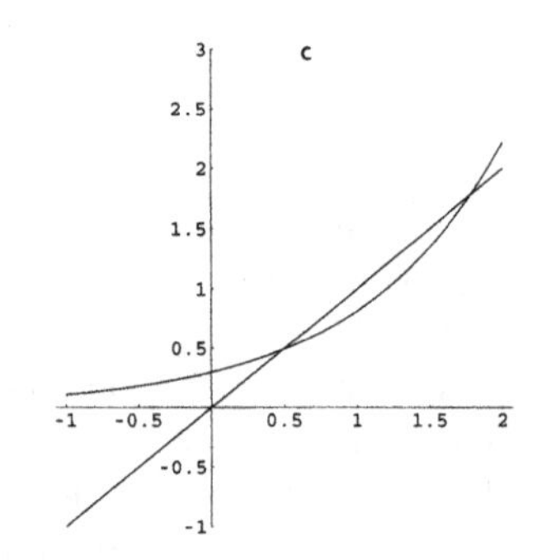

Fig. 6.1. I grafici di $E_\lambda(x) = \lambda e^x$ per (a) $\lambda > \frac{1}{e}$, (b) $\lambda = \frac{1}{e}$ e (c) $\lambda < 1/e$

Per $\lambda > \dfrac{1}{e}$ si ha $e^x > x$, e quindi non ci sono punti fissi. Per $\lambda = \dfrac{1}{e}$ la retta $y = x$ è tangente alla curva $y = \lambda e^x$ nel punto $x = 1, y = 1$. Per $\lambda < 1/e$ la bisettrice $y = x$ seca la curva $y = \lambda e^x$ in due punti: $q < 1$ con $E'_\lambda(q) < 1$ e a $p > 1$ con $E'_\lambda(p) > 1$. Dunque ci sono due punti fissi per $\lambda < 1/e$: al decrescere del parametro, nascono due punti fissi quando λ passa per $\dfrac{1}{e}$. Non è difficile tracciare l'intero diagramma di fase. Comunque proviamo le proprietà seguenti della dinamica discreta $E^n_\lambda(x)$ generata da $E_\lambda(x)$:

1. Se $\lambda > \dfrac{1}{e}$, $E^n_\lambda(x) \to \infty$ per ogni x quando $n \to \infty$.
2. Se $\lambda = \dfrac{1}{e}$, $E_\lambda(1) = 1$. Se $x < 1$, $E^n_\lambda(x) \to 1$ per $n \to \infty$. Se $x > 1$, $E^n_\lambda(x) \to +\infty$ per $n \to \infty$.
3. Se $0 < \lambda < \dfrac{1}{e}$, $E_\lambda(q) = q$ e $E_\lambda(p) = p$. Se $x < p$, $E^n_\lambda(x) \to q$ per $n \to \infty$; se $x > p$, $E^n_\lambda(x) \to +\infty$ per $n \to \infty$.

La proprietà 1 è banale perché se $\lambda > \dfrac{1}{e}$ si ha chiaramente $E^n_\lambda(x) > 1$ per ogni $x > 0$. Anche la proprietà 2 è evidente: se $\lambda = \dfrac{1}{e}$, $E_\lambda(1) = 1$ per costruzione;

per di più $E_\lambda(x) < 1$ per $x < 1$ da cui segue subito che $E^n_\lambda(x) \to e^0 = 1$ per $n \to \infty$. D'altra parte, $E_\lambda(x) > 1$ per $x > 1$ e quindi $E^n_\lambda(x) \to +\infty$ per $n \to \infty$. Se $0 < \lambda < \frac{1}{e}$ le proprietà di punto fisso sono vere per costruzione. Se $x < p$, $\lambda e^x < p$ e quindi la successione $E^n_\lambda(x)$ è decrescente, strettamente perché $E'_\lambda(x) > 0$. Dunque necessariamente $E^n_\lambda(x) \to q = E_\lambda(q) < 1$ per $n \to \infty$.

Il comportamento qualitativo dei punti fissi è descritto dal *diagramma di fase* nella figura 6.2.

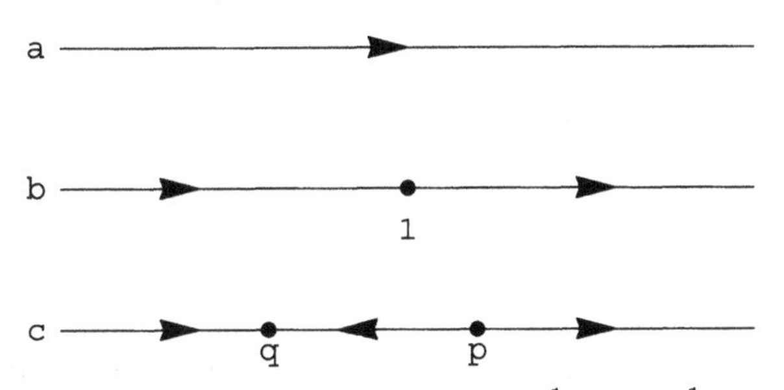

Fig. 6.2. Diagramma di fase di λe^x. a: $\lambda > \frac{1}{e}$. b: $\lambda = \frac{1}{e}$. c: $\lambda < \frac{1}{e}$

Esercizio 6.1. Studiare numericamente (ad esempio usando il diagramma delle orbite) il comportamento delle orbite per la mappa $E^n_\lambda(x)$ al variare del parametro λ.

È utile introdurre anche il *diagramma di biforcazione* cioè la figura 6.3:

Esempio 6.2.(Biforcazione che raddoppia il periodo)
Consideriamo ancora la famiglia $E_\lambda(x) = \lambda e^x$, stavolta per $\lambda < 0$. Se $\lambda = -e$, $E_\lambda(-1) = -1$ e $E'_\lambda(-1) = -1$. Dunque -1 è un punto fisso di E_λ non iperbolico. Se $\lambda > -e$ si può dimostrare (vedasi l'esercizio seguente) che il punto fisso di E_λ è attrattivo; quando $\lambda < -e$ è repulsivo. Pertanto la natura della dinamica con condizioni iniziali vicine al punto fisso subisce un marcato cambiamento a $\lambda = -e$. Per di più questo non è tutto. Consideriamo E^2_λ. Usando il calcolo infinitesimale è facile vedere (esercizio successivo) che E^2_λ è una funzione crescente, con la concavità verso l'alto se $E_\lambda(x) < -1$ e verso il basso se $E_\lambda(x) > -1$. Pertanto E^2_λ acquista 2 nuovi punti fissi a q_1 e q_2 quando λ descresce fino ad assumere un valore minore di $-e$. Poiché sappiamo che $E_\lambda(x)$ ha un solo punto fisso, questi due punti dovranno essere punti periodici di periodo 2 per $E_\lambda(x)$. Dinamicamente, cioè al variare del

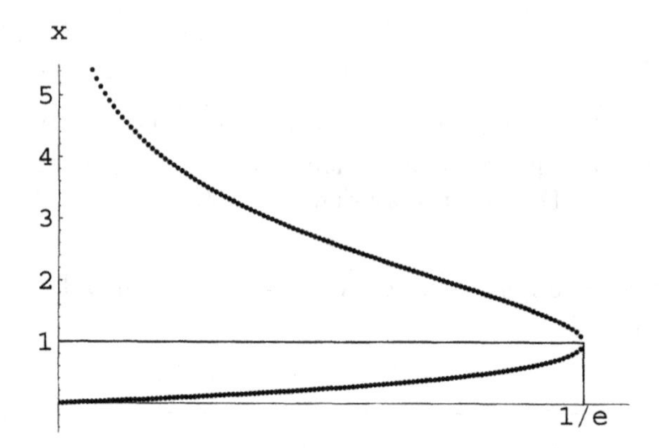

Fig. 6.3. Diagrammma di biforcazione di λe^x. x come funzione di λ. In ascissa: il parametro. In ordinata: le ascisse dei punti fissi (o periodici). Tagliando il grafico con una retta verticale a $\lambda = \lambda_0$ si ottengono le ascisse dei punti fissi per il particolare valore λ_0 del parametro

parametro, vediamo che la biforcazione che raddoppia il periodo comporta quanto segue:

1. Un punto fisso che da attrattivo diventa repulsivo;
2. La nascita di una nuova orbita di periodo 2.

Nell'esempio precedente, per di più, notiamo che l'attrattività persa dal punto fisso viene ereditata dall'orbita periodica.

Esercizio 6.2. Dimostrare le affermazioni non dimostrate nell'esempio precedente.

Soluzione. Anzitutto notiamo che c'è un solo punto fisso perché l'equazione $\lambda e^x = x$ ha evidentemente una ed una sola soluzione x^* per $\lambda < 0$, $x < 0$. Inoltre, se $\lambda > -e$ si ha $|E_\lambda(x^*)| < 1$ mentre $|E_\lambda(x^*)| > 1$ se $\lambda < -e$. Da qui l'attrattività e la repulsività nei due casi, rispettivamente. Il comportamento delle orbite per $\lambda > -e$ e $\lambda < -e$ è visualizzato nella figura 6.4.

Consideriamo poi la funzione $E^2(x) = \lambda \exp(\lambda \exp x)$. Si ha:

$$\frac{dE^2(x)}{dx} = \lambda^2 \exp(\lambda \exp x + x) > 0 \quad \forall\, x \in \mathbb{R}$$
$$\frac{d^2E^2(x)}{dx^2} = \lambda^2[1 + \lambda \exp \lambda x] \exp(\lambda \exp x + x)$$

da cui

$$\frac{d^2E^2(x)}{dx^2} > 0 \quad \text{per} \quad E_\lambda(x) < -1; \qquad \frac{d^2E^2(x)}{dx^2} < 0 \quad \text{per} \quad E_\lambda(x) > -1.$$

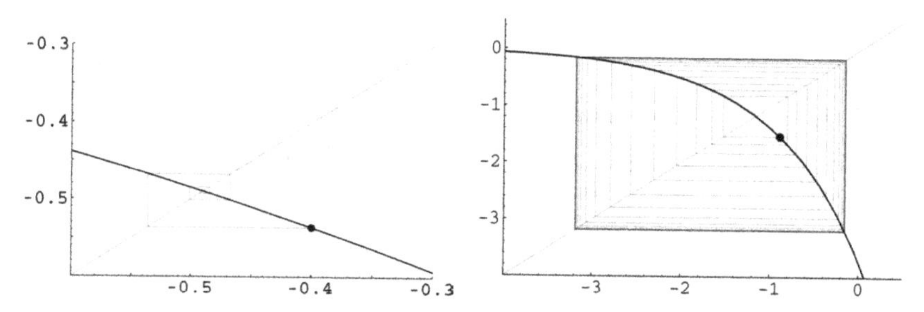

Fig. 6.4. Comportamento delle orbite nell'intorno del punto fisso per la mappa $E_\lambda(x)$ con $\lambda > -e$ (sinistra) e $\lambda < -e$ (destra) rispettivamente

6.2 Biforcazioni: nodo-sella e raddoppio di periodo

Enunciamo qui i teoremi generali riguardo le biforcazioni che ci serviranno in seguito. Rimandiamo il lettore che desidera conoscere le dimostrazioni dei seguenti teoremi all'appendice o anche eventualmente al testo [Dev] per ulteriori approfondimenti.

Il primo risultato fa vedere che finché il punto fisso si mantiene iperbolico non potranno mai esserci biforcazioni.

Teorema 6.1 *Sia $f_\lambda(x)$ una famiglia ad un parametro di funzioni regolari da un intervallo aperto $I \subset \mathbb{R}$ in $\mathbb{R}$; si assuma poi che il parametro λ sia variabile in un intervallo aperto $N \subset \mathbb{R}$. Supponiamo che esista $\lambda_0 \in N$ per cui f_λ ammette un punto fisso iperbolico a $x_0 \in I$, cioè supponiamo che esistano $x_0 \in I$ e $\lambda_0 \in N$ tali che*

$$f_{\lambda_0}(x_0) = x_0; \qquad f'_{\lambda_0}(x_0) \neq 1$$

Allora esistono intervalli aperti I_1 attorno a x_0 e N_1 attorno a λ_0, e una funzione regolare $p(x) : N_1 \to I_1$ tali che $p(\lambda_0) = x_0$ e $f_\lambda(p(\lambda)) = p(\lambda)$. Inoltre $f_\lambda(x)$ non ha altri punti fissi in I_1.

Osservazione 6.1. Il teorema precedente, così come quelli successivi, vale ovviamente per i punti periodici di periodo N semplicemente sostituendo f_λ con f_λ^N.

I due teoremi che seguono caratterizzano invece le biforcazioni nodo-sella e le biforcazioni che raddoppiano il periodo. Si veda l'Appendice per le dimostrazioni. Notiamo anzitutto che senza ridurre la generalità potremo sempre supporre nulla l'ascissa x_0 del punto di biforcazione.

Teorema 6.2 *Data la famiglia $f_\lambda(x)$ come nel teorema precedente, supponiamo quanto segue:*

1. $f_{\lambda_0}(0) = 0$;
2. $f'_{\lambda_0}(0) = 1$;

3. $f''_{\lambda_0}(0) \neq 0$;

4. $\left.\frac{\partial f}{\partial \lambda}\right|_{\lambda=\lambda_0}(0) \neq 0$.

Allora esiste un intervallo I_1 attorno a $x = 0$ e una funzione regolare $p : I_1 \to \mathbb{R}$ che soddisfa $p(0) = \lambda_0$ e tale che

$$f_{p(x)}(x) = x$$

Per di più $p'(0) = 0$ e $p''(0) \neq 0$.

Osservazione 6.2. I segni di $f''_{\lambda_0}(0)$ e $\left.\frac{\partial f}{\partial \lambda}\right|_{\lambda=\lambda_0}(0)$ determinano la *direzione* della biforcazione. Se ad esempio hanno segno opposto il diagramma di biforcazione appare come nella fig. 6.5 .

Teorema 6.3 *Data la famiglia $f_\lambda(x)$ come nei teoremi precedenti, supponiamo ora quanto segue:*

1. $f_\lambda(0) = 0$ *per tutti i* λ *in un intervallo attorno a* $\lambda = \lambda_0$;

2. $f'_{\lambda_0}(0) = -1$;

3. $\left.\frac{\partial (f^2)'}{\partial \lambda}\right|_{\lambda=\lambda_0}(0) \neq 0$.

Allora esiste un intervallo I_1 attorno a P ed una funzione $p : I_1 \to \mathbb{R}$ tale che

$$f_{p(x)}(x) \neq x$$

ma

$$f^2_{p(x)} = x$$

Esercizio 6.3. Identificare le biforcazioni e discutere le traiettorie di fase prima e dopo le biforcazioni per la mappa logistica $f := \mu x(1-x)$ con $\mu = 3$.

Soluzione. Sappiamo già fin dall'Esempio 4.5 che $x = 0$ è un punto fisso repulsivo. Il secondo punto fisso è $x = p_\mu = \frac{\mu - 1}{\mu}$ (si veda l'Esempio 5.2) e quindi, per $\mu = 3$, $x = \frac{2}{3}$. Si ha poi $f'(\frac{2}{3}) = -1$, $f''(\frac{2}{3}) = -6$. Siamo quindi esattamente nelle condizioni del teorema precedente: il punto fisso $x = \frac{2}{3}$ dà origine ad una biforcazione con raddoppiamento di periodo, cioè a due punti periodici di periodo 2, ambedue stabili.

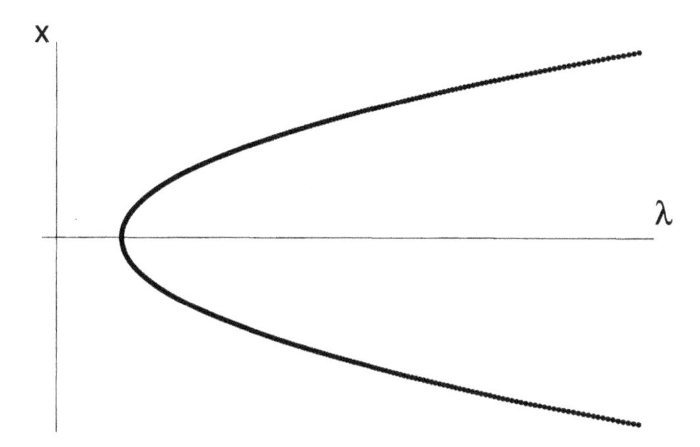

Fig. 6.5. Il diagramma di biforcazione sia per la biforcazione nodo-sella che per quella a raddoppiamento di periodo. La curva $\lambda = p(x)$ dà i punti fissi per f_λ nel caso nodo-sella, e i punti di periodo 2 nel caso del raddoppiamento di periodo

6.3 Caos tramite infiniti raddoppiamenti di periodo

Ritorniamo alla domanda che ci siamo già posti all'inizio del Capitolo. La mappa quadratica $f_\mu(x) = \mu x(1-x)$ genera una dinamica semplice per $\mu \leq 3$ e caotica per $\mu \geq 4$. Come fa a diventare caotica? Da dove nascono gli infiniti punti periodici che esistono per $\mu \geq 4$? Qui cercheremo di darne una motivazione intuitiva, che sottoporremo poi alla verifica numerica tramite e-sperimenti al calcolatore. Tutto ciò che enunceremo può essere dimostrato rigorosamente, ma solo tramite conoscenze matematica più avanzate acquisibili proseguendo il corso di studi.

L'idea che svilupperemo è la seguente: sappiamo che a $\mu = 3$ si incontra una prima biforcazione con raddoppiamento del periodo del punto fisso attrattivo a p_μ per $\mu > 3$ (figura 6.6). L' orbita di periodo 2 è costituita dai punti fissi stabili $q_{1,2}$ di f_3^2, fig.6.7.

Al crescere di μ si forma una struttura autosimilare. Esiste un valore $\mu_1 > 3$ raggiunto il quale i due punti dell'orbita di periodo 2 perdono la loro stabilità, perché $(f_{\mu_1}^2)'(q_{1,2}) = -1$. A $\mu = \mu_1$ ciascuno di questi due punti (fissi per f_μ^2) genera una biforcazione con raddoppiamento di periodo. Dunque per $\mu > \mu_1$ ci sara' un'orbita periodica stabile di periodo 4 (4 punti fissi stabili per f_μ^4. A questo proposito si veda fig.6.8 e fig.6.9) finché non si incontra un valore μ_2 dove questi punti fissi perdono stabilità perché la derivata $(f_{\mu_2}^4)'$ tocca -1.

Il medesimo meccanismo di biforcazione genera un 'orbita stabile di periodo $8 = 2^3$, cioè 2^3 punti fissi stabili per $f_{\mu_3}^8$ (fig.6.10, fig. 6.11 e fig.6.12).

Continuando con il medesimo meccanismo, ci aspettiamo di trovare una successione di valori $\mu_1, \mu_2, \ldots, \mu_n, \ldots$ tale che per $\mu > \mu_n$ esiste un'orbita stabile di periodo 2^n. Ciascuna di queste orbite è costituita da 2^n punti che

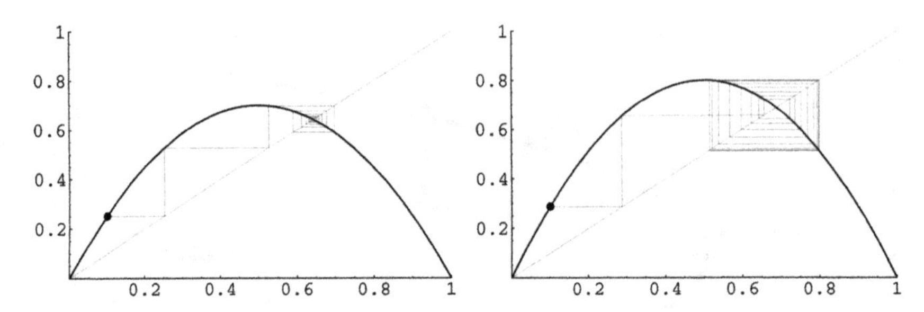

Fig. 6.6. Comportamento qualitativo della mappa quadratica per valori di μ rispettivamente leggermente minori di 3 (punto fisso, sinistra) e leggermente maggiori di 3 (orbita stabile di periodo 2, destra)

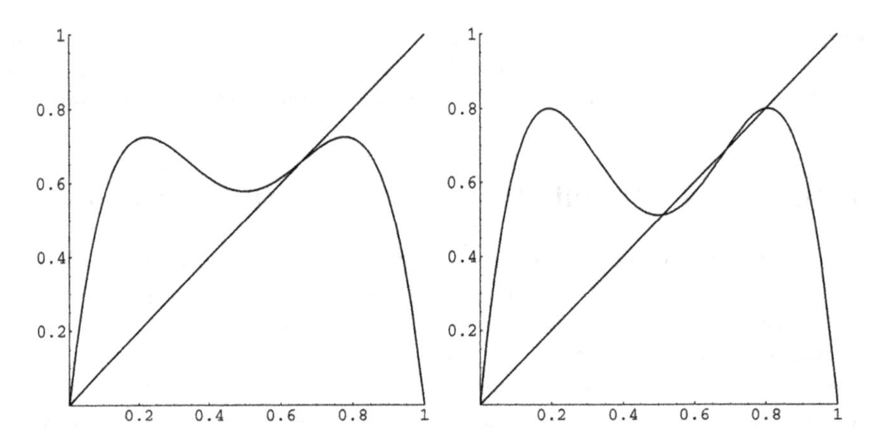

Fig. 6.7. Grafici di $f_\mu^2(x)$ per valori di μ rispettivamente leggermente minori di 3 (punto fisso, sinistra) e leggermente maggiori di 3 (punto fisso instabile + orbita stabile di periodo 2, destra)

sono punti fissi stabili di $f_{\mu_n}^{2^n}$. Come vedremo, è facile convincersi mediante esperimenti numerici che questa successione di biforcazioni $\mu_1, \mu_2, \ldots, \mu_n$ nello spazio dei parametri ha un limite, denotato μ_∞, e $\mu_\infty < 4$. In un senso da precisare meglio in seguito, ci aspettiamo che per $\mu > \mu_\infty$ la dinamica, dopo avere superato infinite biforcazioni che raddoppiano il periodo delle orbite stabili, diventi caotica, o comunque non completamente *prevedibile*.

La trattazione matematica rigorosa di questo tipo di problemi richiede conoscenze avanzate di teoria dei sistemi dinamici che esulano dagli scopi di questo libro. Ci proponiamo qui di discutere un poco il significato del cosiddetto *operatore di rinormalizzazione* che ci permette di osservare la mappa e le sue iterate a diversi ingrandimenti, un pò come con un microscopio (con infiniti ingrandimenti possibili) . Questo procedimento, particolarmente profondo dal punto di vista matematico, ci permette di mettere in luce una sorta

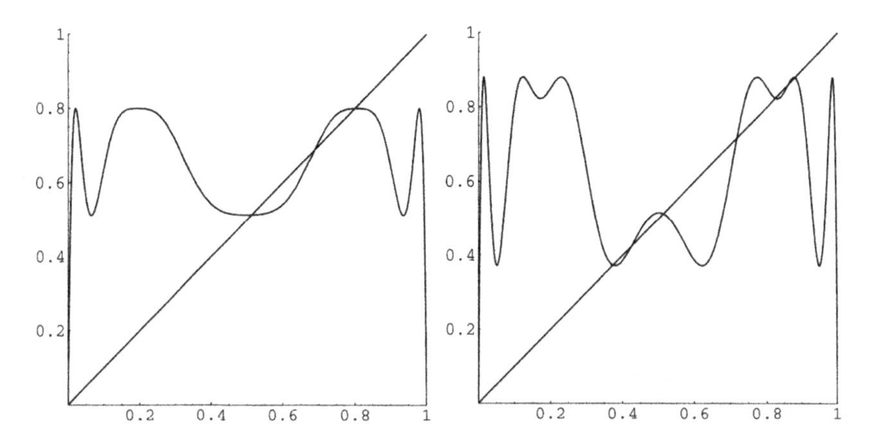

Fig. 6.8. Grafici di $f_\mu^4(x)$ per $\mu = 3.2 < \mu_1$ (sinistra) e $\mu = 3.52 > \mu_1$ (destra). Nel primo caso si evince la presenza di un punto fisso (instabile) e di un'orbita di periodo 2 (stabile) per la dinamica generata da f_μ. Nel secondo grafico si vede la comparsa di un'ulteriore orbita di periodo 4 che risulta stabile, mentre diventa instabile l'orbita di periodo 2

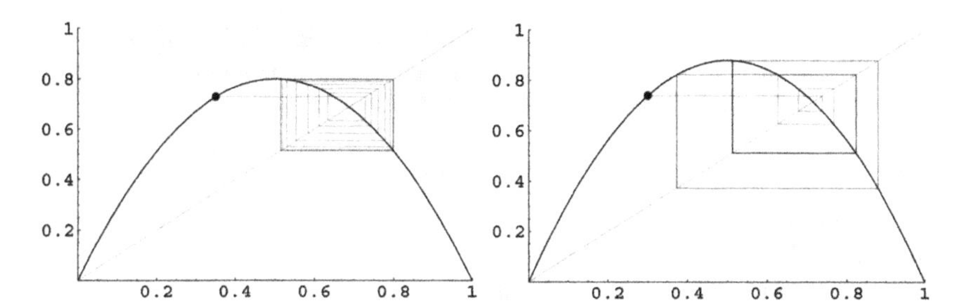

Fig. 6.9. Andamento qualitativo delle orbite di f_μ per condizioni iniziali *generiche.* A sinistra l'orbita corrispondente a $\mu = 3.2$. Tenendo conto che sono visualizzate le prime 1000 iterazioni, non è difficile convincersi della presenza di un'orbita di periodo 2 stabile. A destra, un'orbita corrispondente al valore $\mu = 3.52$. In questo caso è possibile accorgersi della presenza di un'orbita stabile di periodo 4.Senza entrare nei dettagli, non del tutto elementari, del concetto di *generico* possiamo pensare che il comportamento visualizzato è qualitativamente lo stesso per tutte le condizioni iniziali, eccetto che per un insieme finito, numerabile o al più un insieme di Cantor che può essere ricoperto con intervalli di misura totale arbitrariamente piccola. In termini più probabilistici, la probabilità di scegliere una condizione iniziale *a caso* e di osservare il comportamento visualizzato è 1, la certezza

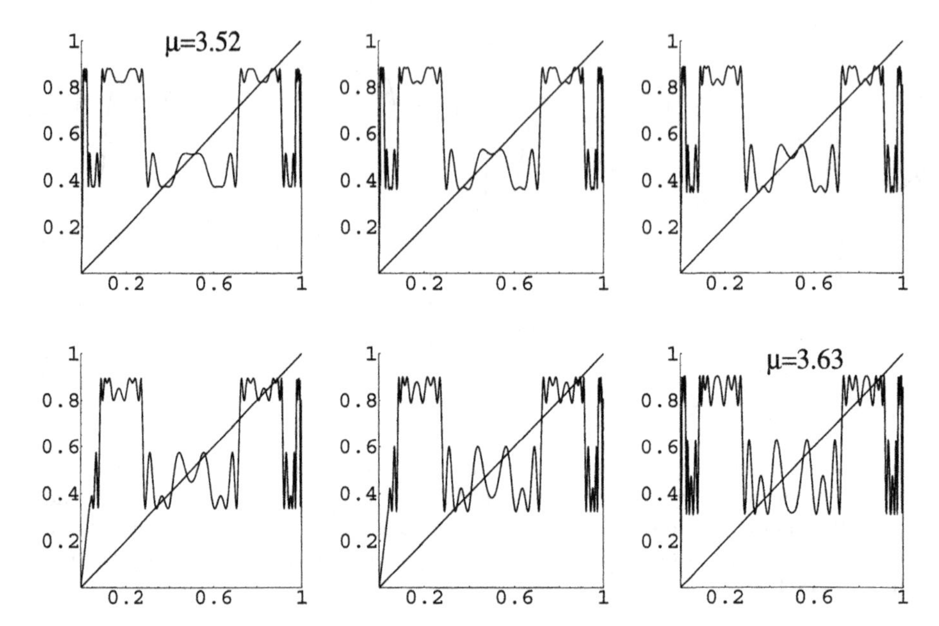

Fig. 6.10. Grafici di $f_\mu^8(x)$ per μ che varia da $\mu = 3.52$ (in alto a sinistra, orbita di periodo 4 (stabile)) e $\mu = 3.63$ (in basso a destra, comparsa di un'orbita di periodo 8 (stabile)), a passi di $\delta\mu = .02$. In questo caso non è immediato distinguere la biforcazione. L'ingrandimento successivo (fig.6.11) può forse aiutare

di *autosimilarità* e *universalità* nel processo di biforcazione e nella conseguente transizione ad una situazione caotica.

Rimandiamo i lettori interessati ai libri in lingua originale [Dev] e [CoEk] per ulteriori approfondimenti.

Ritorniamo alle prime biforcazioni e, avvalendoci ancora delle simulazioni numeriche, diamo uno sguardo un poco più *approfondito* alla mappa f_μ e alle sue iterate.

Per $1 < \mu < 3$ f_μ ha un solo punto fisso attrattivo $p_\mu = \frac{(\mu-1)}{\mu}$, $0 < p_\mu < 1$. Si ha $f'(p_\mu) = 2-\mu$. Definiamo *punto corrispondente* di p_μ rispetto alla mappa f_μ quel punto $\tilde{p}_\mu$ tale che $0 < \tilde{p}_\mu < p_\mu$ e $f_\mu(\tilde{p}_\mu) = p_\mu$.

Esercizio 6.4. Dimostrare che finché $f'(p_\mu) < 0$, vale a dire $\mu > 2$, il punto corrispondente $\tilde{p}_\mu$ esiste e vale $\dfrac{1}{\mu}$.

Soluzione. Poniamo $\tilde{p}_\mu = x$. Basta allora risolvere l'equazione di secondo grado $\mu x(1-x) = \dfrac{\mu-1}{\mu}$. Le soluzioni sono $x_1 = \dfrac{\mu-1}{\mu}$ e $x_2 = \dfrac{1}{\mu}$. x_1 ovviamente

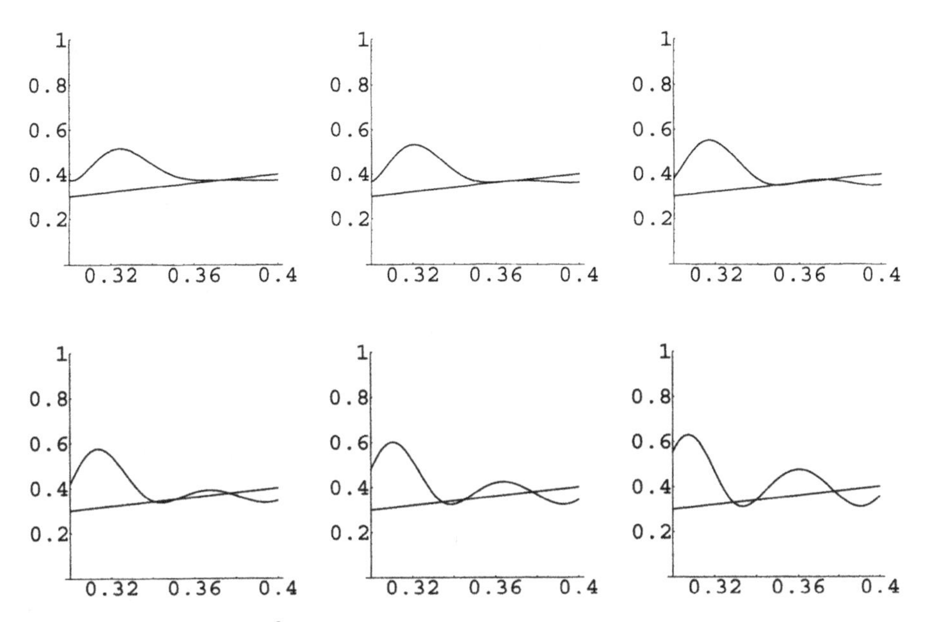

Fig. 6.11. Grafici di $f_\mu^8(x)$ per μ che varia da $\mu = 3.52$ (in alto a sinistra, orbita di periodo 4) e $\mu = 3.63$ (in basso a destra, comparsa di un'orbita di periodo 8), a passi di $\delta\mu = .02$. In questo caso è stato ingrandito l'intervallo $[0.3, 0.4]$ e una parte della biforcazione è forse più visibile

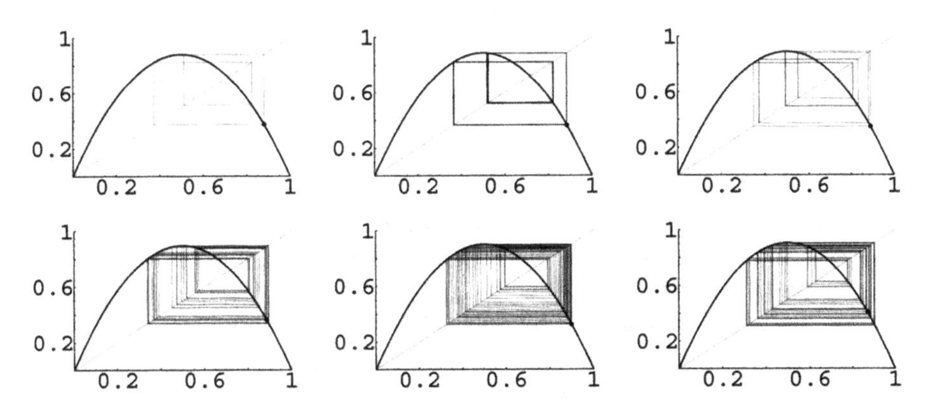

Fig. 6.12. Traiettorie generiche di $f_\mu(x)$ per μ che varia da $\mu = 3.52$ (in alto a sinistra) e $\mu = 3.63$ (in basso a destra), a passi di $\delta\mu = .02$. Al fine di visualizzare solo il comportamento "asintotico", vale a dire nel futuro lontano, vengono visualizzate solo le iterate che si ottengono dimenticando le prime 1000 ("transiente"). Si noti come si passi da un'orbita di periodo 4 ad un orbita di periodo 8 in alto a sinistra ($\mu = 3.56$). Per $\mu > 3.56$, sia l'orbita di periodo 4 e sia l'orbita di periodo 8 stabili sono scomparse e l'andamento qualitativo diventa più complicato

coincide col punto fisso p_μ; se $\mu > 2$, cioè $f'(p_\mu) < 0$, $\dfrac{1}{\mu} < \dfrac{\mu-1}{\mu} = p_\mu$, e quindi $\tilde{p}_\mu = \dfrac{1}{\mu}$.

Possiamo ora studiare la funzione f^2_μ al variare del parametro μ e tracciarne il grafico. La cosa è ancora possibile perché si tratta di un polinomio di quarto grado di forma particolarmente semplice:

$$f^2_\mu(x) = \mu(\mu x(1-x))[1-\mu x(1-x)] = \mu^2 x(1-x)[1-\mu x(1-x)]$$

Esercizio 6.5. Studiare la funzione $g_\mu(x) := f^2_\mu(x)$ per $x \in [0,1]$ e $2 < \mu < 4$.

Soluzione. $g(x)_\mu$ è simmetrica attorno a $x = 1/2$. Poi: $g(p_\mu) = g(\tilde{p}_\mu) = p_\mu$. Per valori fissati di μ si ha $g_\mu(x) = 0$ solo per $x = 0$ e $x = 1$. Inoltre

$$g'_\mu(x) = \mu^2(1-2x)[1-2\mu x(1-x)],$$

$$g''_\mu(x) = -2\mu^2(1+\mu-6\mu x+6\mu x^2).$$

Dunque $g'_\mu(x) = 0$ per $x_0 = 1/2$ e $x_{1,2} = \dfrac{1}{2}(1 \pm \sqrt{1-\dfrac{2}{\mu}})$. Si ha $g''_\mu(x_0) > 0$, $g''_\mu(x_{1,2}) < 0$. Quindi a $x = 1/2$, g_μ ha un minimo che vale $\mu^2(4-\mu)/2^4$, mentre a $x = x_{1,2}$ ha due massimi. Nella fig.6.13 si riporta il grafico di $f_\mu(x)$ (sinistra) e di $g_\mu(x)$ (destra) per alcuni valori di μ indicati nel grafico. Inoltre, nel grafico di g_μ abbiamo evidenziato il quadrato di lato $[\tilde{p}_\mu, p-\mu]$.

La porzione del grafico all'interno del quadrato, sebbene capovolto, assomiglia a quello di f_μ per *differenti* valori del parametro.

Infatti:

1. Dentro la scatola di lato $[\tilde{p}_\mu, p_\mu]$, cioè nella fossa, $f^2_\mu(x)$ ha un punto fisso al secondo estremo dell'intervallo $[\tilde{p}_\mu, p_\mu]$ perché $f^2_\mu(p_\mu) = p_\mu$ ed un unico punto critico entro l'intervallo[1].
2. Al crescere di μ la fossa si approfondisce finché non esce dalla scatola.

In altre parole, f^2_μ si comporta sull'intervallo $[\tilde{p}_\mu, p_\mu]$ in modo molto simile a come la mappa originale f_μ si comporta sull'intervallo iniziale $[0,1]$. In particolare, al crescere di μ ci aspettiamo come prima cosa di trovare un punto fisso di f^2_μ (ciè un'orbita di periodo 2 di f_μ) in $[\tilde{p}_\mu, p_\mu]$. Successivamente anche questo punto fisso si biforcherà raddoppiando il periodo, esattamente come lo aveva fatto il punto fisso p_μ di f_μ. Si produrrà così un'orbita di periodo 4, o, equivalentemente, un punto periodico di periodo 4. Continuando il procedimento, troveremo scatole sempre più piccole dove i grafici di f^4_μ, f^8_μ

[1] Ricordiamo che la funzione f definita su un intervallo aperto $I \subset \mathbb{R}$ ed ivi derivabile ha un *punto critico* in $x_0 \in I$ se $f'(x_0) = 0$.

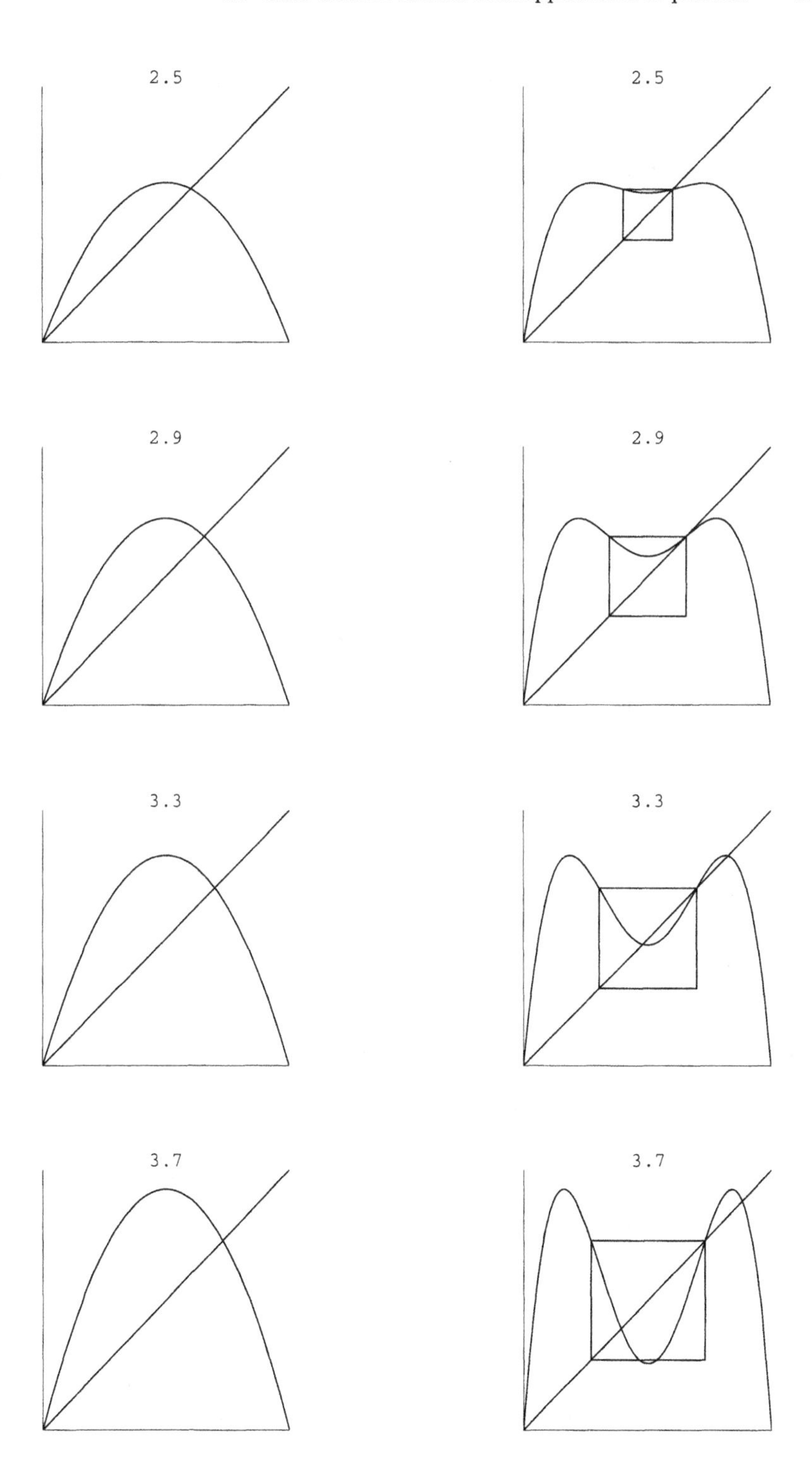

Fig. 6.13. I grafici di $f_\mu(x)$ (sinistra) e $f_\mu^2(x)$ (destra) per i valori di μ indicati nel grafico

saranno simili a quelli della funzione originale. Pertanto ci aspettiamo che f_μ subisca una successione di biforcazioni con raddoppiamento di periodo al crescere di μ.

Cerchiamo ora di rendere quantitative queste considerazioni. Poiché ci aspettiamo una struttura autosimilare o frattale, cioè una struttura che ha la medesima forma su qualsiasi scala la si voglia osservare, usiamo ancora lo strumento della "lente di ingrandimento". Per costruircene una conveniente, introduciamo il cosiddetto *operatore di rinormalizzazione* R. R è un operatore, nel senso che opera sulle funzioni. In altre parole: il suo insieme di definizione è un insieme di funzioni, e la sua azione è convertire certe funzioni definite su I in altre funzioni definite su I.

Sia ancora $\mu > 2$, e sia L_μ l'applicazione lineare che manda p_μ in 0 e $\tilde{p}_\mu$ in 1. Esplicitamente:

$$L_\mu(x) := \frac{x - p_\mu}{\tilde{p}_\mu - p_\mu}$$

L'inversa di $L_\mu(x)$ è evidentemente

$$L_\mu^{-1}(x) := (\tilde{p}_\mu - p_\mu)x + p_\mu$$

L'effetto di L_μ è quello di amplificare l'intervallo $[\tilde{p}_\mu, p_\mu]$ fino a $[0,1]$ cambiandone l'orientamento.

Definiamo ora la rinormalizzazione di f_μ nel modo seguente:

$$(Rf_\mu)(x) = L_\mu \circ f_\mu^2 \circ L_\mu^{-1}(x) \tag{6.1}$$

La funzione rinormalizzata[2] Rf_μ è definita sull'intervallo $[0,1]$ e condivide molte delle proprietà di f_μ stessa. Le enunciamo esplicitamente sotto forma di proposizione e rimandiamo alla figura 6.14 per la visualizzazione grafica di $(Rf_\mu)(x)$.

Proposizione 6.1 *L'effetto della trasformazione di rinormalizzazione è il seguente:*

$$(Rf_\mu)(x) = (-1+x)\,x\,\left(-1 - x\,(-2+\mu) + x^2\,(-2+\mu)\right)(-2+\mu)^2 \tag{6.2}$$

e pertanto valgono le seguenti proprietà

1. $(Rf_\mu)(0) = 0$ *e* $(Rf_\mu)(1) = 1$
2. $(Rf_\mu)'(1/2) = 0$ *e* $1/2$ *è il solo punto critico di* Rf_μ;
3. $S(Rf_\mu) < 0$; *qui* S *è la derivata di Schwarz.*

La derivata di Schwarz S di una funzione f derivabile almeno tre volte al punto x è definita così:

[2] Rinormalizzare significa cambiare la normalizzazione, cioè la scala. Qui si rinormalizza in modo tale che l'intervallo di definizione della parte che interesse della mappa iterata sia sempre quello iniziale.

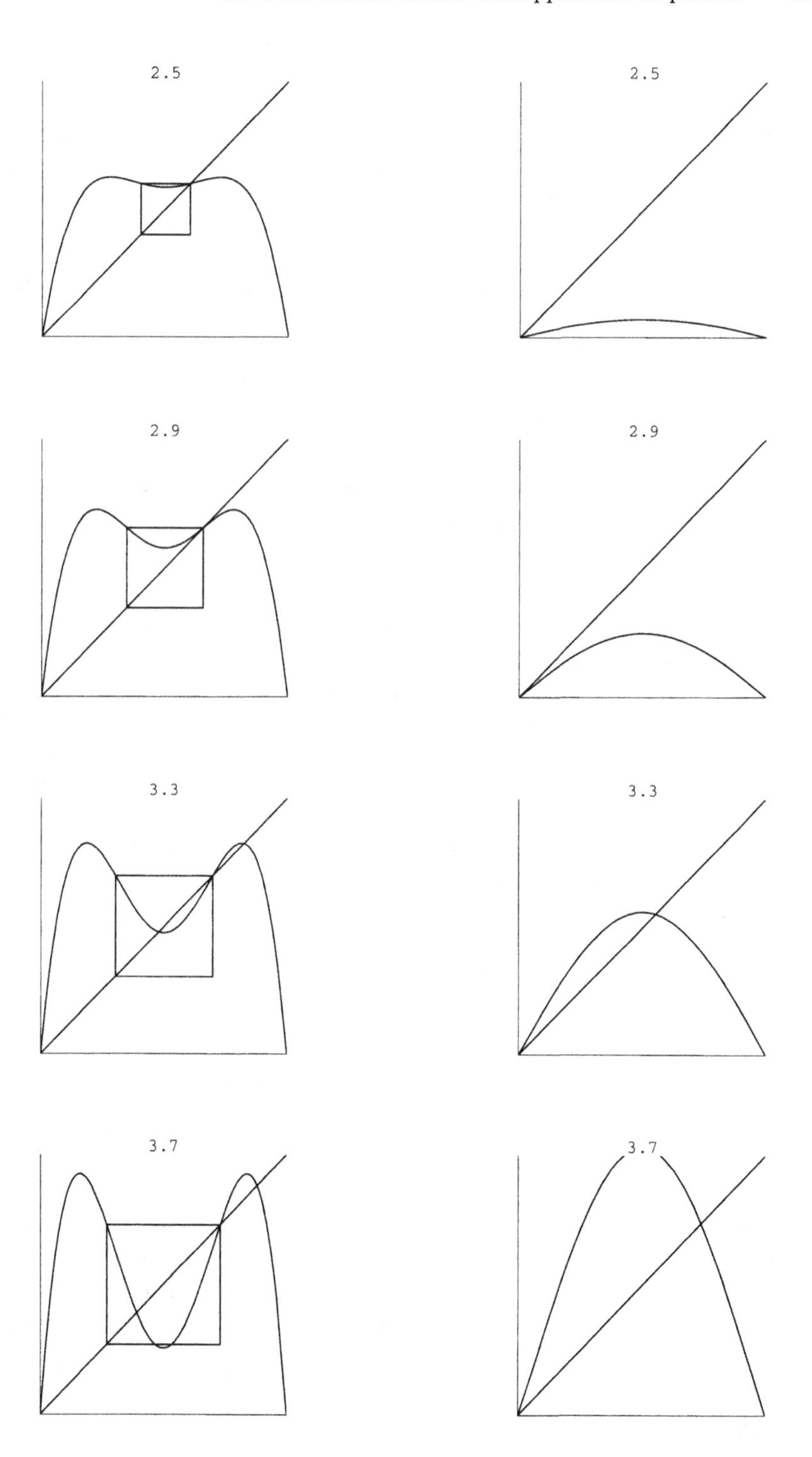

Fig. 6.14. I grafici di $f_\mu^2(x)$ (sinistra) e $(Rf_\mu)(x)$ (destra) per i valori di μ indicati nel grafico

$$Sf(x) = \frac{f'''(x)}{f'(x)} - \frac{3}{2}\left(\frac{f''(x)}{f'(x)}\right)^2 \tag{6.3}$$

Questa nozione è utile per molti propositi. Qui enunciamo alcune delle sue proprietà più importanti. Rimandiamo all' Appendice per la dimostrazione e anche a [CoEk] e [Dev] per ulteriori approfondimenti.

Teorema 6.4

1. *Sia P un polinomio, e siano le radici di $P'(x)$ reali e distinte. Allora $SP(x) > 0$;*
2. *Siano $Sf < 0$ e $Sg < 0$. Allora $S(f \circ g) < 0$.*
3. *Sia $-\infty \leq Sf < 0$. Supponiamo che f abbia n punti critici. Allora f ha al più $n + 2$ orbite periodiche attrattive.*

La Proposizione appena enunciata si dimostra facilmente inserendo le definizioni di L_μ e L_μ^{-1} ed eseguendo le composizioni esplicitamente. Questo permette di verificare le affermazioni 1 e 2. Quanto alla 3, basta calcolare tre derivate, e lo lasciamo come esercizio.

Dunque la rinormalizzazione di f_μ trasforma punti periodici di periodo 2 di f_μ in punti fissi di Rf_μ. Inoltre, prima che μ arrivi a 4 il grafico di Rf_μ esce dal quadrato di lato unitario, cioè $[\tilde{p}_\mu, p_\mu]$.

Quindi, come abbiamo già notato, ci aspettiamo che Rf_μ subisca una biforcazione con raddoppiamento del periodo al crescere di μ. In effetti, finché Rf_μ continua ad ammettere un punto fisso con derivata negativa in un qualche punto $p_1(\mu)$, allora possiamo trovare il punto corrispondente $\tilde{p}_1(\mu)$ come in precedenza e definire una seconda rinormalizzazione. La mappa lineare stavolta porta $p_1(\mu)$ in 0 e $\tilde{p}_1(\mu)$ in 1 ed è pertanto una mappa differente, anche se definita in maniera completamente analoga a L. Pertanto vediamo che l'intero quadro si ripete e troviamo un'altra biforcazione che raddoppia il periodo, questa volta per f_μ^2. La continuazione di questo processo conduce a una successione di biforcazioni con raddoppiamento di periodo all'ulteriore crescere di μ.

Il calcolatore ci permette ora di sottoporre queste considerazioni alla verifica sperimentale.

Calcoliamo il *diagramma delle orbite* di f_μ. Si tratta di una figura che riporta l'andamento asintotico dell'orbita del punto 1/2 per una varietà di valori di μ differenti fra 0 e 4. Oggi esistono numerosi programmi specifici[3] che ripetono l'esperimento che descriveremo. Qui riportiamo i risultati ottenuti usando ancora una volta *Mathematica* [Wol, Wag]. Invece di descrivere nel dettaglio la sintassi delle procedure usate, descriviamo l'algoritmo generale che può essere facilmente tradotto nel linguaggio o nell'ambiente di programmazione preferito. Per ogni μ, calcoliamo i primi T punti dell'iterazione di $\frac{1}{2}$

[3] In inglese chiamati *applet*.

tramite f_μ (ad esempio $T = 500$), cioè i punti $f_\mu^n(1/2)$ per $n = 1, \ldots, T$. Dimentichiamoci poi delle prime T_0 iterate e conserviamo solo i rimanenti punti dell'orbita. T_0 rappresenta il *transiente* (ad esempio $T_0 = 400$) ed eliminando questa prima parte dell'orbita, ciò che rimane è il comportamento *asintotico* della dinamica.

Suddividiamo poi l'intervallo $0 \leq \mu \leq 4$ in n parti uguali (ad esempio n=1000) e ripetiamo il calcolo dell'orbita asintotica di $x = 1/2$ per ciascun valore fissato di μ. Riportiamo infine tutti i dati su un grafico: gli n valori di μ sono riportati in *ascissa* mentre in *ordinata* sono riportati i $T - T_0$ punti dell'orbita corrispondente con punto iniziale $1/2$. La figura 6.15 mostra il risultato dell'esperimento numerico:

Osservazione 6.3. Se scegliessimo un qualsiasi altro punto iniziale $0 < x_0 < 1$ otterremmo una figura di natura identica. Conviene scegliere il punto $1/2$ perché si può dimostrare, a seguito del Teorema 6.4, che viene sempre attratto da un'orbita periodica attrattiva.

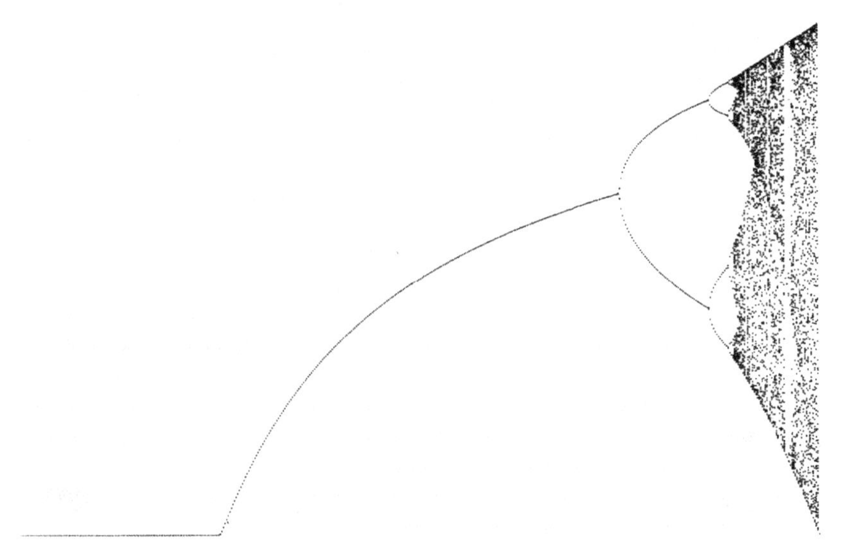

Fig. 6.15. Il diagramma della orbite di f_μ per $0 \leq \mu \leq 4$. μ in ascissa

Vediamo chiaramente confermate dalla fig.6.15 molte delle previsioni fin qui fatte. Per esempio per $0 \leq \mu \leq 1$ tutte le orbite convergono al punto fisso attrattivo $x = 0$. La convergenza è tanto più lenta quanto più $f'_\mu(0)$ si avvicina a 1, il che avviene per $\mu \to 1$. Questo rende conto del piccolo addensarsi di punti attorno a $(1, 9)$ nel diagramma. Per $1 \leq \mu < 3$ tutte le orbite sono attratte dal punto fisso $p_\mu = (\mu - 1)/\mu$, e lo si vede chiaramente nel dia-

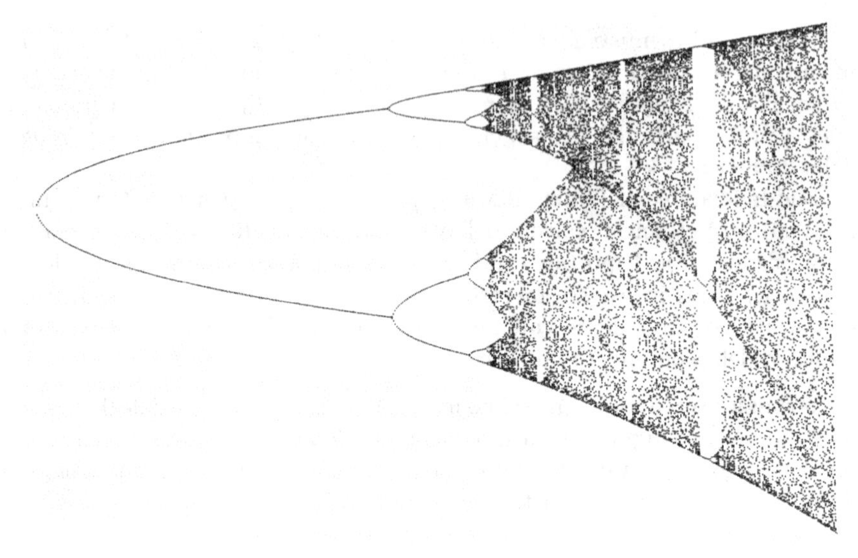

Fig. 6.16. Il diagramma della orbite di f_μ per $3 \leq \mu \leq 4$

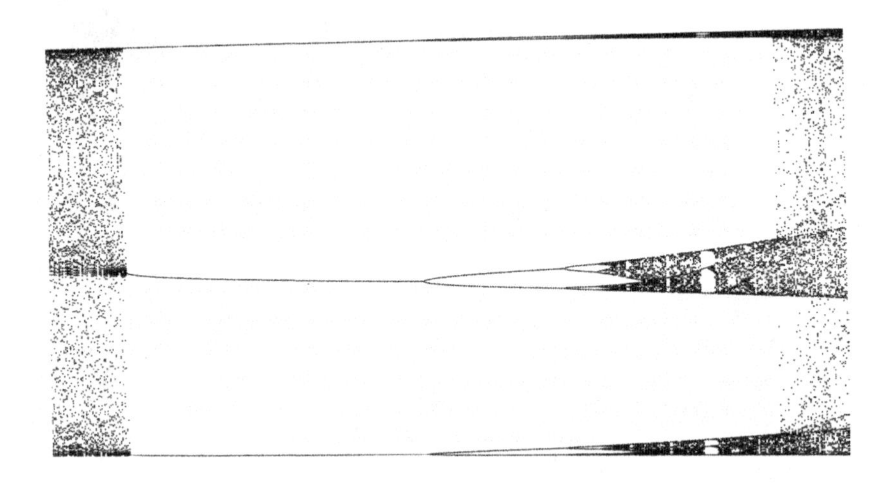

Fig. 6.17. Il diagramma della orbite di f_μ per $3.825 \leq \mu \leq 3.86$

gramma delle orbite. Al crescere di μ si vede una successione di biforcazioni con raddoppiamento del periodo, il che conferma le nostre previsioni.

Si noti che per molti valori di μ oltre il regime di raddoppiamento del periodo sembra che l'orbita di $\frac{1}{2}$ riempia un intervallo. Naturalmente è molto difficile decidere se l'orbita è in realtà densa o se è attratta da un'orbita periodica di periodo molto elevato. Le precisione del calcolatore, limitata anche se molto elevata, non permette di distinguere fra questi due casi. Tuttavia, il diagramma delle orbite dà una certa prova sperimentale che molti dei valori di μ successivi a quelli in cui si ha raddoppiamento del periodo danno origine ad una dinamica caotica.

Questo aspetto lo si vede in modo più convincente nella fig.6.16, dove abbiamo amplificato la porzione del diagramma delle orbite per $3 \leq \mu \leq 4$. Si noti che la successione delle biforcazioni con raddoppiamento del periodo è molto chiaramente visibile.

Il calcolatore ci permette di fare esperimenti sempre più interessanti, ingrandendo la finestra dove l'orbita di $\frac{1}{2}$ è attratta da un'orbita periodica di periodo n. Ingrandendo e ricalcolando questa porzione del diagramma delle orbite, si vede che si verifica sempre lo stesso fenomeno al crescere di μ: f_μ incontra un'altra successione di biforcazioni con raddoppiamento del periodo. Questo lo si vede bene nella fig. 6.17, dove si fa vedere la situazione del periodo 3 per $3.825 \leq \mu \leq 3.86$. Si noti che per molti valori di μ si vede solo un'orbita di periodo 3, che incontra una successione di biforcazioni con raddoppiamento del periodo

7

Dinamica discreta bidimensionale

In questo capitolo studieremo alcune dinamiche bidimensionali, generate da mappe definite sul piano o su altre superfici di dimensione due, come la sfera o il toro, che considereremo fra poco. Anzitutto richiameremo alcune nozioni di algebra per studiare a fondo la dinamica generata dall'iterazione delle trasformazioni lineari del piano in sè. Vedremo che la dinamica bidimensionale eredita alcune caratteristiche, come l'iperbolicità, dalle mappe dell'intervallo. In questo caso però i comportamenti si complicano considerevolmente ed è necessario sviluppare ulteriori strumenti matematici, anche se a volte non del tutto elementari. D'altro canto, la bidimensionalità dei sistemi li rende molto adatti all'esplorazione numerica e alla conseguente visualizzazione al calcolatore. Nei prossimi paragrafi,anche se ci soffermeremo soltanto su sistemi elementari, sfrutteremo a fondo queste opportunità.

7.1 Qualche richiamo di algebra lineare

Consideriamo il piano cartesiano $\mathbb{R}^2$, che possiamo sempre considerare come spazio vettoriale reale di dimensione 2 con la base canonica $\mathbf{e}_1 := (1,0)$, $\mathbf{e}_2 := (0,1)$. Su $\mathbb{R}^2$ si definisce anche il prodotto scalare euclideo $< \mathbf{x}, \mathbf{y} >$ fra due vettori $\mathbf{x} = (x_1, x_2)$ e $\mathbf{y} = (y_1, y_2)$ tramite la formula $\langle \mathbf{x}, \mathbf{y} \rangle := x_1 y_1 + x_2 y_2$. Ricordiamo che un *endomorfismo* , o *trasformazione lineare* è un'applicazione $\mathbf{A} : \mathbb{R}^2 \to \mathbb{R}^2$, $\mathbf{x} \mapsto \mathbf{A}(\mathbf{x})$ che gode della proprietà di essere *lineare*. Un endomorfismo che sia anche invertibile si dice poi *automorfismo*. La proprietà di linearità significa che $\forall \mathbf{x}, \mathbf{y} \in \mathbb{R}^2$ e $\forall \alpha, \beta \in \mathbb{R}$ si ha

$$\mathbf{A}(\alpha \mathbf{x} + b\mathbf{y}) = \alpha \mathbf{A}(\mathbf{x}) + \beta \mathbf{A}(\mathbf{y}) \tag{7.1}$$

Essendo $\mathbf{A}(\mathbf{x})$ un vettore, esso avrà due componenti: $\mathbf{A}(\mathbf{x}) = (A_1, A_2) = A_1 \mathbf{e}_1 + A_2 \mathbf{e}_2$. Se $\mathbf{x} \in \mathbb{R}^2$, $\mathbf{x} = x_1 \mathbf{e}_1 + x_2 \mathbf{e}_2$, per la condizione di linearità (7.1) possiamo scrivere

$$\mathbf{A}(\mathbf{x}) = x_1 \mathbf{A}(\mathbf{e}_1) + x_2 \mathbf{A}(\mathbf{e}_2)$$

Ponendo: $\mathbf{A}(\mathbf{e}_1) = (a_{11}, a_{21}) = a_{11}\mathbf{e}_1 + a_{21}\mathbf{e}_2$, $\mathbf{A}(\mathbf{e}_2) = (a_{12}, a_{22})$ la formula precedente assume la forma

$$\mathbf{A}(\mathbf{x}) = (a_{11}x_1 + a_{12}x_2\,,\, a_{21}x_1 + a_{22}x_2) \tag{7.2}$$

Poiché $\mathbf{A}(\mathbf{x}) = (A_1, A_2)$ ne deduciamo

$$A_1 = a_{11}x_1 + a_{12}x_2 = \sum_{i=1}^{2} a_{1i}x_i; \quad A_2 = a_{21}x_1 + a_{22}x_2 = \sum_{i=1}^{2} a_{2i}x_i \tag{7.3}$$

Vale allora la seguente:

Proposizione 7.1 *Sia $(\mathbf{e}_1, \mathbf{e}_2)$ la base canonica in $\mathbb{R}^2$. Si consideri ogni vettore $x \in \mathbb{R}^2$ come un matrice colonna di ordine 2×1 i cui elementi sono le sue componenti cartesiane (x_1, x_2), cioè le sue componenti rispetto alla base canonica: $\mathbf{x} := \begin{pmatrix} x_1 \\ x_2 \end{pmatrix}$. Allo stesso modo possiamo scrivere $\mathbf{A} := \begin{pmatrix} A_1 \\ A_2 \end{pmatrix}$. Allora $\mathbf{A}(\mathbf{x})$ agisce secondo la regola del prodotto di matrici riga per colonna nel modo seguente:*

$$\mathbf{A}(\mathbf{x}) = \begin{pmatrix} A_1 \\ A_2 \end{pmatrix} = \begin{pmatrix} a_{11} & a_{12} \\ a_{21} & a_{22} \end{pmatrix} \begin{pmatrix} x_1 \\ x_2 \end{pmatrix} \tag{7.4}$$

dove

$$\mathcal{A} := \begin{pmatrix} a_{11} & a_{12} \\ a_{21} & a_{22} \end{pmatrix}$$

è la matrice 2×2 le cui colonne sono le componenti dei vettori $\mathbf{A}(\mathbf{e}_1)$ e $\mathbf{A}(\mathbf{e}_2)$ lungo la base canonica. In forma compatta la (7.4) si scrive

$$\mathbf{A}(\mathbf{x}) = \mathcal{A}\mathbf{x} \tag{7.5}$$

Dimostrazione: Si tratta di una verifica diretta. □

Osservazione 7.1.

1. La Proposizione precedente è un caso particolare di un teorema più generale. Esso afferma che, fissate due basi $E := (\mathbf{e}_1, \mathbf{e}_2)$ e $F := (\mathbf{f}_1, \mathbf{f}_2)$ in $\mathbb{R}^2$, $\forall\, x \in \mathbb{R}^2$ la matrice colonna 2×1 delle componenti di $\mathbf{A}(\mathbf{x})$ rispetto alla base F è data dal prodotto matriciale riga per colonna seguente:

$$\mathcal{A}\begin{pmatrix} x_1 \\ x_2 \end{pmatrix} := \begin{pmatrix} a_{11} & a_{12} \\ a_{21} & a_{22} \end{pmatrix} \begin{pmatrix} x_1 \\ x_2 \end{pmatrix} \tag{7.6}$$

   dove: $\begin{pmatrix} x_1 \\ x_2 \end{pmatrix}$ è la matrice delle componenti di $\mathbf{x}$ rispetto alla base E, cioè $\mathbf{x} = x_1\mathbf{e}_1 + x_2\mathbf{e}_2$, e la matrice $\mathcal{A}$ ha per colonne le componenti di $\mathbf{A}(\mathbf{e}_1)$ e $\mathbf{A}(\mathbf{e}_2)$ rispetto alla base F. Più precisamente, a_{ij} è la componente di $\mathbf{A}(\mathbf{e}_j)$ lungo $\mathbf{f}_i$, $i, j = 1, 2$.
   Dunque fissate due basi qualsiasi l'endomorfismo A può essere rappresentato dalla matrice $\mathcal{A}$ tramite la (7.6). È immediato verificare che due endomorfismi diversi sono rappresentati da matrici diverse.

2. Nella Proposizione 7.1 entrambe le basi E e F coincidono con la base canonica e così si intenderà sempre nel seguito.
3. Viceversa, sia data una matrice 2×2 denotata $\mathcal{B}$:

$$\mathcal{B} = \begin{pmatrix} b_{11} & b_{12} \\ b_{21} & b_{22} \end{pmatrix}$$

Tramite moltiplicazione riga per colonna, come sopra, per un qualsiasi vettore $\mathbf{x} = \begin{pmatrix} x_1 \\ x_2 \end{pmatrix} \in \mathbb{R}^2$ è facile da verificare che rimane definita una trasformazione lineare da $\mathbb{R}^2$ in sè:

$$B(\mathbf{x}) := \mathcal{B}\mathbf{x} = \begin{pmatrix} b_{11} & b_{12} \\ b_{21} & b_{22} \end{pmatrix} \begin{pmatrix} x_1 \\ x_2 \end{pmatrix} = \begin{pmatrix} b_{11}x_1 + b_{12}x_2 \\ b_{21}x_1 + b_{22}x_2 \end{pmatrix}$$

Abbiamo così dimostrato la seguente importante

Proposizione 7.2 *Ogni endomorfismo (o trasformazione) lineare da $\mathbb{R}^2$ in sé è rappresentato da una matrice 2×2 e viceversa, cioè:*

1. *Se $\mathbf{x} \mapsto A(\mathbf{x})$ è un endomorfismo (trasformazione) lineare di $\mathbb{R}^2$, allora esso agisce così:*

$$A(\mathbf{x}) = \mathcal{A}\mathbf{x} = \begin{pmatrix} a_{11} & a_{12} \\ a_{21} & a_{22} \end{pmatrix} \begin{pmatrix} x_1 \\ x_2 \end{pmatrix}$$

dove gli elementi della matrice 2×2 $\mathcal{A}$ sono le componenti dei vettori $\mathbf{A}(\mathbf{e}_1)$ e $\mathbf{A}(\mathbf{e}_2)$ lungo i vettori della base canonica:

2. *Se*

$$\mathcal{B} = \begin{pmatrix} b_{11} & b_{12} \\ b_{21} & b_{22} \end{pmatrix}$$

è una matrice 2×2, allora essa definisce una trasformazione lineare $B(\mathbf{x})$ da $\mathbb{R}^2$ in sé la cui azione sui vettori $\mathbf{x}$ di componenti (x_1, x_2) sulla base canonica, ovvero $\mathbf{x} = x_1\mathbf{e}_1 + x_2\mathbf{e}_2$ cioè $\mathbf{x} = \begin{pmatrix} x_1 \\ x_2 \end{pmatrix}$, è definita mediante la moltiplicazione riga per colonna:

$$B(\mathbf{x}) := \mathcal{B}\mathbf{x} = \begin{pmatrix} b_{11} & b_{12} \\ b_{21} & b_{22} \end{pmatrix} \begin{pmatrix} x_1 \\ x_2 \end{pmatrix}$$

Osservazione 7.2.

1. Consideriamo la decomposizione canonica di $\mathbf{x} \in \mathbb{R}^2$, $\mathbf{x} = x_1\mathbf{e}_1 + x_2\mathbf{e}_2$. Poiché la base canonica è ortogonale, $\langle \mathbf{e}_i, \mathbf{e}_j \rangle = \delta_{i,j}$, prendendo i prodotti scalari con $\mathbf{e}_1$ e $\mathbf{e}_2$ otteniamo subito: $x_1 = \langle \mathbf{x}, \mathbf{e}_1 \rangle$, $x_2 = \langle \mathbf{x}, \mathbf{e}_2 \rangle$. Considerando il caso particolare dei vettori $\mathbf{A}(\mathbf{e}_1)$ e $\mathbf{A}(\mathbf{e}_2)$, le cui componenti lungo la base canonica sono (a_{11}, a_{21}), (a_{12}, a_{22}), rispettivamente, otteniamo la seguente formula per gli elementi della matrice $\mathcal{A}$:

$$a_{11} = \langle \mathbf{e}_1, \mathbf{A}(\mathbf{e}_1) \rangle, \qquad a_{12} = \langle \mathbf{e}_1, \mathbf{A}(\mathbf{e}_2) \rangle$$
$$a_{21} = \langle \mathbf{e}_2, \mathbf{A}(\mathbf{e}_1) \rangle, \qquad a_{22} = \langle \mathbf{e}_2, \mathbf{A}(\mathbf{e}_2) \rangle$$

2. D'ora in poi identificheremo ogni trasformazione lineare A con la matrice 2×2 che la rappresenta sulla base canonica. Seguiremo poi il consueto abuso di notazione di indicare con A, e non più $\mathcal{A}$, la matrice stessa. Si noti che la trasformazione identità e la trasformazione nulla sono rappresentate dalle matrici I e O definite così:

$$I := C = \begin{pmatrix} 1 & 0 \\ 0 & 1 \end{pmatrix} \text{ (matrice identica)}, \quad 0 = \begin{pmatrix} 0 & 0 \\ 0 & 0 \end{pmatrix} \text{ (matrice nulla)}$$

3. La rappresentazione in termini di matrici quadrate delle trasformazioni lineari è la ragione per cui si definisce il prodotto delle matrici riga per colonna. Questo fatto viene messo ancor meglio in evidenza considerando la composizione di due trasformazioni lineari A e B. Vogliamo infatti fare vedere che se A e B sono due trasformazioni lineari rappresentate dalle omonime matrici 2×2, allora $C = A \circ B$ è una trasformazione lineare rappresentata sulla base canonica dalla matrice $C = A \cdot B$, dove $A \cdot B$ denota il prodotto riga per colonna delle matrici A e B. Infatti:

$$B\mathbf{x} = \begin{pmatrix} b_{11} & b_{12} \\ b_{21} & b_{22} \end{pmatrix} \begin{pmatrix} x_1 \\ x_2 \end{pmatrix} = \begin{pmatrix} b_{11}x_1 + b_{12}x_2 \\ b_{21}x_1 + b_{22}x_2 \end{pmatrix}$$

$$A \circ B\mathbf{x} = A(B\mathbf{x}) = \begin{pmatrix} a_{11} & a_{12} \\ a_{21} & a_{22} \end{pmatrix} \begin{pmatrix} b_{11}x_1 + b_{12}x_2 \\ b_{21}x_1 + b_{22}x_2 \end{pmatrix} =$$

$$\begin{pmatrix} a_{11}b_{11}x_1 + a_{12}b_{21}x_1 & a_{11}b_{12}x_2 + a_{12}b_{22}x_2 \\ a_{21}b_{11}x_1 + a_{22}b_{21}x_1 & a_{21}b_{12}x_2 + a_{22}b_{22}x_2 \end{pmatrix} =$$

$$\begin{pmatrix} a_{11}b_{11} + a_{12}b_{21} & a_{11}b_{12} + a_{12}b_{22} \\ a_{21}b_{11} + a_{22}b_{21} & a_{21}b_{12} + a_{22}b_{22} \end{pmatrix} \begin{pmatrix} x_1 \\ x_2 \end{pmatrix} = C \begin{pmatrix} x_1 \\ x_2 \end{pmatrix}$$

4. Abbiamo fin qui discusso le trasformazioni lineari e la loro rappresentazione in termini di matrici, per semplicità, nel caso bidimensionale del piano $\mathbb{R}^2$. È del tutto evidente che le considerazioni che precedono si applicano senza alcuna variazione al caso delle trasformazioni lineari in $\mathbb{R}^n$ che saranno rappresentate da matrici $n \times n$. Tuttavia nel seguito ci limiteremo a trattare le matrici 2×2 soprattutto per non appesantire inutilmente la notazione.

La rappresentazione in termini di matrici ci permette di caratterizzare immediatamente il nucleo $\mathcal{N}(A)$, e quindi le proprietà di invertibilità, di qualsiasi applicazione lineare A in $\mathbb{R}^2$. Ricordiamo infatti anzitutto che il *nucleo* di un'applicazione lineare A è la controimmagine del vettore nullo in $\mathbb{R}^2$ attraverso A, cioè:

$$\mathcal{N}(A) := \{\mathbf{x} \in \mathbb{R}^2 \mid A(\mathbf{x}) = 0\}$$

Vale allora il risultato ben noto dall'algebra lineare:

Proposizione 7.3 *Sia A una trasformazione lineare in $\mathbb{R}^2$ diversa dalla trasformazione identicamente nulla. Sia A la matrice che rappresenta A sulla base canonica. Allora vale la seguente alternativa:*

1. *Il nucleo* $\mathcal{N}(A) \neq \{0\}$ *se e solo se* $\det A = 0$. *In tal caso* $\mathcal{N}(A)$ *ha dimensione* 1 *ed è il sottospazio delle soluzioni del sistema lineare e omogeneo*

$$A\mathbf{x} = 0 \Longleftrightarrow \begin{pmatrix} a_{11} & a_{12} \\ a_{21} & a_{22} \end{pmatrix} \begin{pmatrix} x_1 \\ x_2 \end{pmatrix} = 0 \Longleftrightarrow \begin{cases} a_{11}x_1 + a_{12}x_2 = 0 \\ a_{21}x_1 + a_{22}x_2 = 0 \end{cases}$$

Questo sottospazio si ottiene fissando una qualunque soluzione non nulla del sistema precedente e prendendo lo spazio unidimensionale da essa generato.

2. A *è iniettiva e suriettiva, cioè biunivoca su* $\mathbb{R}^2$, *se e solo se* $\det A \neq 0$. *In tal caso la trasformazione inversa* A^{-1} *è rappresentata dalla matrice inversa:*

$$A^{-1} := \frac{1}{\det A} \begin{pmatrix} a_{22} & -a_{21} \\ -a_{12} & a_{11} \end{pmatrix}$$

Ciò significa che $\forall\, \mathbf{u} \in \mathbb{R}^2$ *l'equazione* $A\mathbf{x} = \mathbf{u}$ *ammette la soluzione unica* $\mathbf{x} = A^{-1}\mathbf{u}$. *In forma esplicita, questa affermazione significa che il sistema lineare non omogeneo nella due incognite* x_1, x_2*:*

$$A\mathbf{x} = \mathbf{u} \Longleftrightarrow \begin{pmatrix} a_{11} & a_{12} \\ a_{21} & a_{22} \end{pmatrix} \begin{pmatrix} x_1 \\ x_2 \end{pmatrix} = \begin{pmatrix} u_1 \\ u_2 \end{pmatrix} \Longleftrightarrow \begin{cases} a_{11}x_1 + a_{12}x_2 = u_1 \\ a_{21}x_1 + a_{22}x_2 = u_2 \end{cases}$$

ammette la soluzione unica, data dalla formula di Cramer:

$$\begin{pmatrix} x_1 \\ x_2 \end{pmatrix} = \frac{1}{\det A} \begin{pmatrix} a_{22} & -a_{21} \\ -a_{12} & a_{11} \end{pmatrix} \begin{pmatrix} u_1 \\ u_2 \end{pmatrix} \Longleftrightarrow \begin{cases} x_1 = \dfrac{a_{22}u_1 - a_{21}u_2}{\det A} \\[2ex] x_2 = \dfrac{-a_{12}u_1 + a_{11}u_2}{\det A} \end{cases}$$

Osservazione 7.3.

1. Le operazioni di somma $C := A + B$ di due matrici 2×2, e quella di moltiplicazione per un numero reale α, $D := \alpha A$, sono definite come sappiamo nel modo seguente:

$$C = \begin{pmatrix} c_{11} & c_{12} \\ c_{21} & c_{22} \end{pmatrix} = \begin{pmatrix} a_{11} + b_{11} & a_{12} + b_{12} \\ a_{21} + b_{21} & a_{22} + b_{22} \end{pmatrix}; \qquad D = \begin{pmatrix} \alpha a_{11} & \alpha a_{12} \\ \alpha a_{21} & \alpha a_{22} \end{pmatrix}$$

Con queste operazioni le matrici 2×2 formano uno spazio vettoriale. Le matrici 2×2 formano poi come sappiamo un anello rispetto alle operazioni di somma elemento per elemento e moltiplicazione riga per colonna. Questo anello contiene dei divisori dello zero. In altre parole, la legge di annullamento del prodotto $AB = 0$ se e *solo se* o $A = 0$ o $B = 0$ non vale. Ad esempio:

$$A := \begin{pmatrix} 0 & 1 \\ 0 & 0 \end{pmatrix} \Longrightarrow \quad A^2 = \begin{pmatrix} 0 & 0 \\ 0 & 0 \end{pmatrix}$$

2. Le matrici invertibili sono tutte e sole quelle a determinante non nullo. Poiché $\det AB = \det A \cdot \det B$, anche AB e BA sono invertibili e quindi le matrici 2×2 invertibili formano gruppo (non abeliano) rispetto alla moltiplicazione riga per colonna, con elemento neutro I, la matrice identità. Questo gruppo è denotato GL(2) (GL sta per generale lineare).
3. La proprietà $\det AB = \det A \cdot \det B$ (il determinante del prodotto vale il prodotto dei determinanti) può apparire misteriosa se dimostrata per via puramente algebrica. Il mistero scompare se si ricorre alla interpretazione geometrica del determinante (fig.7.1): il determinante

$$d := \det \begin{pmatrix} x_1 & y_1 \\ x_2 & y_2 \end{pmatrix} = (x_1 y_2 - x_2 y_1)$$

è l'area *orientata* del parallelogramma costruito sui vettori di componenti (x_1, y_1) e (x_2, y_2) rispetto alla base canonica, cioè il parallelogramma che ha per vertici i 4 punti di coordinate $(0,0)$, (x_1, y_1), (x_2, y_2) e $(x_1 + y_1, x_2 + y_2)$. Si vede subito, infatti, che l'area di questo parallelogramma vale $x_1 y_2 - x_2 y_1$. Si conviene di prenderla orientata *positivamente* se tale numero è positivo, e *negativamente* se è negativo.

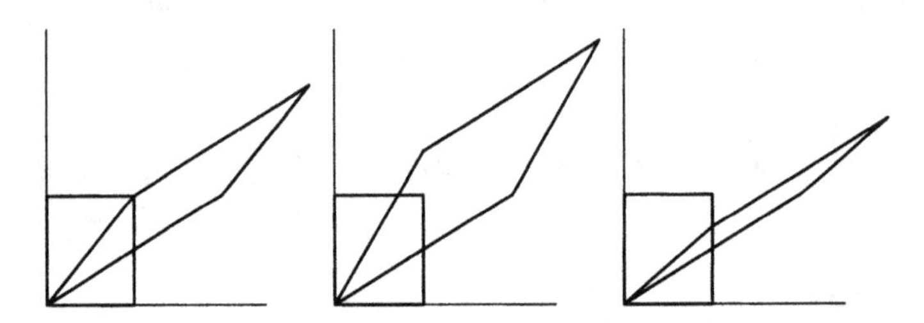

Fig. 7.1. Il quadrato unitario e la sua immagine sotto l'azione di una mappa lineare A nel caso in cui $\det A = 1$ (sinistra), $\det A > 1$ (centro) e $\det A < 1$ (destra)

Esercizio 7.1. Dimostrare che l'area del parallelogramma così definito vale in effetti $x_1 y_2 - x_2 y_1$.

7.2 Autovalori e autovettori. Iterazione di matrici

Data la matrice 2×2 A, poniamoci il problema di calcolarne le potenze successive $A^n, n = 2, 3, \ldots; A^0 = I, A^1 = A$, $A^n = A \cdot A^{n-1}$. Si vede subito che l'applicazione bovina della regola del prodotto riga per colonna dà origine a formule di grande complicazione perché alla potenza n si ottiene una matrice i cui elementi sono ciascuno la somma di 2^{n-1} termini.

Esercizio 7.2. Dimostrare quest'ultima affermazione.

Soluzione. Procediamo per induzione. L'affermazione è vera per $n = 1$. Assumiamola vera per $n - 1$:

$$A^{n-1} = \begin{pmatrix} a(n-1)_{11} & a(n-1)_{12} \\ a(n-1)_{21} & a(n-1)_{22} \end{pmatrix}$$

dove ognuno degli elementi $a(n-1)_{ij}$, $i, j = 1, 2$ è la somma di 2^{n-1} termini. Allora

$$A^n = \begin{pmatrix} a(n-1)_{11} & a(n-1)_{12} \\ a(n-1)_{21} & a(n-1)_{22} \end{pmatrix} \begin{pmatrix} a_{11} & a_{12} \\ a_{12} & a_{22} \end{pmatrix} =$$

$$= \begin{pmatrix} a(n-1)_{11}a_{11} + a(n-1)_{12}a_{21} & a(n-1)_{11}a_{12} + a(n-1)_{12}a_{22} \\ a(n-1)_{21}a_{11} + a(n-1)_{22}a_{21} & a(n-1)_{21}a_{12} + a(n-1)_{22}a_{22} \end{pmatrix}$$

Quindi ogni elemento è esattamente la somma di $2^{n-1} \cdot 2 = 2^n$ termini.

Esistono tuttavia casi in cui il calcolo di A^n è immediato:

Esempio 7.1.

1. A è diagonale: $A = \begin{pmatrix} \lambda & 0 \\ 0 & \mu \end{pmatrix}$, cioè tutti gli elementi fuori dalla diagonale principale sono nulli. In questo caso si calcola immediatamente:
$$A^n = \begin{pmatrix} \lambda^n & 0 \\ 0 & \mu^n \end{pmatrix}$$
2. A è triangolare, cioè tale che $a_{21} = 0$ (*triangolare superiore*) oppure $a_{12} = 0$ (*triangolare inferiore*). Consideriamo i casi particolari
$$A = \begin{pmatrix} 1 & \lambda \\ 0 & 1 \end{pmatrix}; \qquad A = \begin{pmatrix} 1 & 0 \\ \lambda & 1 \end{pmatrix}$$
In tal caso si calcola
$$A^n = \begin{pmatrix} 1 & n\lambda \\ 0 & 1 \end{pmatrix} \text{ (superiore)}; \quad A^n = \begin{pmatrix} 1 & 0 \\ n\lambda & 1 \end{pmatrix} \text{ (inferiore)} \tag{7.7}$$
3. A è una radice quadrata, cioè:
$$A = \begin{pmatrix} 0 & a \\ -a & 0 \end{pmatrix} \quad \text{oppure} \quad A = \begin{pmatrix} 0 & -a \\ a & 0 \end{pmatrix}$$
In tal caso si ha, per $n = 1, 2, \ldots$
$$A^{2n} = (-1)^n a^{2n} I = a^{2n} \begin{pmatrix} 1 & 0 \\ 0 & 1 \end{pmatrix}; \qquad A^{2n+1} = (-1)^n a^{2n} A \tag{7.8}$$

4. A è della forma $A := \begin{pmatrix} \alpha & \beta \\ -\beta & \alpha \end{pmatrix}$ (si noti che l'esempio precedente è incluso in questo con $\alpha = 0$ e $\beta = a$). Allora vale la formula (nel secondo caso; formula analoga nel primo):

$$A^n = (\alpha^2 + \beta^2)^{n/2} \begin{pmatrix} \cos[n\mathrm{arctg}(\beta/\alpha)] & -\sin[n\mathrm{arctg}(\beta/\alpha)] \\ \sin[n\mathrm{arctg}(\beta/\alpha)] & \cos[n\mathrm{arctg}(\beta/\alpha)] \end{pmatrix} \tag{7.9}$$

I coefficienti di A^n possono poi essere riespressi come polinomi in α e β notando che

$$\cos \mathrm{arctg}(\beta/\alpha) = \frac{\alpha}{\sqrt{\alpha^2 + \beta^2}}, \quad \sin \mathrm{arctg}(\beta/\alpha) = \frac{\beta}{\sqrt{\alpha^2 + \beta^2}}$$

e facendo poi uso delle formule di moltiplicazione per i seni e i coseni.

Esercizio 7.3.
Dimostrare le formule (7.7,7.8,7.9).

Soluzione. Per dimostrare la (7.7) procediamo per induzione. La formula è vera per $n = 1$. Ammettiamola vera per n, e dimostriamola per $n + 1$. Si ha, considerando il caso superiore:

$$A^{n+1} = A^n \cdot A = \begin{pmatrix} 1 & n\lambda \\ 0 & 1 \end{pmatrix} \cdot \begin{pmatrix} 1 & \lambda \\ 0 & 1 \end{pmatrix} = \begin{pmatrix} 1 & (n+1)\lambda \\ 0 & 1 \end{pmatrix}$$

il che prova l'asserzione per il caso triangolare superiore. Quello inferiore è completamente analogo.

Quanto alla (7.8), sia $J := \begin{pmatrix} 0 & 1 \\ -1 & 0 \end{pmatrix}$, oppure $J := \begin{pmatrix} 0 & -1 \\ 1 & 0 \end{pmatrix}$. Si trova subito che in entrambi i casi $J^2 = -I$ dove I, ricordiamo, è la matrice identità. Pertanto $J^4 = I$ e si vede quindi che le matrici J sono radici quarte dell'identità. Quindi $J^{2n} = (-1)^n I$, e $J^{2n+1} = J^{2n} J = (-1)^n IJ = (-1)^n J$. Notando che possiamo scrivere $A = aJ$ otteniamo subito la (7.8). Passiamo ora alla (7.9). Moltiplicando e dividendo ogni elemento della matrice per $\sqrt{\alpha^2 + \beta^2}$ si trova

$$A = \sqrt{\alpha^2 + \beta^2} \begin{pmatrix} \frac{\alpha}{\sqrt{\alpha^2 + \beta^2}} & -\frac{\beta}{\sqrt{\alpha^2 + \beta^2}} \\ \frac{\beta}{\sqrt{\alpha^2 + \beta^2}} & \frac{\alpha}{\sqrt{\alpha^2 + \beta^2}} \end{pmatrix}$$

Consideriamo ora un triangolo rettangolo di cateti α e β. L'ipotenusa sarà $\sqrt{\alpha^2 + \beta^2}$, e per definizione di seno e coseno possiamo porre $\cos\theta = \frac{\alpha}{\sqrt{\alpha^2 + \beta^2}}$, $\sin\theta = \frac{\beta}{\sqrt{\alpha^2 + \beta^2}}$ da cui

$$A = \sqrt{\alpha^2+\beta^2}\begin{pmatrix} \cos\theta & -\sin\theta \\ \sin\theta & \cos\theta \end{pmatrix} = \sqrt{\alpha^2+\beta^2}R(\theta), \quad R(\theta) := \begin{pmatrix} \cos\theta & -\sin\theta \\ \sin\theta & \cos\theta \end{pmatrix}$$

Ricordiamo ora che $R(\theta)$ è la matrice di rotazione degli assi coordinati di angolo θ rispetto ad un asse ortogonale al piano e passante per l'origine (ciò che rappresenta l'interpretazione geometrica dell'azione di A). Infatti, facciamola agire sui vettori della base canonica $\mathbf{e}_1 = \begin{pmatrix} 1 \\ 0 \end{pmatrix}$, $\mathbf{e}_2 = \begin{pmatrix} 0 \\ 1 \end{pmatrix}$. Si ha:

$$\begin{pmatrix} \cos\theta & -\sin\theta \\ \sin\theta & \cos\theta \end{pmatrix}\begin{pmatrix} 1 \\ 0 \end{pmatrix} = \begin{pmatrix} \cos\theta \\ \sin\theta \end{pmatrix}, \quad \begin{pmatrix} \cos\theta & -\sin\theta \\ \sin\theta & \cos\theta \end{pmatrix}\begin{pmatrix} 0 \\ 1 \end{pmatrix} = \begin{pmatrix} -\sin\theta \\ \cos\theta \end{pmatrix}$$

Dunque il vettore $\mathbf{e}_1$ viene trasformato nel vettore di componenti $(\cos\theta, \sin\theta)$ e il vettore $\mathbf{e}_2$ nel vettore di componenti $(-\sin\theta, \cos\theta)$, questa azione è per definizione una rotazione di angolo θ.

Proviamo ora per induzione il fatto molto intuitivo che facendo agire n volte $R(\theta)$, cioè facendo la potenza $R(\theta)^n$, si ottiene una rotazione di angolo $n\theta$. Pertanto la potenza n-esima di R sarà la matrice di rotazione di angolo $n\theta$:

$$R(\theta)^n = \begin{pmatrix} \cos n\theta & -\sin n\theta \\ \sin n\theta & \cos n\theta \end{pmatrix} = R(n\theta) \tag{7.10}$$

Calcoliamo per cominciare $R(\theta)^2$. Si trova subito:

$$R(\theta)^2 = \begin{pmatrix} \cos^2\theta - \sin^2\theta & -\cos\theta\sin\theta - \sin\theta\cos\theta \\ 2\sin\theta\cos\theta & -\sin^2\theta + \cos^2\theta \end{pmatrix} = \begin{pmatrix} \cos 2\theta & -\sin 2\theta \\ \sin 2\theta & \cos 2\theta \end{pmatrix}$$

Facciamo ora vedere, per completare l'induzione, che la (7.10) implica la validità della medesima formula con $n+1$ al posto di n. Si ha infatti:

$$\begin{aligned} R(\theta)^{n+1} &= \begin{pmatrix} \cos n\theta & -\sin n\theta \\ \sin n\theta & \cos n\theta \end{pmatrix}\begin{pmatrix} \cos\theta & -\sin\theta \\ \sin\theta & \cos\theta \end{pmatrix} = \\ &= \begin{pmatrix} \cos n\theta\cos\theta \sin n\theta\cos\theta & -\cos n\theta\sin\theta - \sin n\theta\cos\theta \\ \sin n\theta\cos\theta + \cos n\theta\sin\theta & -\sin n\theta\cos\theta + \cos n\theta\cos\theta \end{pmatrix} \\ &= \begin{pmatrix} \cos(n+1)\theta & -\sin(n+1)\theta \\ \sin(n+1)\theta & \cos(n+1)\theta \end{pmatrix} \end{aligned}$$

Quindi

$$\begin{aligned} A^n &= (\alpha^2+\beta^2)^{n/2}R(\theta)^n \\ &= (\alpha^2+\beta^2)^{n/2}\begin{pmatrix} \cos[n\mathrm{arctg}(\beta/\alpha)] & -\sin[n\mathrm{arctg}(\beta/\alpha)] \\ \sin[n\mathrm{arctg}(\beta/\alpha)] & \cos[n\mathrm{arctg}(\beta/\alpha)] \end{pmatrix} \end{aligned}$$

perché $\theta = \mathrm{arctg}(\beta/\alpha)$.

Gli esempi precedenti sono solo apparentemente particolari. Vedremo infatti che, a patto di scegliere la base giusta, e di ammettere che λ e μ possano assumere anche valori complessi, *tutte* le matrici 2×2 assumono la forma diagonale o triangolare. In altre parole, la applicazione lineare è rappresentata da una matrice non diagonale o non triangolare perché se ne cerca la rappresentazione sotto forma di matrice nella base canonica; se si trova invece la base giusta, essa assume la forma voluta. Per trovare la base giusta, dobbiamo introdurre alcune nozioni importanti e generali.

Definizione 7.1 *Sia A una matrice 2×2. Allora:*

1. *Il polinomio di secondo grado in λ $p(\lambda)$ definito come*

$$p(\lambda) := \det(A - \lambda I) = \det \begin{pmatrix} a_{11} - \lambda & a_{12} \\ a_{21} & a_{22} - \lambda \end{pmatrix} \tag{7.11}$$

si dice polinomio caratteristico *della matrice A. Esplicitamente:*

$$p(\lambda) = \lambda^2 - (a_{11} + a_{22})\lambda + (a_{11}a_{22} - a_{12}a_{21}) \tag{7.12}$$

2. *Ogni radice (reale o complessa) del polinomio caratteristico, cioè ogni soluzione dell'*equazione caratteristica *della matrice A:*

$$p(\lambda) = 0 \tag{7.13}$$

si dice autovalore di A, di molteplicità pari alla sua molteplicità come radice dell'equazione caratteristica.

3. *Sia λ un autovalore di A. Ogni vettore $\mathbf{v} \neq 0$ tale che*

$$A\mathbf{v} = \lambda \mathbf{v} \tag{7.14}$$

si dice autovettore *di A corrispondente all'autovalore λ.*

Osservazione 7.4.

1. Si noti che su un autovettore $\mathbf{v}$ la trasformazione lineare A agisce semplicemente come moltiplicazione per il numero λ (l'autovalore): $A\mathbf{v} = \lambda\mathbf{v}$. Quindi $A^n\mathbf{v} = \lambda^n\mathbf{v}\ \forall n$.
2. Noto l'autovalore λ, gli autovettori corrispondenti sono i vettori $\mathbf{v}$ tali che $(A-\lambda I)\mathbf{v} = 0$, cioè gli elementi del nucleo $\mathcal{N}(A-\lambda I)$ della trasformazione lineare $A - \lambda I$. Essi si trovano risolvendo l'equazione (7.14), cioè $(A - \lambda I)\mathbf{v} = 0$. Scritta esplicitamente per componenti, dato che $\mathbf{v} = (v_1, v_2)$ essa equivale al sistema lineare omogeneo

$$\begin{cases} (a_{11} - \lambda)v_1 + a_{12}v_2 = 0 \\ a_{21}v_1 + (a_{22} - \lambda)v_2 = 0 \end{cases} \tag{7.15}$$

Questo sistema ha soluzioni diverse da quella banale perché il determinante dei coefficienti è per ipotesi nullo dato che λ è autovalore. Naturalmente due qualunque di questi autovettori sono linearmente dipendenti perché uno è multiplo dell'altro. Più precisamente, notiamo che l'insieme degli autovettori corrispondente ad un medesimo autovalore λ, è uno spazio vettoriale, di dimensione non superiore a 2 perché è un sottospazio di $\mathbb{R}^2$, detto *autospazio* di λ. Infatti se $\mathbf{u}_1$ e $\mathbf{u}_2$ sono autovettori di A corrispondenti all'autovalore λ, $A\mathbf{u}_1 = \lambda \mathbf{u}_1$, $A\mathbf{u}_2 = \lambda \mathbf{u}_2$, si ha per la linearità di A:

$$A(\alpha \mathbf{u}_1 + \beta \mathbf{u}_2) = \alpha A\mathbf{u}_1 + \beta A\mathbf{u}_2 = \alpha\lambda \mathbf{u}_1 + \beta\lambda \mathbf{u}_2 = \lambda(\alpha \mathbf{u}_1 + \beta \mathbf{u}_2)\ \forall\,(\alpha,\beta) \in \mathbb{R}$$

e pertanto anche $\lambda(\alpha\mathbf{u}_1 + \beta\mathbf{u}_2)$ è autovettore corrispondente all'autovalore λ.

L'esempio più semplice è la matrice identità $A = I$. Essa ammette il solo autovalore 1, e l'autospazio è tutto $\mathbb{R}^2$.

3. Si noti che ogni autovettore è definito a meno di una costante moltiplicativa (come lo sono, del resto, tutte le soluzioni non banali di un sistema lineare omogeneo): se $\mathbf{v}$ è autovettore di A, $A\mathbf{v} = \lambda\mathbf{v}$, allora anche $\mathbf{w} := \alpha\mathbf{v}$ lo è $\forall\ \alpha \neq 0$. Naturalmente tutti questi vettori sono linearmente dipendenti fra loro.
4. Poiché la somma delle radici del polinomio caratteristico vale il coefficiente del termine di primo grado, e il loro prodotto quello di grado 0, per la (7.12) si ha $\lambda_1 + \lambda_2 = a_{11} + a_{22}$, $\lambda_1 \cdot \lambda_2 = a_{11} \cdot a_{22} - a_{12} \cdot a_{21} = \det(A)$. Se definiamo *traccia* della matrice A, denotata TrA, la somma dei suoi elementi diagonali, possiamo concludere che $\lambda_1 + \lambda_2 = \mathrm{TrA}$. Pertanto l'equazione caratteristica $p(\lambda) = 0$ può essere riscritta così:

$$\lambda^2 - \mathrm{TrA}\lambda + \det(A) = 0 \tag{7.16}$$

5. Dato che $\det(A) = \lambda_1 \cdot \lambda_2$, la condizione necessaria e sufficiente "algebrica" affinché A sia invertibile è che i suoi autovalori siano tutti diversi da 0. La stessa cosa si può vedere per via "geometrica" osservando che $\lambda = 0$ è autovalore se e solo se $\exists\, \mathbf{u} \neq 0$ tale che $A\mathbf{u} = 0$ il che equivale a dire che A non è invertibile.

Esercizio 7.4. Trovare autovalori e autovettori delle seguenti matrici 2×2:

$$D := \begin{pmatrix} \mu & 0 \\ 0 & \nu \end{pmatrix}; \quad A := \begin{pmatrix} \alpha & \beta \\ -\beta & \alpha \end{pmatrix}; \quad \Lambda = \begin{pmatrix} 1 & a \\ 0 & 1 \end{pmatrix} \tag{7.17}$$

Soluzione. Il caso della matrice diagonale D è banale: si ha subito $\lambda_1 = \mu$, $\mathbf{v}_1 = \mathbf{e}_1$, $\lambda_2 = \nu$, $\mathbf{v}_2 = \mathbf{e}_2$. Trattiamo ora A. L'equazione caratteristica (7.13) qui diventa, tenendo conto della definizione (7.11):

$$\lambda^2 - 2\alpha\lambda + \alpha^2 + \beta^2 = 0$$

che ammette le due soluzioni complesse coniugate $\lambda_{1,2} = \alpha \pm i\beta$. A ammette quindi i due autovalori $\lambda_1 = \alpha + i\beta$, $\lambda_2 = \alpha - i\beta$, distinti e quindi di molteplicità

1 *semplici* (un autovalore di molteplicità 1 si dice semplice) se $\beta \neq 0$. Calcoliamo gli autovettori risolvendo il sistema lineare omogeneo (7.15) cominciando da $\lambda = \lambda_1 = \alpha + i\beta$. Il sistema è:

$$\begin{cases} (\alpha - \lambda_1)v_1 + \beta v_2 = 0 \\ -\beta v_1 + (\alpha - \lambda_1)v_2 = 0 \end{cases} \quad \text{ovvero} \quad \begin{cases} -i\beta v_1 + \beta v_2 = 0 \\ -\beta v_1 - i\beta v_2 = 0 \end{cases}$$

Si noti che le due equazioni dell'ultimo sistema sono in realtà una sola, così come deve essere dato che il determinante del sistema è nullo. Per risolvere il sistema omogeneo, fissando ad esempio $v_1 = 1$, otteniamo $v_2 = i$. Quindi un autovettore $\mathbf{v}_1$ corrispondente a λ_1 è $\mathbf{v}_1 = \begin{pmatrix} 1 \\ i \end{pmatrix} = \mathbf{e}_1 + i\mathbf{e}_2$, e ogni altro si ottiene da questo tramite moltiplicazione per una costante arbitraria. Analogamente si ottiene $\mathbf{v}_2 = \begin{pmatrix} 1 \\ -i \end{pmatrix} = \mathbf{e}_1 - i\mathbf{e}_2$ per l'autovettore corrispondente a λ_2. Si noti che questi autovettori sono complessi, e quindi non appartengono a $\mathbb{R}^2$. Il modo più semplice e naturale di risolvere questa contraddizione apparente è quello di fare agire A su $\mathbb{C}^2$ invece che su $\mathbb{R}^2$. $\mathbb{C}^2$ con le operazioni di somma e moltiplicazione per uno scalare (complesso) è infatti uno spazio vettoriale al pari di $\mathbb{R}^2$, e la matrice A, che possiamo assumere ad elementi complessi, agisce sempre tramite moltiplicazione riga per colonna, stavolta fra numeri complessi.

Passiamo ora a Λ. L'equazione caratteristica sarà

$$(1 - \lambda)^2 = 0$$

che ammette la radice doppia $\lambda = 1$. Quindi c'è un solo autovalore di molteplicità 2. Per calcolare gli autovettori, scriviamo anche qui il sistema omogeneo $(\Lambda - \lambda I)\mathbf{v} = 0$, che ora assume evidentemente la forma

$$\begin{cases} a v_2 = 0 \\ 0 = 0 \end{cases}$$

le cui soluzioni sono $v_2 = 0$ e $a \neq 0$ e $v_1 = v$ con $v \in \mathbb{R}$ arbitrario. Poiché $(v, 0) = v(1, 0)$ possiamo prendere $\mathbf{e}_1 = (1, 0)$ come autovettore e tutti gli altri si ottengono da questo tramite moltiplicazione per lo scalare v. In questo caso quindi nonostante ci siano due autovalori (ricordiamo che ogni autovalore va contato un numero di volte pari alla sua molteplicità) l'autospazio generato dagli autovettori ha dimensione 1.

I casi delle matrici D, A e Λ sono solo apparentemente particolari. In realtà essi essenzialmente esauriscono le matrici 2×2 come ora vedremo.

Definizione 7.2 *Due trasformazioni lineari A e B in $\mathbb{R}^2$ (identificate al solito con le matrici A e B) si dicono* simili *o* linearmente coniugate *se esiste una trasformazione lineare invertibile Q (detta* similitudine*) tale che*

$$A = QBQ^{-1} \tag{7.18}$$

Osservazione 7.5. Se due trasformazioni A e B sono coniugate dalla similitudine Q, la stessa proprietà vale per ogni loro potenza A^n e B^n: $A^n = QB^nQ^{-1}$. Infatti, applicando n volte la (7.18) si ottiene:

$$A^n = [QBQ^{-1}]^n = [QBQ^{-1}QBQ^{-1} \cdots QBQ^{-1}] = QB^nQ^{-1}$$

Teorema 7.1 *Siano A e B due trasformazioni lineari simili. Allora:*

1. *A e B hanno gli stessi autovalori;*
2. *Sia $L := \begin{pmatrix} l_{11} & l_{12} \\ l_{21} & l_{22} \end{pmatrix}$ una matrice 2×2 arbitraria. Allora esiste una trasformazione di similitudine Q tale che QLQ^{-1} assume una delle tre forme D, A o Λ della (7.17).*

Dimostrazione: L'equazione caratteristica per A è $\det(A - \lambda I) = 0$, e quella di B $\det(B - \lambda I) = 0$. Ora si ha

$$\begin{aligned} \det(B - \lambda I) &= \det(QAQ^{-1} - \lambda QQ^{-1}) = \det[Q(A - \lambda I)Q^{-1}] \\ &= \det Q \det(A - \lambda I) \det Q^{-1} \end{aligned}$$

dato che $QQ^{-1} = I$ e che il determinante del prodotto vale il prodotto dei determinanti. Ora:

$$1 = \det I = \det(QQ^{-1}) = \det Q \det Q^{-1} \Longrightarrow \det Q = 1/\det Q^{-1} \neq 0.$$

Quindi le due equazioni $\det(A - \lambda I) = 0$ e $\det(B - \lambda I) = 0$ hanno le stesse radici. Questo prova l'affermazione 1.

Per provare l'affermazione 2 costruiamo esplicitamente la matrice di coniugazione Q. Cominciamo con l'assumere che L abbia autovalori complessi $\alpha \pm i\beta$. Ricordiamo l'osservazione del Capitolo 1 che gli autovalori di L, se complessi, devono essere l'uno il coniugato dell'altro perché l'equazione caratteristica ha coefficienti reali. Procedendo esattamente come nella soluzione dell'esercizio precedente si trova subito che in tal caso esistono due autovettori linearmente indipendenti $\mathbf{w}_1$ e $\mathbf{w}_2$ le cui componenti sono a priori complesse. Separando parti reali e immaginarie scriviamo allora $\mathbf{w}_1 = \mathbf{v}_1 + i\mathbf{v}_2$ dove ora $\mathbf{v}_1$ e $\mathbf{v}_2$ sono vettori reali. Poiché $L\mathbf{w} = (\alpha + i\beta)\mathbf{w}$ ne segue, separando ancora parte reale e parte immaginaria, cioè scrivendo $L\mathbf{w} = L\mathbf{v}_1 + iL\mathbf{v}_2$, $(\alpha + i\beta)\mathbf{w} = (\alpha + i\beta)(\mathbf{v}_1 + i\mathbf{v}_2) = (\alpha\mathbf{v}_1 - \beta\mathbf{v}_2) + i(\beta\mathbf{v}_1 + \alpha\mathbf{v}_2)$:

$$\begin{aligned} L\mathbf{v}_1 &= \alpha\mathbf{v}_1 - \beta\mathbf{v}_2; \\ L\mathbf{v}_2 &= \beta\mathbf{v}_1 + \alpha\mathbf{v}_2 \end{aligned}$$

ovvero, scrivendo esplicitamente le componenti:

$$\begin{pmatrix} l_{11}v_{11} + l_{12}v_{12} \\ l_{21}v_{11} + l_{22}v_{12} \end{pmatrix} = \begin{pmatrix} \alpha v_{11} - \beta v_{21} \\ \alpha v_{12} - \beta v_{22} \end{pmatrix}; \tag{7.19}$$

$$\begin{pmatrix} l_{11}v_{21} + l_{12}v_{22} \\ l_{21}v_{21} + l_{22}v_{22} \end{pmatrix} = \begin{pmatrix} \beta v_{11} + \alpha v_{21} \\ \beta v_{12} + \alpha v_{22} \end{pmatrix} \tag{7.20}$$

Sia ora Q la matrice 2×2 le cui colonne sono i vettori $\mathbf{v}_1$ e $\mathbf{v}_2$, o, equivalentemente, la matrice Q tale che $Q\mathbf{e}_j = \mathbf{v}_j$, cioè $\mathbf{e}_j = Q^{-1}\mathbf{v}_j$:

$$Q := \begin{pmatrix} v_{11} & v_{21} \\ v_{12} & v_{22} \end{pmatrix} \tag{7.21}$$

Q è invertibile perché i vettori $\mathbf{v}_1$ e $\mathbf{v}_2$ sono linearmente indipendenti. Infatti:

$$\text{detQ} = 0 \iff v_{11}v_{22} - v_{21}v_{12} = 0 \iff \frac{v_{11}}{v_{12}} = \frac{v_{21}}{v_{11}}$$

il che equivale alla lineare dipendenza di $\mathbf{v}_1$ e $\mathbf{v}_2$.

Allora poniamo $Q^{-1} := \begin{pmatrix} m_{11} & m_{12} \\ m_{21} & m_{22} \end{pmatrix}$ e calcoliamo direttamente:

$$\begin{aligned} Q^{-1}LQ &= \begin{pmatrix} m_{11} & m_{12} \\ m_{21} & m_{22} \end{pmatrix} \begin{pmatrix} l_{11} & l_{12} \\ l_{21} & l_{22} \end{pmatrix} \begin{pmatrix} v_{11} & v_{21} \\ v_{12} & v_{22} \end{pmatrix} \\ &= \begin{pmatrix} m_{11} & m_{12} \\ m_{21} & m_{22} \end{pmatrix} \begin{pmatrix} l_{11}v_{11} + l_{12}v_{12} & l_{11}v_{21} + l_{12}v_{22} \\ l_{21}v_{11} + l_{22}v_{12} & l_{21}v_{21} + l_{22}v_{22} \end{pmatrix} \\ &= \begin{pmatrix} m_{11} & m_{12} \\ m_{21} & m_{22} \end{pmatrix} \begin{pmatrix} \alpha v_{11} - \beta v_{21} & \beta v_{11} + \alpha v_{21} \\ \alpha v_{12} - \beta v_{22} & \beta v_{12} + \alpha v_{22} \end{pmatrix} = \begin{pmatrix} \alpha & \beta \\ -\beta & \alpha \end{pmatrix} \end{aligned}$$

dove la prima uguaglianza è conseguenza del calcolo del prodotto riga per colonna LQ, la seconda dell'applicazione della (7.19), e la terza del fatto che, essendo $L^{-1}L = I$, si ha, applicando ancora la regola del prodotto riga per colonna,

$$\begin{aligned} m_{11}v_{11} + m_{12}v_{21} = 1 \; m_{11}v_{21} + m_{12}v_{22} = 0 \\ m_{21}v_{11} + m_{22}v_{21} = 0 \; m_{21}v_{21} + m_{22}v_{22} = 1 \end{aligned} \tag{7.22}$$

Passiamo ora al caso in cui L ha autovalori reali, che possono essere coincidenti o distinti. Supponiamo anzitutto che siano distinti $\lambda_1 \neq \lambda_2$, e quindi semplici. Anche qui, risolvendo i due sistemi omogenei $(L - \lambda_1)\mathbf{v} = 0$ e $(L - \lambda_2)\mathbf{v} = 0$, troviamo che esistono due autovettori linearmente indipendenti $\mathbf{v}_1$ in corrispondenza a λ_1 e $\mathbf{v}_2$ in corrispondenza a λ_2. Definiamo la matrice Q esattamente come sopra, formula (7.21), e notiamo che poiché stavolta $L\mathbf{v}_1 = \lambda_1\mathbf{v}_1$, $L\mathbf{v}_2 = \lambda_2\mathbf{v}_2$ le (7.19) diventano

$$\begin{pmatrix} l_{11}v_{11} + l_{12}v_{12} \\ l_{21}v_{11} + l_{22}v_{12} \end{pmatrix} = \lambda_1 \begin{pmatrix} v_{11} \\ v_{12} \end{pmatrix}; \begin{pmatrix} l_{11}v_{21} + l_{12}v_{22} \\ l_{21}v_{21} + l_{22}v_{22} \end{pmatrix} = \lambda_2 \begin{pmatrix} v_{21} \\ v_{22} \end{pmatrix} \tag{7.23}$$

Pertanto, procedendo come sopra

$$\begin{aligned} Q^{-1}LQ &= \begin{pmatrix} m_{11} & m_{12} \\ m_{21} & m_{22} \end{pmatrix} \begin{pmatrix} l_{11} & l_{12} \\ l_{21} & l_{22} \end{pmatrix} \begin{pmatrix} v_{11} & v_{21} \\ v_{12} & v_{22} \end{pmatrix} \\ &= \begin{pmatrix} m_{11} & m_{12} \\ m_{21} & m_{22} \end{pmatrix} \begin{pmatrix} l_{11}v_{11} + l_{12}v_{12} & l_{11}v_{21} + l_{12}v_{22} \\ l_{21}v_{11} + l_{22}v_{12} & l_{21}v_{21} + l_{22}v_{22} \end{pmatrix} \\ &= \begin{pmatrix} m_{11} & m_{12} \\ m_{21} & m_{22} \end{pmatrix} \begin{pmatrix} \lambda_1 v_{11} & \lambda_2 v_{21} \\ \lambda_1 v_{12} & \lambda_2 v_{22} \end{pmatrix} = \begin{pmatrix} \lambda_1 & 0 \\ 0 & \lambda_2 \end{pmatrix} \end{aligned}$$

ancora in virtù delle (7.22). La conclusione è che $QLQ^{-1} = D$ dove D è una matrice diagonale della forma voluta.

Rimane da trattare il caso dei due autovalori coincidenti: $\lambda_1 = \lambda_2 = \lambda$. Distinguiamo due sottocasi. Il primo è quello in cui a λ corrispondono due autovettori linearmente indipendenti $\mathbf{v}_1$ e $\mathbf{v}_2$, o, equivalentemente, il sistema lineare e omogeneo $(L - \lambda I)\mathbf{v} = 0$ ammette due soluzioni linearmente indipendenti $\mathbf{v}_1$ e $\mathbf{v}_2$. In tal caso possiamo applicare senza alcuna variazione il ragionamento del caso precedente e concludiamo che

$$QLQ^{-1} = D, \qquad D := \begin{pmatrix} \lambda & 0 \\ 0 & \lambda \end{pmatrix}$$

Rimane da esaminare il caso in cui il sistema lineare e omogeneo $(L - \lambda I)\mathbf{v} = 0$ ammette una sola soluzione linearmente indipendente $\mathbf{v}_1$. In tal caso esiste $\mathbf{v}_2 \neq 0$ tale che $(L - \lambda I)\mathbf{v}_2 \neq 0$. Tuttavia dovrà risultare $(L - \lambda I)^2\mathbf{v}_2 = 0$. Infatti se $\mathbf{v}_1$ e $\mathbf{v}_2$ sono linearmente indipendenti, essi formano una base in $\mathbb{R}^2$ e si può scrivere $(L - \lambda I)\mathbf{v}_2 = a\mathbf{v}_1 + b\mathbf{v}_2$. Pertanto, dato che $(L - \lambda I)\mathbf{v}_1 = 0$:

$$(L - \lambda I)(L - \lambda I)\mathbf{v}_2 = b(L - \lambda I)\mathbf{v}_2 \Longrightarrow (L - \lambda I - b)(L - \lambda I)\mathbf{v}_2 = 0.$$

D'altra parte λ è il solo autovalore di L; quindi $b = 0$ e $(L - \lambda I)^2\mathbf{v}_2 = 0$.

Definiamo ora, in analogia ai casi precedenti, la matrice Q come la matrice formata mettendo in colonna i vettori $\mathbf{w}_1$ e $\mathbf{w}_2$, che sono linearmente indipendenti:

$$Q = \begin{pmatrix} w_{11} & w_{21} \\ w_{12} & w_{22} \end{pmatrix}$$

Le (7.19) qui diventano

$$\begin{pmatrix} l_{11}w_{11} + l_{12}w_{12} \\ l_{21}w_{11} + l_{22}w_{12} \end{pmatrix} = \begin{pmatrix} \lambda w_{11} + w_{21} \\ \lambda w_{12} + w_{22} \end{pmatrix}; \tag{7.24}$$

$$\begin{pmatrix} l_{11}w_{21} + l_{12}w_{22} \\ l_{21}w_{21} + l_{22}w_{22} \end{pmatrix} = \lambda \begin{pmatrix} w_{21} \\ w_{22} \end{pmatrix} \tag{7.25}$$

Ora ricordiamo che per definizione $Q\mathbf{e}_j = \mathbf{w}_j$ ovvero $\mathbf{e}_j = Q^{-1}\mathbf{w}_j$. Pertanto:

$$Q^{-1}LQ = Q^{-1}(\lambda\mathbf{w}_1 + \mathbf{w}_2, \lambda\mathbf{w}_2) = (\lambda\mathbf{e}_1 + \mathbf{e}_2, \lambda\mathbf{e}_2) = \begin{pmatrix} \lambda & 0 \\ 1 & \lambda \end{pmatrix}$$

che è la forma triangolare voluta. Questo conclude la dimostrazione del teorema. □

Osservazione 7.6.

1. Dunque una trasformazione di similitudine lascia invariati gli autovalori. Gli autovettori vengono invece trasformati secondo la matrice di coniugazione Q. Supponiamo infatti che B abbia un autovettore $\mathbf{u}$: $B\mathbf{u} = \lambda\mathbf{u}$.

Allora la (7.18) può essere riscritta, dopo avere moltiplicato a destra ambo i membri per Q, come $AQ = QB$. Otteniamo subito allora

$$AQ\mathbf{u} = QB\mathbf{u} = Q\lambda\mathbf{u} = \lambda Q\mathbf{u}$$

e quindi $Q\mathbf{u}$ è autovettore di A corrispondente all'autovalore λ. In modo analogo se, inversamente, $\mathbf{v}$ è autovettore di A corrispondente all' autovalore μ allora $Q^{-1}\mathbf{v}$ è autovettore di B corrispondente al medesimo autovalore. In particolare, se A ammette due autovettori linearmente indipendenti $\mathbf{u}_1$ e $\mathbf{u}_2$ lo stesso vale per B che, poiché Q è invertibile, ammette i due autovettori linearmente indipendenti $Q^{-1}\mathbf{u}_1$ e $Q^{-1}\mathbf{u}_2$. In altre parole, i vettori $Q^{-1}\mathbf{u}_1$ e $Q^{-1}\mathbf{u}_2$ formano una base in $\mathbb{C}^2$ al pari di $\mathbf{u}_1$ e $\mathbf{u}_2$. Infatti se Q è biunivoca Q e Q^{-1} trasformano basi in basi. Sappiamo infatti che condizione necessaria e sufficiente affinché due vettori $\mathbf{u}_1$ e $\mathbf{u}_2$ formino una base (in $\mathbb{R}^2$ o in $\mathbb{C}^2$ a seconda del caso) è che siano linearmente indipendenti, e questa proprietà viene condivisa dalla loro immagine attraverso Q:

$$\alpha Q\mathbf{u}_1+\beta Q\mathbf{u}_2 = 0 \Longrightarrow Q(a\mathbf{u}_1+\beta\mathbf{u}_2) = 0 \Longrightarrow a\mathbf{u}_1+\beta\mathbf{u}_2 = 0 \Longrightarrow \alpha = \beta = 0$$

se $\mathbf{u}_1$ e $\mathbf{u}_2$ sono linearmente indipendenti.

2. Consideriamo un endomorfismo rappresentato dalla matrice A. Si può dimostrare che tutte e sole le matrici che rappresentano lo stesso endomorfismo rispetto alle varie basi di C^2 hanno la forma $B = Q^{-1}AQ$. Q è la matrice detta di *cambiamento di base*, di cui ora richiamiamo la costruzione. Siano $E := (\mathbf{e}_1, \mathbf{e}_2)$, $F := (\mathbf{u}_1, \mathbf{u}_2)$ due basi, e siano A, B le matrici che rappresentano il medesimo endomorfismo nella base E e F, rispettivamente. Allora $B = Q^{-1}AQ$ dove:
$$\begin{pmatrix} u_{11} & u_{21} \\ u_{12} & u_{22} \end{pmatrix} \tag{7.26}$$
Qui u_{ij} denota la componente di $\mathbf{u}_i$ rispetto a $\mathbf{e}_j$. Più precisamente: $\mathbf{u}_i = u_{i1}\mathbf{e}_1 + u_{i2}\mathbf{e}_2$.
3. Supponiamo che gli autovettori $\mathbf{u}_1$ e $\mathbf{u}_2$ di cui sopra siano ortogonali: $\langle \mathbf{u}_1, \mathbf{u}_2\rangle = 0$. Allora il cambiamento di base definito da Q conserva i prodotti scalari e quindi in particolare l'ortogonalità: $\langle Q\mathbf{u}_1, Q\mathbf{u}_2\rangle = 0$. Per dimostrare questo fatto importante, notiamo che in questo caso la matrice Q è *ortogonale*, cioè l'inversa Q^{-1} coincide con la trasposta Q^T. Infatti:
$$Q = \begin{pmatrix} u_{11} & u_{21} \\ u_{12} & u_{22} \end{pmatrix}; \qquad Q^T = \begin{pmatrix} u_{11} & u_{12} \\ u_{21} & u_{22} \end{pmatrix};$$
$$Q^TQ = \begin{pmatrix} u_{11}^2 + u_{12}^2 & 0 \\ 0 & u_{21}^2 + u_{22}^2 \end{pmatrix} = \begin{pmatrix} \|u_1\|^2 & 0 \\ 0 & \|u_{22}\|^2 \end{pmatrix}$$
perché la condizione di ortogonalità scritta per componenti è $u_{11}u_{21} + u_{12}u_{22} = 0$. Inoltre possiamo sempre assumere $\|u_1\|^2 = \|u_{22}\|^2 = 1$; altrimenti si considerano i vettori $\mathbf{v}_1 := \mathbf{u}_1/\|u_1\|$ e $\mathbf{v}_2 := \mathbf{u}_2/\|u_2\|$ che

sono sempre ortogonali e hanno norma 1. Dunque $Q^TQ = I$ da cui segue $QQ^T = I$ e $Q^T = Q^{-1}$. Pertanto, $\forall\, \mathbf{u}, \mathbf{v} \in \mathbb{C}^2$:

$$\langle Q\mathbf{u}, Q\mathbf{v}\rangle = \langle Q^TQ\mathbf{u}, \mathbf{v}\rangle = \langle Q^{-1}Q\mathbf{u}, \mathbf{v}\rangle = \langle \mathbf{u}, \mathbf{v}\rangle$$

e ciò dimostra l'asserzione (si ricordi che $\langle \mathbf{u}, Q\mathbf{v}\rangle = \langle Q^T\mathbf{u}, \mathbf{v}\rangle$).
In particolare $\langle Q\mathbf{u}_1, Q\mathbf{u}_2\rangle = \langle \mathbf{u}_1, \mathbf{u}_2\rangle$ e l'asserzione è così provata.

4. Il determinante $\det Q$ di una matrice ortogonale Q vale ± 1. Infatti:

$$1 = \det QQ^{-1} = \det Q \det Q^T = [\det Q]^2$$

perché l'operazione di trasposizione (scambio delle righe con le colonne) lascia notoriamente invariato il valore del determinante di una matrice quadrata.

Un caso molto semplice in cui si può stabilire subito se esistono due autovettori ortogonali è quello in cui la matrice L è *simmetrica*, cioè coincide con la propria trasposta: $L = L^T$. Ora se $L = \begin{pmatrix} l_{11} & l_{12} \\ l_{21} & l_{22} \end{pmatrix}$ la matrice trasposta L^T, che si ottiene scambiando le righe con le colonne, è $L^T = \begin{pmatrix} l_{11} & l_{21} \\ l_{12} & l_{22} \end{pmatrix}$; Pertanto L è simmetrica se e solo se $l_{12} = l_{21}$. Si ha allora

Proposizione 7.4 *Sia L simmetrica. Allora:*

1. *Gli autovalori λ_1 e λ_2 di L sono reali;*
2. *L ammette sempre due autovettori ortogonali;*
3. *La matrice L è simile ad una matrice diagonale, cioè esiste una matrice ortogonale Q tale che $Q^TLQ = D$, dove $D := \begin{pmatrix} \lambda_1 & 0 \\ 0 & \lambda_2 \end{pmatrix}$.*

Dimostrazione:
1. L'equazione caratteristica

$$\det(L - \lambda I) = \lambda^2 - (l_{11} + l_{22})\lambda + l_{11}l_{22} - l_{12}^2$$

ammette le soluzioni

$$\begin{aligned} \lambda_{1,2} &= \frac{1}{2}[l_{11} + l_{22} \pm \sqrt{(l_{11} + l_{22})^2 - 4l_{11}l_{22} + 4l_{12}^2}] \\ &= \frac{1}{2}[l_{11} + l_{22} \pm \sqrt{(l_{11} - l_{22})^2 + 4l_{12}^2}] \end{aligned} \tag{7.27}$$

che sono entrambe reali,essendo il *discriminante* $\Delta = (l_{11} - l_{22})^2 + 4l_{12}^2$ somma di due termini positivi.

Ricordiamo poi che essendo $\mathrm{Tr}L := l_{11} + l_{22}$ la *traccia* della matrice L, l'equazione caratteristica può essere abbreviata così:

$$\lambda^2 - (\mathrm{Tr}L)\,\lambda + \det L = 0$$

2. Si noti anzitutto che la proprietà di simmetria $L = L^T$ implica $\langle L\mathbf{x}, \mathbf{y}\rangle = \langle \mathbf{x}, L\mathbf{y}\rangle$ per ogni coppia di vettori $\mathbf{x}, \mathbf{y}$, perché $\langle \mathbf{x}, L\mathbf{y}\rangle = \langle L^T\mathbf{x}, \mathbf{y}\rangle = \langle L\mathbf{x}, \mathbf{y}\rangle$. Sia per cominciare $\lambda_1 \neq \lambda_2$. Prendiamo due autovettori $\mathbf{u}_1$, $\mathbf{u}_2$ corrispondenti agli autovalori λ_1 e λ_2, rispettivamente. Allora, usando la linearità di L e le relazioni $L\mathbf{u}_1 = \lambda_1\mathbf{u}_1, L\mathbf{u}_2 = \lambda_2\mathbf{u}_2$:

$$\lambda_1\langle \mathbf{u}_1, \mathbf{u}_2\rangle = \langle L\mathbf{u}_1, \mathbf{u}_2\rangle = \langle \mathbf{u}_1, L\mathbf{u}_2\rangle = \lambda_2\langle \mathbf{u}_1, \mathbf{u}_2\rangle$$

Sottraendo membro a membro troviamo $(\lambda_1 - \lambda_2)\langle \mathbf{u}_1, \mathbf{u}_2\rangle = 0$ da cui $\langle \mathbf{u}_1, \mathbf{u}_2\rangle = 0$ perché $\lambda_1 \neq \lambda_2$. Dunque autovettori corrispondenti ad autovalori differenti sono ortogonali se L è simmetrica.

3. Siano ora $\mathbf{u}_1 = (u_{11}, u_{12})$, $\mathbf{u}_2 = (u_{21}, u_{22})$ autovettori di norma 1 corrispondenti a λ_1, λ_2 rispettivamente. Abbiamo già visto che ciò equivale alle relazioni seguenti:

$$\begin{cases} u_{11}u_{21} + u_{12}u_{22} = 0 \\ u_{11}^2 + u_{12}^2 = 1 \\ u_{21}^2 + u_{22}^2 = 1 \end{cases} \tag{7.28}$$

Sia ancora $Q = \begin{pmatrix} u_{11} & u_{21} \\ u_{12} & u_{22} \end{pmatrix}$. Per semplificare la notazione poniamo $l_{11} = a$, $l_{12} = l_{21} = b$, $l_{22} = c$. Le condizioni di autovettori $L\mathbf{u}_1 = \lambda_1\mathbf{u}_1$ e $L\mathbf{u}_2 = \lambda_2\mathbf{u}_2$ diventano allora, scritte per esteso:

$$\begin{pmatrix} a & b \\ b & c \end{pmatrix}\begin{pmatrix} u_{11} \\ u_{12} \end{pmatrix} = \lambda_1\begin{pmatrix} u_{11} \\ u_{12} \end{pmatrix}, \quad \begin{pmatrix} a & b \\ b & c \end{pmatrix}\begin{pmatrix} u_{21} \\ u_{22} \end{pmatrix} = \lambda_1\begin{pmatrix} u_{21} \\ u_{22} \end{pmatrix},$$

da cui si ottiene, eseguendo i prodotti riga per colonna:

$$\begin{cases} au_{11} + bu_{12} = \lambda_1 u_{11} \\ bu_{11} + cu_{12} = \lambda_1 u_{12} \\ au_{21} + bu_{22} = \lambda_2 u_{21} \\ bu_{21} + cu_{22} = \lambda_2 u_{22} \end{cases} \tag{7.29}$$

Sia ora $D := Q^{-1}TLQ$. Sappiamo che $Q^{-1} = Q^T$, e quindi, usando la (7.28) e la (7.29):

$$\begin{aligned} D = Q^{-1}TLQ &= \begin{pmatrix} u_{11} & u_{12} \\ u_{21} & u_{22} \end{pmatrix}\begin{pmatrix} a & b \\ b & c \end{pmatrix}\begin{pmatrix} u_{11} & u_{21} \\ u_{12} & u_{22} \end{pmatrix} = \\ &= \begin{pmatrix} u_{11} & u_{12} \\ u_{21} & u_{22} \end{pmatrix}\begin{pmatrix} au_{11} + bu_{12} & au_{21} + bu_{22} \\ bu_{11} + cu_{12} & bu_{21} + cu_{22} \end{pmatrix} = \\ &= \begin{pmatrix} u_{11} & u_{12} \\ u_{21} & u_{22} \end{pmatrix}\begin{pmatrix} \lambda_1 u_{11} & \lambda_2 u_{21} \\ \lambda_1 u_{12} & \lambda_2 u_{22} \end{pmatrix} = \\ &= \begin{pmatrix} \lambda_1(u_{11}^2 + u_{12}^2) & \lambda_2(u_{11}u_{21} + u_{12}u_{22}) \\ \lambda_1(u_{11}u_{21} + u_{12}u_{22}) & \lambda_2(u_{21}^2 + u_{22}^2) = \end{pmatrix} = \begin{pmatrix} \lambda_1 & 0 \\ 0 & \lambda_2 \end{pmatrix} \end{aligned}$$

e ciò conclude la prova del punto 3 quando $\lambda_1 \neq \lambda_2$.

Se $\lambda_1 = \lambda_2 = \lambda$, per la (7.27) deve necessariamente essere $l_{11} - l_{22} = 0$ e $l_{12} = 0$, da cui $l_{11} = l_{22}$ e $l_{12} = l_{21} = 0$; inoltre dalla (7.27) si deduce $\lambda = \frac{1}{2}(l_{11} + l_{22}) = l$. Pertanto L sarà della forma

$$L = \begin{pmatrix} \lambda & 0 \\ 0 & \lambda \end{pmatrix} = \lambda I.$$

Dunque L è diagonale □

Qualsiasi vettore di $\mathbb{C}^2$ è evidentemente autovettore della matrice identità corrispondente all'autovalore 1. Poiché L è un multiplo dell'identità di fattore λ, qualsiasi vettore di $\mathbb{C}^2$ è ugualmente autovettore corrispondente all'autovalore λ. Quindi possiamo prendere, ad esempio, la base canonica $\mathbf{e}_1$ e $\mathbf{e}_2$ come base di autovettori linearmente indipendenti. Ciò prova il punto (3) nel caso $\lambda_1 = \lambda_2 = \lambda$ e si conclude così la dimostrazione della proposizione.

Esercizio 7.5. Data la matrice

$$L := \begin{pmatrix} 2 & 1 \\ 1 & 1 \end{pmatrix}$$

trovarne gli autovalori, gli autovettori e la trasformazione ortogonale Q che la riduce a forma diagonale.

Soluzione. La matrice è simmetrica. L'equazione caratteristica è

$$\lambda^2 - 3\lambda + 1 = 0 \Longrightarrow \lambda_{1,2} = \frac{1}{2}(3 \pm \sqrt{5})$$

Pertanto la forma diagonale di L è

$$D = \begin{pmatrix} \frac{1}{2}(3 + \sqrt{5}) & 0 \\ 0 & \frac{1}{2}(3 - \sqrt{5}) \end{pmatrix}$$

Per trovare la matrice Q che stabilisce la similitudine $Q^{-1}LQ = D$, che come sappiamo in questo caso sarà ortogonale, basta trovare gli autovettori e metterli in colonna. Le componenti u_{11}, u_{12} dell'autovettore $\mathbf{u}_1$, e quelle u_{21}, u_{22} dell'autovettore $\mathbf{u}_2$ sono le soluzioni dei sistemi lineari omogenei

$$\begin{cases} (2 - \lambda_1)u_{11} + u_{12} = 0 \\ u_{11} + (1 - \lambda_1)u_{12} = 0 \end{cases} \qquad \begin{cases} (2 - \lambda_2)u_{21} + u_{22} = 0 \\ u_{21} + (1 - \lambda_2)u_{22} = 0 \end{cases}$$

Per risolverli, fissiamo al solito la prima componente: $u_{11} = u_{21} = 1$. Possiamo farlo perché queste componenti sono necessariamente diverse da 0. Altrimenti, dato che $\lambda_1 \neq 0$, $\lambda_2 \neq 0$, lo sarebbero anche le seconde componenti e quindi

$\mathbf{u}_1$ e $\mathbf{u}_2$ non sarebbero autovettori. Allora: $u_{12} = \lambda_1 - 2, u_{22} = \lambda_2 - 2$. Quindi gli autovettori sono $\mathbf{u}_1 = \begin{pmatrix} 1 \\ \lambda_1 - 2 \end{pmatrix}$ e $\mathbf{u}_2 = \begin{pmatrix} 1 \\ \lambda_2 - 2 \end{pmatrix}$. Si noti che

$$\langle \mathbf{u}_1, \mathbf{u}_2 \rangle = 1 + (\lambda_1 - 2)(\lambda_2 - 2) = 1 + \frac{1}{4}(\sqrt{5} - 1)(-1 - \sqrt{5}) = 0$$

come dovevamo aspettarci dato che i vettori $\mathbf{u}_1$ e $\mathbf{u}_2$ devono essere l'ortogonali. Quindi, per definizione:

$$Q = \begin{pmatrix} 1 & 1 \\ \frac{1}{2}(\sqrt{5} - 1) & \frac{1}{2}(-1 - \sqrt{5}) \end{pmatrix}$$

7.3 Dinamica discreta ed iterazione di matrici 2 × 2

Sia data una trasformazione lineare L da $\mathbb{R}^2$ in sè, che identificheremo al solito con la sua matrice 2×2 rispetto alla base canonica.

Definizione 7.3 *Dicesi dinamica lineare in* $\mathbb{R}^2$ *l'applicazione*

$$\mathbf{x} \mapsto L^n \mathbf{x}, \qquad n = 0, 1, 2, \dots$$

che ad ogni vettore $\mathbf{x} \in \mathbb{R}^2$ *(detto dato iniziale) fa corrispondere la successione* $L^n \mathbf{x}$ *di punti in* $\mathbb{R}^2$. *Il sottoinsieme di* $\mathbb{R}^2$ *definito da* $\bigcup_{n \geq 0} L^n \mathbf{x}$ *si dice orbita del punto* $\mathbf{x}$.

Osservazione 7.7.

1. Se la matrice L è invertibile possiamo definire la matrice L^{-n} e quindi la dinamica per ogni $n \in \mathbb{Z}$. In tal caso distingueremo al solito fra il futuro ($n > 0$) e il passato ($n < 0$).

Abbiamo visto che il caso di gran lunga più semplice di dinamica discreta è rappresentato dalla relazione di ricorrenza a due termini ad incremento costante $a_{n+1} = \lambda a_n$, con la condizione iniziale $a_0 = x \in \mathbb{R}$. Il solo punto fisso è $x = 0$, che è stabile ed esponenzialmente attrattivo per $|\lambda| < 1$ mentre è instabile ed esponenzialmente repulsivo per $|\lambda| > 1$. La convergenza a 0 è monotona per $0 < \lambda < 1$, mentre è oscillatoria con ampiezza delle oscillazioni esponenzialmente decrescente per $-1 < \lambda < 0$. Allo stesso modo, la divergenza è monotona per $1 < \lambda$, mentre è oscillatoria con ampiezza delle oscillazioni esponenzialmente crescente per $\lambda < -1$. Vogliamo ora fare vedere che la riduzione delle matrici 2×2 a forma canonica compiuta nel paragrafo precedente permette di fare rientrare in questo caso anche la dinamica bidimensionale sopra definita. Cominciamo al solito con degli esempi.

Esempio 7.2.

1. Sia $L_1 := \begin{pmatrix} 2 & 0 \\ 0 & \frac{1}{2} \end{pmatrix}$. L_1 è diagonale e quindi l'orbita di qualsiasi dato iniziale $\mathbf{x} = (x_1, x_2)$ si calcola immediatamente:
$$\mathbf{y}(n) = L_1^n \mathbf{x} = \begin{pmatrix} 2^n & 0 \\ 0 & 2^{-n} \end{pmatrix} \begin{pmatrix} x_1 \\ x_2 \end{pmatrix} = \begin{pmatrix} 2^n x_1 \\ 2^{-n} x_2 \end{pmatrix}$$
cioè $y_1(n) = 2^n x_1$, $y_2(n) = 2^{-n} x_2$. Poiché la matrice L_1 è diagonale, non c'è alcun accoppiamento fra le variabili x_1 e x_2 e infatti la dinamica discreta lungo una delle due direzioni coordinate è completamente indipendente dall'altra. Lungo l'asse x_1 si ha repulsione con velocità esponenziale nel futuro per $x_1 \neq 0$ e lungo la direzione x_2 attrazione con velocità esponenziale per $x_2 \neq 0$. L'origine $(0, 0)$ è un punto fisso. Il comportamento sui due assi ortogonali si inverte scambiando il futuro $(n > 0)$ con il passato $(n < 0)$. Possiamo ora eliminare n nelle due equazioni $y_1 = 2^n x_1$, $y_2 = 2^{-n} x_2$ per trovare
$$y_1 y_2 = x_1 x_2$$
Questa è l'equazione cartesiana di una famiglia di iperboli equilatere (ce n'è una per ogni scelta del prodotto $x_1 x_2$ dei dati iniziali) sempreché $x_1 \neq 0$ e $x_2 \neq 0$. Dunque ciascuna orbita discreta giace su un'iperbole equilatera individuata dal punto iniziale. Queste iperboli sono dette *invarianti*, a significare che contengono l'orbita di ogni loro punto (fig.7.2). Per $x_1 = 0$ l'orbita è l'asse x_2, lungo il quale ogni condizione iniziale converge esponenzialmente all'origine, e per $x_2 = 0$ l'orbita è l'asse x_1, lungo il quale ogni condizione iniziale non nulla si allontana esponenzialmente dall'origine.
2. Sia ora
$$L_2 := \begin{pmatrix} \frac{1}{2} & 0 \\ 0 & \frac{1}{3} \end{pmatrix}.$$
Anche qui le variabili x_1 e x_2 sono indipendenti perché la matrice è diagonale e si calcola subito
$$\mathbf{y}(n) = L_2^n \mathbf{x} = \begin{pmatrix} 2^{-n} & 0 \\ 0 & 3^{-n} \end{pmatrix} \begin{pmatrix} x_1 \\ x_2 \end{pmatrix} = (2^{-n} x_1, 3^{-n} x_2)$$
cioè $y_1(n) = 2^{-n} x_1$, $y_2(n) = 3^{-n} x_2$. Anche qui l'origine è un punto fisso, e si ha attrazione verso l'origine con velocità esponenziale (nel futuro) lungo entrambe le direzioni. Troviamo ora l'equazione cartesiana dell'orbita. Dalla $y_1 = 2^{-n} x_1$ deduciamo $-n = \ln \dfrac{y_1}{x_1} / \ln 2$ e sostituendo questo valore di $-n$ nella $y_2 = 3^{-n} x_2$ troviamo
$$y_2 = 3^{\ln \frac{y_1}{x_1} / \ln 2} x_2 = (3^{\ln \frac{y_1}{x_1}})^{1/ \ln 2} x_2 = ((e^{\ln 3})^{\ln \frac{y_1}{x_1}})^{1/ \ln 2} x_2 =$$
$$(e^{\ln \frac{y_1}{x_1}})^{\ln 3 / \ln 2} x_2 = \left(\frac{y_1}{x_1} \right)^{\ln 3 / \ln 2} x_2$$

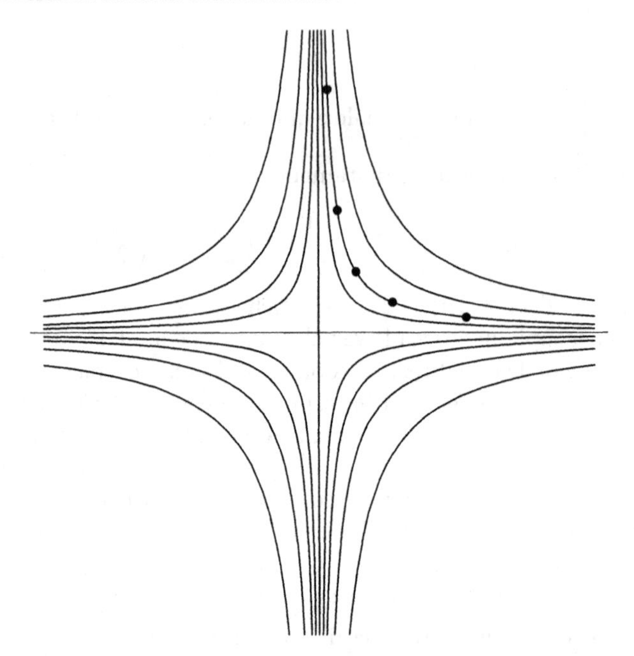

Fig. 7.2. Alcune iperboli invarianti e visualizzazione di un'orbita per la mappa lineare L_1

da cui infine

$$y_2 = C \cdot y_1^{\ln 3/\ln 2}, \qquad C = C(x_1, x_2) = (x_1)^{-\ln 3/\ln 2} x_2$$

Poiché $\ln 3/\ln 2 > 1$, si tratta di una curva passante per l'origine, percorsa verso l'origine medesima per quanto visto sopra. Alcune curve invarianti ed una particolare orbita sono visualizzate nella figura 7.3.

3. Sia ora $L_3 := \begin{pmatrix} 0 & -\frac{1}{2} \\ \dfrac{1}{2} & 0 \end{pmatrix} = \dfrac{1}{2}\begin{pmatrix} 0 & -1 \\ 1 & 0 \end{pmatrix}$. Stavolta le variabili non sono più indipendenti. Il calcolo dell'iterazione L_3^n l'abbiamo già fatto nel punto 3 dell'Esercizio (7.2). La (7.8) per $a = 1/2$ dà immediatamente

$$\mathbf{y}_{2p} = L_3^{2p}\mathbf{x} = 2^{-2p}\mathbf{x}; \quad \mathbf{y}_{2p+1} = 2^{-2p-1}J\mathbf{x}$$

da cui

$$\begin{cases} y_1(2p) = 2^{-2p}x_1 \\ y_2(2p) = 2^{-2p}x_2 \end{cases} \qquad \begin{cases} y_1(2p+1) = -2^{-2p-1}x_2 \\ y_2(2p+1) = 2^{-2p-1}x_1 \end{cases}$$

Queste equazioni mostrano che ogni condizione iniziale esegue a intervalli di tempo alterni una conversione verso l'origine di passo $1/2$ lungo la bisettrice $y_1 = y_2$ seguita da una rotazione antioraria di ampiezza $\pi/2$ che scambia le ascisse con le ordinate. Dunque ogni condizione iniziale diversa dal punto fisso all'origine converge verso l'origine medesima lungo

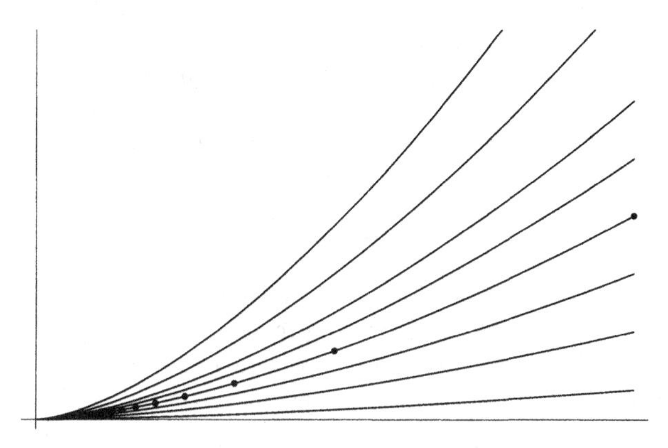

Fig. 7.3. Alcune curve invarianti nel semipiano positivo e visualizzazione di un'orbita per la mappa lineare L_2. Il punto iniziale si trova alla destra del grafico e nel futuro converge esponenzialmente verso l'origine

una spirale logaritmica di passo 1/2. L'andamento qualitativo di un'orbita generica è mostrato in figura 7.4.

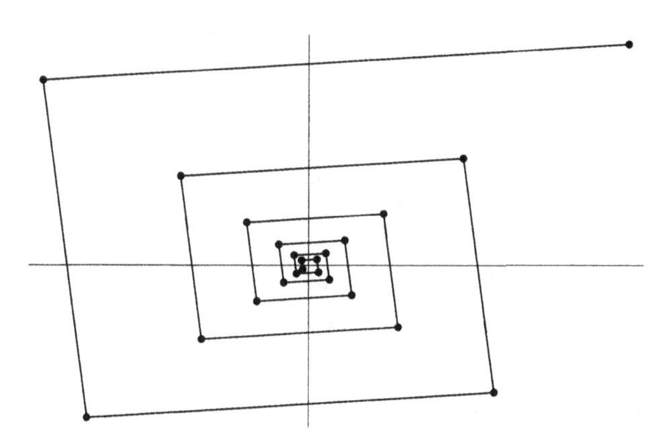

Fig. 7.4. Andamento qualitativo di un'orbita per la mappa L_3. Il punto iniziale si trova in alto a destra del grafico e l'orbita procede in senso antiorario, convergendo verso l'origine

4. Sia ora $L_4 := \begin{pmatrix} 2 & 1 \\ 1 & 1 \end{pmatrix}$. Qui notiamo che:

$$\mathbf{y}_n = L_4 \mathbf{y}_{n-1} = \begin{pmatrix} 2 & 1 \\ 1 & 1 \end{pmatrix} \begin{pmatrix} y_1(n-1) \\ y_2(n-1) \end{pmatrix} = \begin{pmatrix} 2y_1(n-1) + y_2(n-1) \\ y_1(n-1) + y_2(n-1) \end{pmatrix}$$

definiamo ora la successione a_n le modo seguente: $a_n := y_2(n)$; $a_{n-1} = y_1(n)$. Allora la formula precedente porge

$$\begin{pmatrix} a_{n+1} \\ a_n \end{pmatrix} = \begin{pmatrix} 2 & 1 \\ 1 & 1 \end{pmatrix} \begin{pmatrix} a_{n-1} \\ a_{n-2} \end{pmatrix} \quad \text{ovvero} \quad \begin{cases} a_{n+1} = 2a_{n-1} + a_{n-2} \\ a_n = a_{n-1} + a_{n-2} \end{cases}$$

da cui, poiché $a_{n-2} = a_n - a_{n-1}$, possiamo concludere che

$$\begin{cases} a_{n+1} = a_n + a_{n-1} \\ a_n = a_{n-1} + a_{n-2} \end{cases}$$

In altre parole, la successione a_n soddisfa la ricorrenza di Fibonacci. Ritroviamo ora per questa via l'espressione esplicita (1.15) della successione di Fibonacci. Anzitutto occorrerà imporre le condizioni iniziali $a_0 = 0, a_1 = 1$. tradotto nel linguaggio vettoriale che stiamo usando, questo equivale a considerare il dato iniziale $\mathbf{y}_0 \equiv \mathbf{x} = \begin{pmatrix} 1 \\ 0 \end{pmatrix}$. Sia $\mathbf{u}_1$ autovettore di L_4 corrispondente all'autovalore λ_1. Allora $L_4^n \mathbf{u}_1 = \lambda_1^n \mathbf{u}_1$. Quindi basterà: sviluppare $\mathbf{x}$ sulla base ortogonale degli autovettori $\mathbf{u}_1$ e $\mathbf{u}_2$ di L_4 trovata nell'esercizio 7.2. Poniamo $\mathbf{x} = \alpha_1 \mathbf{u}_1 + \alpha_2 \mathbf{u}_2$. Allora le costanti α_1 e α_2 saranno le soluzioni uniche del sistema lineare non omogeneo

$$\begin{cases} \alpha_1 + \alpha_2 = 1 \\ (\lambda_1 - 2)\alpha_1 + (\lambda_2 - 1)\alpha_2 = 0 \end{cases}$$

Pertanto $\alpha_1 = \dfrac{1}{\lambda_1 + \lambda_2 - 1} = \dfrac{1}{2}$, $\alpha_2 = \dfrac{1}{2}$ e:

$$L_4^n \mathbf{x} = \alpha_1 (\lambda_1^n \mathbf{u}_1 + \lambda_2^n \mathbf{u}_2) = \frac{1}{2} \begin{pmatrix} \lambda_1^n + \lambda_2^n \\ \lambda_1^n (\lambda_1 - 2) + \lambda_2^n (\lambda_2 - 1) \end{pmatrix}$$

$$= \frac{1}{2^{n+1}} \begin{pmatrix} (\sqrt{5}+3)^n + (\sqrt{5}-3)^n \\ \frac{1}{2}(\sqrt{5}-1)[(\sqrt{5}+3)^n - (\sqrt{5}-3)^n] \end{pmatrix}$$

Scrivendo $\dfrac{\sqrt{5}+3}{2} = \dfrac{\sqrt{5}+1}{2} + 1$, $\dfrac{\sqrt{5}-3}{2} = \dfrac{\sqrt{5}-1}{2} - 1$ è ora facile vedere che la successione $a_n = \dfrac{1}{2^{n+1}} \dfrac{1}{2} (\sqrt{5}-1)[(\sqrt{5}+3)^n - (\sqrt{5}-3)^n]$ coincide con la (1.15).
Ritorneremo presto su questo esempio. Intanto suggeriamo il seguente

Esercizio 7.6. Studiare, eventualmente con l'aiuto del calcolatore, l'andamento qualitativo delle orbite. Usando la decomposizione lungo gli autovettori, determinare inoltre le equazioni delle curve invarianti. Vale a dire, dato un punto iniziale $(x_1, x_2) \in \mathbb{R}^2$ arbitrario, la sua orbita giacerà interamente su un'unica curva: trovare l'equazione di questa curva e verificare che è di un'iperbole (che può degenerare in una retta). Caratterizzare i punti iniziali la cui l'orbita giace su una retta.

Come si è accennato in precedenza questi esempi, che permettono di determinare immediatamente le orbite e il loro andamento, sono solo apparentemente particolari. In realtà, se si esclude per semplicità il caso in cui la forma canonica della matrice L è triangolare, la soluzione esplicita dell'iterazione della matrice 2×2 può essere sempre riportata a questi casi. Si noti che ovviamente l'origine $\mathbf{x} = 0$ è comunque il solo punto fisso per ogni trasformazione L invertibile.

Proposizione 7.5 *Supponiamo che la trasformazione lineare L da $\mathbb{R}^2$ in sé ammetta due autovettori linearmente indipendenti $\mathbf{u}_1$, $\mathbf{u}_2$, in corrispondenza agli autovalori λ_1 e λ_2 reali (non necessariamente distinti) o complessi coniugati. Sia $\mathbf{x} \in \mathbb{R}^2$ un vettore non nullo arbitrario, e sia $\mathbf{y}(n) := L^n\mathbf{x}$. Allora:*

1. *Se gli autovalori λ_1 e λ_2 sono reali si ha*

$$\mathbf{y}(n) = L^n\mathbf{x} = \alpha_1(\mathbf{x})\lambda_1^n\mathbf{u}_1 + \alpha_2(\mathbf{x})\lambda_2^n\mathbf{u}_2 \tag{7.30}$$

dove le costanti $\alpha_1(\mathbf{x})$ e $\alpha_2(\mathbf{x})$ sono le componenti del dato iniziale $\mathbf{x}$ lungo la base degli autovettori, e cioè le soluzioni del sistema lineare non omogeneo

$$\begin{cases} \alpha_1 u_{11} + \alpha_2 u_{21} = x_1 \\ \alpha_1 u_{12} + \alpha_2 u_{22} = x_2 \end{cases} \quad \text{ovvero} \quad Q\begin{pmatrix} \alpha_1 \\ \alpha_2 \end{pmatrix} = \begin{pmatrix} x_1 \\ x_2 \end{pmatrix} \tag{7.31}$$

2. *Se gli autovalori λ_1 e λ_2 sono complessi coniugati, $\lambda_{1,2} := \lambda \pm i\mu$ si ha*

$$\mathbf{y}(n) = L^n\mathbf{x} = \rho^n(\alpha_1(\mathbf{x})e^{in\phi}\mathbf{u}_1 + \alpha_2(\mathbf{x})e^{-in\phi}\mathbf{u}_2) \tag{7.32}$$

Qui le costanti $\alpha_1(\mathbf{x})$ e $\alpha_2(\mathbf{x})$ sono ancora le componenti del dato iniziale $\mathbf{x}$ lungo la base degli autovettori, e cioè le soluzioni del sistema (7.31), e ρ, ϕ sono modulo e fase del numero complesso $\lambda + i\mu$: $\rho = \sqrt{\lambda^2 + \mu^2}$, $\phi = \operatorname{arctg}\dfrac{\mu}{\lambda}$.

Dimostrazione: Per ipotesi gli autovettori $\mathbf{u}_1$, $\mathbf{u}_2$, essendo linearmente indipendenti, formano una base in $\mathbb{R}^2$. Quindi ogni vettore $\mathbf{x} \in \mathbb{R}^2$ può essere scritto sotto la forma $\mathbf{x} = \alpha_1(\mathbf{x})\mathbf{u}_1 + \alpha_2(\mathbf{x})\mathbf{u}_2$ dove α_1 e α_2 sono le soluzioni del sistema lineare (7.31). Poiché $\mathbf{u}_1$, $\mathbf{u}_2$ sono autovettori di L corrispondenti agli autovalori λ_1 e λ_2 facendo agire n volte L su $\mathbf{x}$ si ottiene la formula (7.30). Lo stesso ragionamento conduce alla formula (7.32) osservando che in questo caso $\lambda_1^n = (\lambda + i\mu)^n = \rho^n e^{in\phi}$, $\lambda_2^n = \overline{\lambda}_1^n = \rho^n e^{-in\phi}$. Ciò conclude la prova della proposizione. □

Da questa rappresentazione esplicita possiamo dedurre immediatamente tutte le proprietà della dinamica discreta $\mathbf{x} \mapsto L^n\mathbf{x}$, comprese quelle di stabilità, convergenza o divergenza esponenziale, descrizione qualitativa delle orbite, ecc. Si noti anzitutto che le definizioni di punto fisso, stabilità, attrattività, repulsività ecc. date nella Definizione 4.7 si applicano in questo caso senza alcuna variazione.

Corollario 7.1 *Nelle ipotesi della proposizione precedente:*
Nel caso 1 *(autovalori di L reali) il punto fisso* $\mathbf{x} = 0$ *è*

1. *Stabile se* $|\lambda_1| \leq 1$ *e* $|\lambda_2| \leq 1$*;*
2. *Globalmente attrattivo se* $|\lambda_1| < 1$ *e* $|\lambda_2| < 1$*;*
3. *Instabile se* $|\lambda_1| > 1$ *oppure* $|\lambda_2| > 1$*; globalmente repulsivo se* $|\lambda_1| > 1$ *e* $|\lambda_2| > 1$.

Nel caso 2 *(autovalori di L complessi coniugati) il punto fisso* $\mathbf{x} = 0$ *è*

1. *Stabile se* $\rho \leq 1$*;*
2. *Globalmente attrattivo se* $|\rho| < 1$*;*
3. *Globalmente repulsivo se* $\rho > 1$ *e* $|\lambda_2| > 1$.

Dimostrazione:
Caso 1. L'espressione esplicita della soluzione data dalla (7.30) permette di dedurre immediatamente le affermazioni. Infatti nel sottocaso 1, siccome ovviamente $|\alpha_k(\mathbf{x})| \leq \|\mathbf{x}\|$, dato $\epsilon > 0$ esiste sicuramente $\delta(\epsilon) > 0$ tale che $\|\mathbf{y}(n)\| < \epsilon$ se $\|\mathbf{x}\| < \delta(\epsilon)$. L'affermazione del sottocaso 2 è evidente perché entrambe le successioni λ_1^n e λ_2^n convergono a 0 con velocità esponenziale; il sottocaso 3 anche perché almeno una, o entrambe, queste successioni divergono esponenzialmente. Allo stesso modo si verifica il caso 2, e ciò conclude la dimostrazione del corollario. □

Osservazione 7.8.

1. Consideriamo il caso 1, quello degli autovalori reali, nel sottocaso instabile, ma non globalmente repulsivo. Allora uno degli autovalori è in valore assoluto maggiore di 1 e l'altro minore di 1. Ad esempio, sia $|\lambda_1| > 1$ e $|\lambda_2| < 1$. Allora la (7.30) mostra immediatamente che se $\alpha_2(\mathbf{x}) = 0$, cioè il dato iniziale ha componente nulla sul sottospazio sotteso dall'autovettore $\mathbf{u}_2$, il dato iniziale $\mathbf{x}$ viene in realtà respinto all'infinito con velocità esponenziale, mentre se, viceversa, ha componente nulla sul sottospazio sotteso dall'autovettore $\mathbf{u}_1$ esso viene attratto dal punto fisso all'origine con velocità esponenziale. Per la (7.31) possiamo caratterizzare facilmente questi insiemi di dati iniziali: si ha infatti
$$\begin{pmatrix} \alpha_1 \\ \alpha_2 \end{pmatrix} = Q^{-1} \begin{pmatrix} x_1 \\ x_2 \end{pmatrix}$$
Esplicitamente, risolvendo il sistema (7.31) con la regola di Cramer:
$$\alpha_1 = \frac{u_{11}u_{22}x_1 - u_{21}u_{12}x_2}{u_{11}u_{22} - u_{21}u_{12}}; \quad \alpha_2 = \frac{u_{11}u_{22}x_2 - u_{21}u_{12}x_1}{u_{11}u_{22} - u_{21}u_{12}}$$
Dunque si ha attrattività esponenziale dell'origine per tutti i dati iniziali $\mathbf{x}$ tali che $u_{22}x_1 - u_{21}u_{12}x_2$, mentre si ha repulsività esponenziale se $\mathbf{x}$ è tale che $u_{11}u_{22}x_2 - u_{21}u_{12}x_1$. Si tratta come si vede subito di due rette ortogonali fra di loro. Quindi, secondo la definizione 4.11, chiameremo queste rette *varietà* o *insieme stabile*, denotato W_s, o *instabile*, denotato W_u, rispettivamente.

Riprendiamo ora la matrice $A = \begin{pmatrix} 2 & 1 \\ 1 & 1 \end{pmatrix}$ e analizziamo numericamente gli effetti dell'iperbolicità. In figura 7.5 sono visualizzate le rette stabili W_s e instabili W_u. Eseguiamo ora un piccolo esperimento. Esperimento che non è

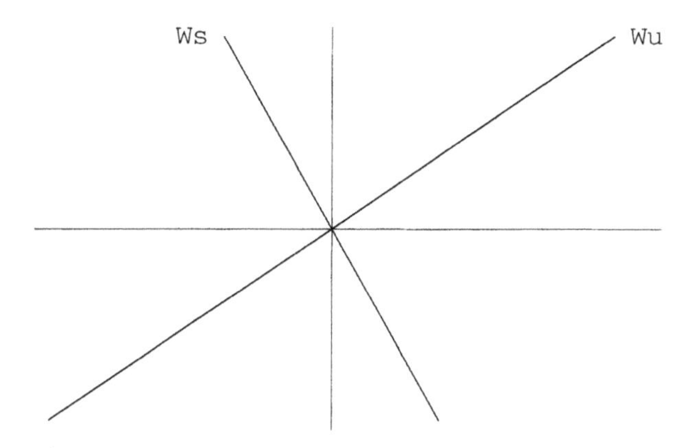

Fig. 7.5. Rette stabili W_s e instabili W_u per la mappa iperbolica A

difficile riprodurre con un buon software matematico (in questo caso, ancora una volta, abbiamo usato *Mathematica* [Wol]). Invece di seguire l'orbita di un unico punto, considereremo un intorno arbitrario U e visualizzeremo le sue iterate. Nel calcolo numerico U è un insieme di migliaia di punti presi in un piccolo intorno nel piano. U e le sue iterate sono visualizzate in figura 7.6.

7.4 Dinamica discreta ed automorfismi del toro

Nel paragrafo precedente abbiamo trattato in maniera esauriente la dinamica discreta bidimensionale nel piano. In sostanza non succede niente di veramente nuovo rispetto al caso unidimensionale. Si tratta solo di scegliere gli assi giusti per ridurre il caso bidimensionale ad un semplice prodotto cartesiano di due casi unidimensionali. La situazione cambia drasticamente se al posto del piano consideriamo la dinamica discreta le cui orbite giacciono su superfici compatte, come ad esempio il toro bidimensionale $\mathbb{T}^2$ (fig. 7.7). In questo caso, come vedremo, gli effetti di *dilatazione* (equivalentemente, *espansione*) e *contrazione* che abbiamo gia visto sul piano entrano in *competizione* con il fatto che lo spazio sul quale stiamo studiando la dinamica è compatto. Le orbite sono *obbligate* ad allontanarsi reciprocamente, ma anche a *ripiegarsi* su se stesse e a ritrovarsi vicine infinite volte. Questa *competizione*, come vedremo meglio in seguito, è in grado di produrre comportamenti asintotici molto complicati. Passiamo ora a vedere le cose un pò più in dettaglio e riprendiamo un esempio di spazio *compatto* che abbiamo già visto, la circonferenza. Sia S^1 la

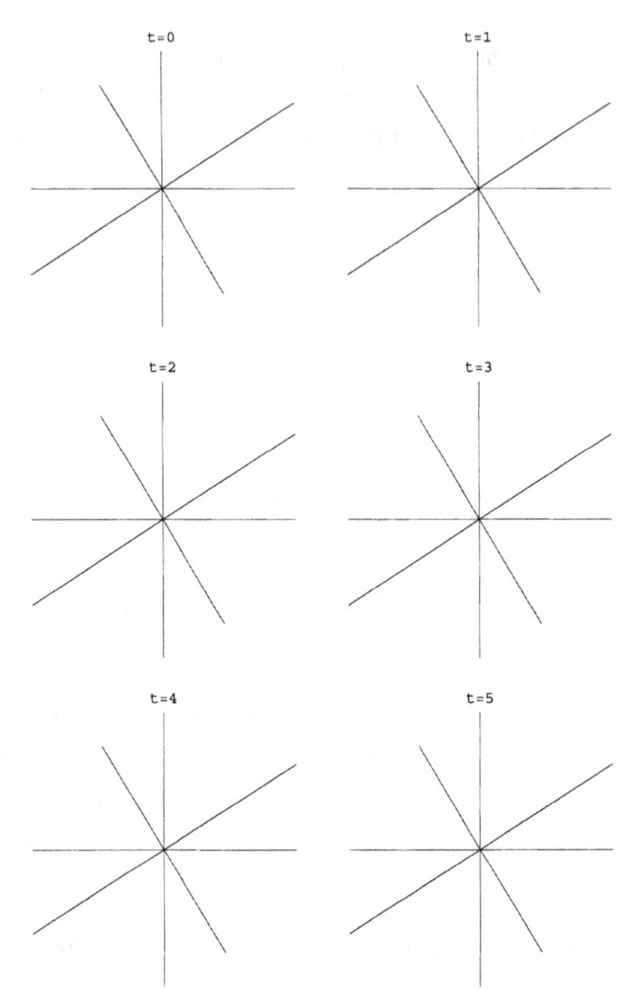

Fig. 7.6. Iterate dell'intorno U (in alto a sinistra) generate da una dinamica lineare iperbolica. Si noti come nelle ultime iterate i punti dell'intorno iniziale U sono usciti dal grafico lungo la varietà instabile W_s

circonferenza di raggio 1. Abbiamo già notato che per conoscere la posizione di ciascun punto sulla circonferenza è sufficiente conoscere la sua coordinata angolare ϕ che prende valori fra 0 e 2π: $0 \leq \phi \leq 2\pi$ (la corrispondenza fra punti della circonferenza e valori dell'angolo è così biunivoca tranne per il punto 0 che viene identificato con 2π). Per costruzione l'angolo ϕ è definito a meno di un multiplo intero di 2π: aggiungere o togliere a un tale angolo non cambia la posizione del punto sulla circonferenza. Prima di procedere con la costruzione del toro, semplifichiamo un poco le notazioni assumendo che la circonferenza abbia lunghezza 1. Su questa *circonferenza unitaria*, ancora denotata S^1, un

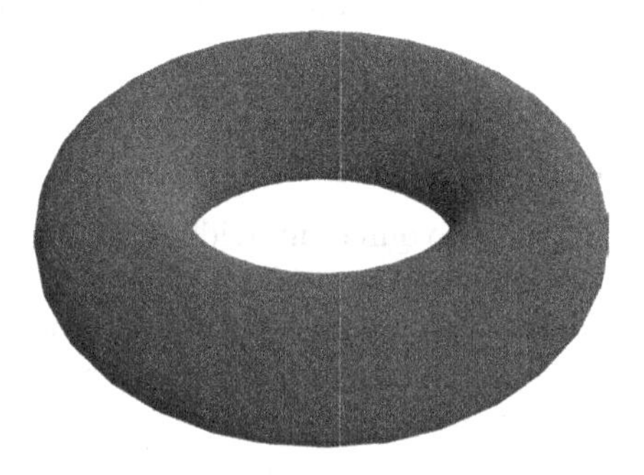

Fig. 7.7. Il toro bidimensionale $\mathbb{T}^2$

punto sarà univocamente determinato dalla coordinata $0 \leq \phi \leq 1$, dove i punti $\phi = 0$ e $\phi = 1$ coincidono.

Come è noto è naturale porre una definizione puramente algebrica della circonferenza S^1:

$$S^1 := \mathbb{R}\,(\mathrm{mod})\,\mathbb{Z} = \mathbb{R}/\mathbb{Z}.$$

In pratica identifichiamo un punto sulla circonferenza unitaria dato da $0 \leq \phi < 1$ con l'insieme dei punti sulla retta $\mathbb{R}$ che hanno una coordinata x che differisce da ϕ a meno di un numero intero arbitrario. In termini più formali, se definiamo su $\mathbb{R}$ la *relazione di equivalenza*[1] : $x \sim y$ se e solo se $x - y \in \mathbb{Z}$, allora ogni punto sulla circonferenza definisce un'unica *classe di equivalenza* e viceversa.

Possiamo allora definire il toro bidimensionale $\mathbb{T}^2$ per via puramente geometrica, come il prodotto cartesiano di due circonferenze, o per via algebrica mediante classi di equivalenza sul piano. In questo ultimo caso, si identificano punti del piano le cui coppie di coordinate differiscono a meno di interi arbitrari:

Definizione 7.4 *Il toro $\mathbb{T}^2$ è il sottoinsieme di $\mathbb{R}^2$ definito come $S^1 \times S^1$. In maniera equivalente:*

$$\mathbb{T}^2 = S^1 \times S^1 = \mathbb{R}/\mathbb{Z} \times \mathbb{R}/\mathbb{Z} = \mathbb{R}^2/\mathbb{Z}^2$$

Esercizio 7.7. Si definisca su $\mathbb{R}^2$ la seguente relazione: $(q_1, p_1) \sim (q_2, p_2)$ se e solo se $q_2 - q_1 = m$, $p_2 - p_1 = n$, con $n, m \in \mathbb{Z}$. Dimostrare che questo definisce

[1] La relazione è *riflessiva*: $x \sim x$, *simmetrica* : $x \sim y$ implica $y \sim x$ e *transitiva*: $x \sim y$, $y \sim z$ implica $x \sim z$.

una *relazione di equivalenza.* Ne segue, direttamente dalla costruzione, che le classi di equivalenza sono in corrispondenza biunivoca con i punti del toro $\mathbb{T}^2$ precedentemente definito.

Osservazione 7.9.

1. I punti del toro $\mathbb{T}^2$ saranno quindi individuati da due coordinate (angolari) che in seguito indicheremo con q e p : $0 \leq q \leq 1$, $0 \leq p \leq 1$;
2. L'operazione di quozientazione definisce la proiezione naturale [2] π da $\mathbb{R}^2$ su T^2: dato $(x_1, x_2) \in \mathbb{R}^2$ definiamo l'applicazione π da $\mathbb{R}^2$ a $\mathbb{T}^2$ nel modo seguente:

$$\pi(x_1, x_2) = [x_1, x_2] := (x_1 \mod 1, x_2 \mod 1) \tag{7.33}$$

   Si noti anche che la distanza euclidea nel piano induce in modo naturale una nozione di distanza euclidea sul toro.
3. La definizione algebrica di S^1 ammette la seguente interpretazione geometrica: la circonferenza è l'intervallo $[0, 1]$ con gli estremi identificati. Allo stesso modo possiamo interpretare il toro $\mathbb{T}^2$ come il quadrato di lato 1 con gli estremi identificati (vedi figura 7.8): $\mathbb{T}^2 \cong [0, 1]^2$

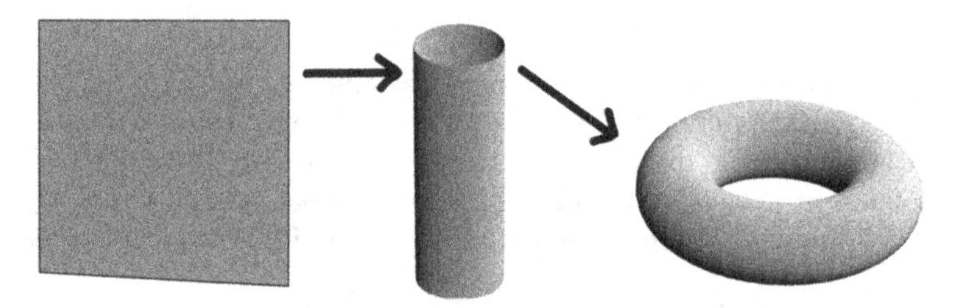

Fig. 7.8. Costruzione del toro a partire dal quadrato

Una differenza molto importante fra $\mathbb{R}^2$ e $\mathbb{T}^2$ è che in $\mathbb{T}^2$ non possiamo più identificare gli endomorfismi, ed in particolare gli automorfismi, con le matrici 2×2. Per poter trasportare l'azione lineare di una matrice L dal piano $\mathbb{R}^2$ al toro $\mathbb{T}^2$ è necessario che sia conservata la quozientazione, vale a dire L deve conservare le classi di equivalenza. Solo in questo modo L *discende* ad una mappa ben definita su $\mathbb{T}^2$. Pertanto essa non potrà avere coefficienti reali qualunque. Premettiamo allo scopo la definizione di una classe particolare di matrici.

[2] Naturale nel senso che rispetta la relazione di equivalenza: se $(x_1, x_2) \sim (y_1, y_2)$, allora $\pi(x_1, x_2) = \pi(y_1, y_2)$. Si veda l'esercizio precedente.

Definizione 7.5 *Si denota* $\mathrm{SL}(2;\mathbb{R}) \subset \mathrm{GL}(2;\mathbb{R})$[3] *l'insieme delle matrici* 2×2 *ad elementi reali unimodulari, cioè con determinante che vale* ± 1. *Si denota poi* $\mathrm{SL}(2;\mathbb{Z}) \subset \mathrm{SL}(2;\mathbb{R})$ *l'insieme delle matrici* 2×2 *unimodulari a coefficienti interi.*

Esempio 7.3. La matrice $L = \begin{pmatrix} 2 & 1 \\ 1 & 1 \end{pmatrix}$ che genera la ricorrenza di Fibonacci è in $\mathrm{SL}(2;\mathbb{Z})$ perché $\det L = 1$. In generale le matrici $L = \begin{pmatrix} 2g & 4g^2-1 \\ 1 & 2g \end{pmatrix}$ appartengono a $\mathrm{SL}(2;\mathbb{Z})$, $\forall\, g \in \mathbb{Z}$ perché $\det L = 1$.

Esercizio 7.8. Dimostrare che $\mathrm{SL}(2;\mathbb{R})$ è un sottogruppo proprio di $\mathrm{GL}(2;\mathbb{R})$ e che $\mathrm{SL}(2;\mathbb{Z})$ è un sottogruppo proprio di $\mathrm{SL}(2;\mathbb{R})$.

Possiamo allora caratterizzare la relazione fra automorfismi lineari del toro e matrici.

Proposizione 7.6 *La matrice* 2×2 L *genera un automorfismo (cioè una trasformazione lineare invertibile) del toro* $\mathbb{T}^2$ *in sé se e solo se appartiene a* $\mathrm{SL}(2;\mathbb{Z})$.

Dimostrazione: Sia $L = \begin{pmatrix} a & b \\ c & d \end{pmatrix}$ un elemento generico di $\mathrm{SL}(2;\mathbb{Z})$, $(a,b,c,d \in \mathbb{Z})$. Come abbiamo visto, L agisce in maniera naturale sul piano $\mathbb{R}^2$: $L(x_1,x_2) = (ax_1 + bx_2, cx_1 + dx_2)$. Definiamo ora l'azione di L sul toro nella maniera seguente: $\forall (q,p) \in \mathbb{T}^2$,

$$L(q,p) = \pi(L(x)), \qquad x \in \pi^{-1}(q,p) \in \mathbb{R}^2,$$

dove nel membro di destra L indica l'azione su $\mathbb{R}^2$, $\pi : \mathbb{R}^2 \to \mathbb{T}^2$ è la proiezione sul toro $\pi(x_1,x_2) = (x_1 \bmod 1, x_2 \bmod 1)$ e x è un *qualsiasi* elemento dell'insieme $\pi^{-1}(q,p)$. Il fatto che $L \in \mathrm{SL}(2;\mathbb{Z})$ implica che la precedente definizione è ben posta (*non* dipende da $x \in \pi^{-1}(q,p)$. Infatti, se $x, x' \in \mathbb{R}^2$ con $x - x' \in \mathbb{Z}^2$, allora $Lx - Lx' = L(x - x') \in \mathbb{Z}^2$ e la mappa sul toro rimane ben definita. È anche facile vedere che è lineare anche sul toro. Inoltre (si veda l'esercizio precedente) anche $L^{-1} \in \mathrm{SL}(2;\mathbb{Z})$.

Infine, è ora facile vedere che questa condizione è anche necessaria: una mappa lineare e invertibile sul toro proviene necessariamente da una mappa lineare L sul piano che conserva le classi di equivalenza. Lasciamo al lettore verificare che questo equivale a richiedere che L conservi il reticolo dei numeri interi sul piano, vale a dire $L(\mathbb{Z}^2) \subset \mathbb{Z}^2$. Questo, insieme alla analoga richiesta per L^{-1}, implica immediatamente $L \in \mathrm{SL}(2;\mathbb{Z})$. □

[3] $\mathrm{GL}(2;\mathbb{R})$ denota l'insieme di *tutte* le matrici 2×2 a coefficienti reali arbitrari.

Fissato ora un elemento $A \in \mathrm{SL}(2;\mathbb{Z})$, passiamo a considerare la dinamica indotta sul toro[4] : $\forall x = (q,p) \in \mathbb{T}^2$, definiamo l' *orbita futura (passata)* O_x^+ (O_x^-) di x come la successione di punti sul toro $O_x^+ = \{x, Ax, A^2x, \ldots, A^nx, \ldots\}$ ($O_x^- = \{x, A^{-1}x, A^{-2}x, \ldots, A^{-n}x, \ldots\}$).

In questo caso A^nx è da intendersi come azione di A sul toro. In pratica, se $x = (q,p)$ e $A = \begin{pmatrix} a & b \\ c & d \end{pmatrix}$, con $a,b,c,d \in \mathbb{Z}$, allora:

$$Ax := (aq + bp \mod 1, cq + dp \mod 1).$$

Una proprietà molto notevole delle mappe $A \in \mathrm{SL}(2;\mathbb{Z})$ è che la loro azione conserva le aree. Se $V \subset \mathbb{T}^2$ è un qualsiasi rettangolo (aperto, chiuso, semiaperto a destra, ecc;) cioè $V := \{(q,p) \in \mathbb{T}^2 \mid q_1 \leq q \leq q_2; p_1 \leq p \leq p_2\}$ dove il simbolo $\leq$ può dovunque essere sostituito da $<$, conveniamo di indicare con $A(V)$ l'immagine di V attraverso A, cioè: $A(V) := \{(q,p) \in \mathbb{T}^2 \mid A^{-1}(q,p) \in V\}$. Denotiamo poi $\mu(V)$ l'area di V. Ovviamente $\mu(V) = (q_2 - q_1)(p_2 - p_1)$. L'invertibilità di A e il già discusso significato geometrico di $\det A = 1$, implicano immediatamente che anche sul toro le aree vengono conservate.

Esercizio 7.9. Visualizzare sia sul piano che sul toro le iterate di un dato rettangolo V per rendersi conto del fenomeno del *ripiegamento* con preservazione delle aree.

Questo risultato mostra immediatamente come la dinamica discreta su $\mathbb{T}^2$ definita dall'iterazione delle matrici $L \in \mathrm{SL}(2;\mathbb{Z})$ abbia carattere radicalmente diverso da quella definita su $\mathbb{R}^2$ dall'iterazione di matrici reali.

Un'altra differenza qualitativa molto marcata fra le due dinamiche è rappresentata dal comportamento delle *orbite periodiche*. Come abbiamo già visto, data una trasformazione L lineare sul piano, l'origine è un punto fisso della dinamica. Inoltre se L è iperbolica, questo è l'unico punto periodico[5].

Quando si considera la dinamica sul toro, la situazione è drasticamente differente. Più precisamente, fissata $L \in \mathrm{SL}(2;\mathbb{Z})$ e fissato $n \in \mathbb{N}$, definiamo $\mathrm{Per_n}(L)$ come l'insieme di tutti i punti periodici di periodo n:

$$\mathrm{Per_n}(L) := \{(q,p) \in \mathbb{T}^2 \ : \ L^n(q,p) = (q,p)\}.$$

Un punto $(q,p) \in \mathrm{Per_n}(L)$ si dirà punto periodico *primitivo*, se n rappresenta il suo periodo minimo. Vale a dire $L^n(q,p) = (q,p)$ e inoltre $L^k(q,p) \neq (q,p)$ per $k = 1, 2, \ldots, n-1$.

[4] Da ora in avanti $x, y, z, \ldots$ indicheranno generici punti sul toro $\mathbb{T}^2$, individuati da una coppia di coordinate nel quadrato unitario. Ad esempio: $x = (q,p)$, con $0 \leq q,p < 1$.

[5] Se L è una rotazione $R(\theta)$, con θ *razionale*, allora *tutti* i punti diversi dall'origine sono periodici, con periodo dipendente da θ. Ad esempio, se $\theta = 2\pi\frac{r}{s}$, $r,s \in \mathbb{N}$, allora $R^s(\theta)$ è la matrice identità .

Infine, indicheremo con $\mathcal{P}$ l'insieme di tutti i punti periodici per la dinamica generata da L sul toro:

$$\mathcal{P}(L) := \bigcup_{n\geq 1} \mathrm{Per_n}(L).$$

Vale allora il seguente risultato

Proposizione 7.7 *Sia $L \in \mathrm{SL}(2;\mathbb{Z})$, allora $\mathcal{P}(L)$ è denso in $\mathbb{T}^2$.*

Dimostrazione: Sia $(q,p) \in \mathbb{T}^2$ un punto qualsiasi a coordinate razionali. Passando al minimo comune denominatore possiamo sempre scrivere (q,p) sotto la forma $(q,p) = \left(\frac{a}{k}, \frac{b}{k}\right)$, dove a, b e k sono interi con $0 \leq a < k$ e $0 \leq b < k$. Questi punti sono densi in $\mathbb{T}^2$ perché coincidono con tutti i punti a coordinate razionali. Fissato ora $k > 1$, denotiamo con $\mathcal{L}_k$ il *reticolo* sul toro costituito da tutti i punti a coordinate razionali, con denominatore k:

$$\mathcal{L}_k := \{(\frac{a}{k}, \frac{b}{k}),\ a,b = 0,1,\ldots,k-1\}.$$

Chiaramente $\mathcal{L}_k$ contiene esattamente k^2 punti del toro.

Inoltre, poiché gli elementi di L sono interi, la dinamica lascia *invariato* questo insieme. Vale a dire, se $(q,p) \in \mathcal{L}_k$ allora $L(q,p) \in \mathcal{L}_k$. Pertanto l'effetto dell'azione della matrice L su $\mathcal{L}_k$ è quello di generare una permutazione di questi punti. Esisteranno quindi degli interi i e j con $|i-j| \leq k^2$ tali che $L^i(q,p) = L^j(q,p)$. Facendo agire L^{-i} su questa uguaglianza otteniamo $L^{j-i}(q,p) = (q,p)$ e quindi (q,p) è un punto periodico di periodo che non supera k^2. Ciò dimostra l'asserzione. □

Esercizio 7.10. Dimostrare che tutti i punti periodici sono in effetti punti di coordinate razionali. Vale a dire, dimostrare che dato $(q,p) \in \mathbb{T}^2$ e $n \in \mathbb{N}$ tale che $L^n(q,p) = (q,p)$, allora $(q,p) \in \mathcal{L}_k$, per un certo intero k.

Esempio 7.4. Consideriamo la nostra vecchia amica, la matrice $L = \begin{pmatrix} 2 & 1 \\ 1 & 1 \end{pmatrix}$ che genera la ricorrenza di Fibonacci. Per ragioni che diventeranno chiare fra poco, la ribattezziamo *gatto di Arnold*[6]. Essa ammette l'origine $(0,0)$ come il solo punto fisso. Per vedere questo fatto, e trovare dei punti periodici, scriviamo anzitutto le equazioni del punto fisso. Scrivendo per componenti l'equazione $L(q,p) = (q,p) \bmod \mathbb{Z}^2$ si ha

$$\begin{cases} 2q + p = q + N_1 \\ q + p = p + N_2 \end{cases}$$

[6] Vladimir I.Arnold (Odessa 1937), Professore all'Università di Mosca nonché all'Università di Parigi IX, è uno dei più illustri matematici contemporanei.

dove N_1 e N_2 sono interi. Si vede subito che il solo punto fisso è $(0,0)$. D'altra parte si vede anche che $L\begin{pmatrix}1/2\\1/2\end{pmatrix}=\begin{pmatrix}1/2\\0\end{pmatrix}$, $L\begin{pmatrix}1/2\\0\end{pmatrix}=\begin{pmatrix}0\\1/2\end{pmatrix}$, $L\begin{pmatrix}0\\1/2\end{pmatrix}=\begin{pmatrix}1/2\\1/2\end{pmatrix}$. Dunque $(1/2,1/2)$ è un punto periodico di periodo 3.

Osservazione 7.10. Il comportamento dettagliato delle orbite periodiche e l'andamento del loro periodo in funzione del reticolo scelto $\mathcal{L}_k$ sono due problemi non elementari che esigono strumenti di teoria dei sistemi dinamici e di teoria dei numeri che esulano dagli scopi di questo volume. Rimandiamo il lettore ai testi [KH] e [DEG] per ulteriori approfondimenti.

Qui ci limitiamo a visualizzare l'effetto della periodictà considerando un'immagine iniziale[7] come insieme di condizioni iniziali sul toro (pixel neri) posti tutti su punti di coordinate razionali e con denominatore $k = 229$). Visualizzando iterate successive per la dinamica

$$L=\begin{pmatrix}2&3\\1&2\end{pmatrix}$$

si vede come l'orbita di ciascun punto è apparentemente caotica per quasi tutte le iterate. Solo al valore del tempo corrispondente al periodo comune dei punti iniziali (in questo caso $t = 228$), la dinamica ricostruisce completamente l'immagine iniziale. Questo fenomeno è visualizzato in figura 7.9 e trova possibili applicazioni nella *criptazione* delle immagini.

Passiamo ora a considerare più in dettaglio la sottoclasse di matrici in $\mathrm{SL}(2;\mathbb{Z})$ che presenta un comportamento caotico.

7.5 Dinamica iperbolica sul toro e caos

Riprendiamo anzitutto la nozione di iperbolicità già introdotta per le mappe dell'intervallo e la dinamica bidimensionale in $\mathbb{R}^2$.

Definizione 7.6 *La matrice $L \in \mathrm{SL}(2;\mathbb{Z})$ si dice* iperbolica *(e l'automorfismo corrispondente di $\mathbb{T}^2$* iperbolico*) se i suoi autovalori sono reali e diversi da* ± 1.

Esercizio 7.11. Usando l'equazione caratteristica per gli autovalori $\lambda^2 - (\mathrm{Tr}\, L)\,\lambda + 1 = 0$, dimostrare che L è iperbolica se e solo se $|\mathrm{Tr}\, L| > 2$.

---

[7] Originariamente Arnold visualizzò l'azione della mappa sul toro facendo evolvere la figura di un gatto, da cui il nome "gatto di Arnold". È interessante notare come questa prima visualizzazione dell'azione di una mappa, che come vedremo è caotica, fu ottenuta senza l'uso del calcolatore.

Fig. 7.9. Azione della mappa L su condizioni iniziali poste sul reticolo $\mathcal{L}_{229}$. Da *in alto a sinistra a in basso a destra*: $t = 0, 1, 50, 100, 226, 228$

La teoria della dinamica generata da mappe lineari iperboliche sul toro rappresenta il punto di partenza della cosiddetta *teoria dei sistemi dinamici iperbolici* [KH]. Poiché gli strumenti matematici necessari per comprendere la *struttura iperbolica* sono leggermente più avanzati di quelli fin qui elaborati, ci limiteremo qui a studiare le conseguenze più importanti e accessibili dell'iperbolicità.

Cerchiamo di studiare ora un pò più in dettaglio la dinamica generata da una di queste mappe, anche se a livello qualitativo tutto quello che vedremo in seguito vale per una arbitraria trasformazione iperbolica lineare del toro. Scegliamo quindi ancora la $A \in SL(2,\mathbb{Z})$ come:

$$A = \begin{pmatrix} 2 & 1 \\ 1 & 1 \end{pmatrix}$$

Come già sappiamo, la corrispondente trasformazione invertibile sul toro è data da:

$$(q,p) \longrightarrow (2q+p, q+p) \mod 1.$$

La trasformazione inversa è indotta da $A^{-1} = \begin{pmatrix} 1 & -1 \\ -1 & 2 \end{pmatrix}$, vale a dire

$$(q,p) \longrightarrow (q-p, -q+2p) \mod 1.$$

Gli autovalori di A sono $(\lambda, \lambda^{-1}) = (\frac{1}{2}(3+\sqrt{5}), \frac{1}{2}(3-\sqrt{5}))$. All'autovalore λ corrisponde l'autovettore $\mathbf{v}_u = (\frac{1}{2}(1+\sqrt{5}), 1)$, mentre il vettore $\mathbf{v}_s = (\frac{1}{2}(1-\sqrt{5}), 1)$ corrisponde all'autovalore λ^{-1}.

Esercizio 7.12. Dimostrare le precedenti affermazioni.

Sul piano, la corrispondente retta espandente W_u e retta contraente W_s passanti per l'origine sono quindi date dalle rette generate dai vettori $\mathbf{v}_u$ e w_s rispettivamente. Più precisamente, $W_u = \{t \cdot \mathbf{v}_u,\ t \in \mathbb{R}\}$ e $W_s = \{t \cdot \mathbf{v}_s,\ t \in \mathbb{R}\}$ rispettivamente. È necessario ora studiare come queste rette si proiettano sul toro. In particolare, la proiezione $\pi(W_u)$ di W_u sul toro [8] è data da:

$$\pi(W_u) : \{(t \cdot \mathbf{v}_u \mod 1,\ t \in \mathbb{R}\} \subset \mathbb{T}^2.$$

Queste *rette* sul toro hanno alcune proprietà geometriche non del tutto banali. Come vedremo, questo è una conseguenza del fatto che le *pendenze* delle direzioni stabili ed instabili sono *irrazionali*.

Tale proprietà, che abbiamo direttamente verificato per la mappa A qui considerata, è in effetti un risultato generale che vale per ogni matrice $L \in SL(2,\mathbb{Z})$:

Lemma 7.1. *Sia $L \in SL(2,\mathbb{Z})$ iperbolica, allora le due rette generate dagli autovettori hanno entrambe coefficiente angolare irrazionale.*

Dimostrazione: È possibile dimostrare il risultato direttamente dall'espressione degli autovalori ricavabili dal polinomio caratteristico. Poniamo per semplicità $a = \mathrm{Tr}L$,

$$\lambda, \lambda^{-1} = \frac{a \pm \sqrt{a^2-4}}{2}.$$

Poiché L è iperbolica, $a^2 > 4$. È facile vedere ora che $a^2 - 4$ è un numero intero che non può essere un quadrato. Quindi $\sqrt{a^2-4}$ è un irrazionale

[8] Analogamente per W_s.

quadratico. Lasciamo allo studente verificare che questo stesso termine entra nell'espressione dei coefficienti angolari delle rete generate da questi autovettori. È utile dare anche una dimostrazione più *dinamica* di questo fatto. Supponiamo a tale proposito che l'autovalore minore di 1 abbia un autospazio a coefficiente angolare razionale. Questo significa che nel piano la retta corrispondente *deve* intersecare un punto a coordinate intere (n, m). Poiché però questo punto giace sulla retta stabile: $L^k(n, m) = \lambda^{-k}(n, m) \to (0, 0)$. Contemporaneamente, essendo L a coefficienti interi, $L^k(n, m) \in \mathbb{Z}^2$ e questo è in contraddizione con la convergenza verso l'origine. La retta stabile deve quindi necessariamente avere un coefficiente angolare irrazionale e non incontrare mai una coppia di interi sul piano. Ragionando alla stessa maniera usando L^{-1} otteniamo il medesimo risultato per la retta instabile. Questo conclude la dimostrazione. □

Possiamo ora dimostrare il seguente

Proposizione 7.8 *$\pi(W_u)$ e $\pi(W_s)$ sono insiemi densi sul toro.*

Osservazione 7.11. In figura 7.10 vengono mostrate diverse porzioni di $\pi(W_u)$ per la mappa A. In figura 7.11 vengono invece visualizzate entrambe le proiezioni $\pi(W_u)$ e $\pi(W_s)$.

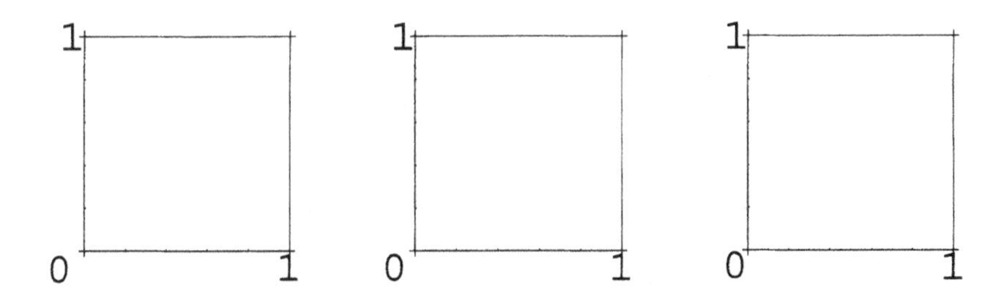

Fig. 7.10. Successive porzioni di $\pi(W_u)$ sul toro $\mathbb{T}^2$ per la mappa A

Dimostrazione: Dimostriamo che la proiezione di W_s è densa sul toro. Il risultato per W_u seguirà in maniera completamente analoga.

Consideriamo le intersezioni di $\pi(W_s)$ con la retta orizzontale $p = 0$. Dimostreremo fra un attimo che queste intersezioni formano un insieme denso. È facile vedere che questo implica la densità dell'insieme che si ottiene intersecando $\pi(W_s)$ con una qualsiasi retta orizzontale[9] $p = p_0$. È immediato ora concludere che questo implica la densità di $\pi(W_s)$ in tutto il toro.

Per dimostrare la densità dell'intersezione di $\pi(W_s)$ con la circonferenza sul toro dato da $p = 0$, osserviamo che $\pi(W_s)$ interseca la retta $p = 0$ sul toro

[9] Si noti come per costruzione queste "rette" orizzontali siano in effetti delle circonferenze chiuse sul toro.

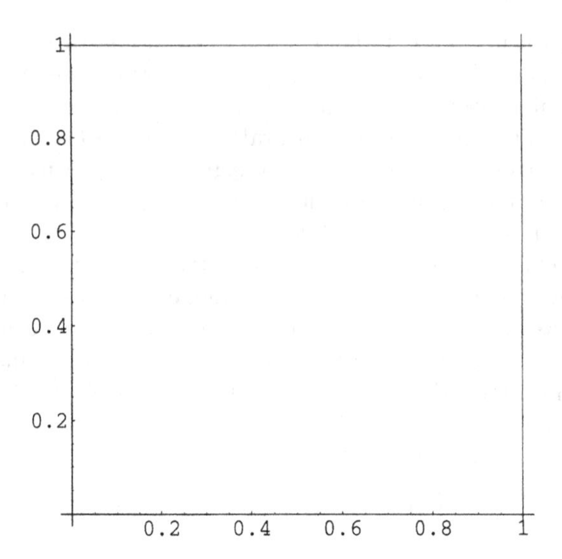

Fig. 7.11. $\pi(W_u)$ e $\pi(W_s)$ per la mappa A

per la j-esima volta nel punto $(q_j, 0)$ se e solo se nel piano la retta W_s interseca la retta orizzontale $y = j$ in un punto di ascissa $x_j = q_j + n_j$, $n_j \in \mathbb{Z}$. Poiché la retta nel piano ha pendenza irrazionale è immediato vedere che q_{j+1} differisce da q_j a meno di una rotazione sulla circonferenza di un angolo irrazionale. Il risultato segue ora dalla densità delle orbite per rotazioni irrazionali già studiate (vedi Teorema 4.1.). □

Osservazione 7.12. Per semplificare le notazione, d'ora in avanti ometteremo di indicare la proiezione π e denoteremo rispettivamente $W_s(0,0)$ e $W_u(0,0)$ le rette stabili e instabili sul toro passanti per l'origine.

Osservazione 7.13. La teoria dei sistemi dinamici ci offre la possibilità di generalizzare il concetto di insieme stabile ed instabile per un arbitrario punto sul toro, non necessariamente fisso o periodico. Cercheremo qui di spiegare questa costruzione generale e le sue conseguenze, rimandando il lettore a [Dev] e [KH] per ulteriori dettagli.

Dato un punto arbitrario $x = (q,p) \in \mathbb{T}^2$, denoteremo $W_s(q,p)$ la traslazione della retta $W_s(0,0)$ passante per il punto (q,p). Più precisamente,

$$W_s(q,p) := (q,p) + W_s(0,0) \subset \mathbb{T}^2.$$

Analogamente, definiamo

$$W_u(q,p) := (q,p) + W_u(0,0) \subset \mathbb{T}^2.$$

$W_s(q,p)$ e $W_u(q,p)$ sono detti rispettivamente *insieme stabile* e *insieme instabile* per il punto $(q,p) \in \mathbb{T}^2$.

Poiché essi sono ottenuti da $W_s(0,0)$ e $W_u(0,0)$ attraverso una traslazione rigida sul toro, possiamo concludere immediatamente che anche essi sono densi sul toro.

Possiamo ora enunciare alcune proprietà di questa costruzione. Le ultime due affermazioni del Teorema seguente giustificano inoltre il termine *insieme stabile* e *insieme instabile* che abbiamo usato per denotare $W_s(q,p)$ e $W_u(q,p)$.

Proposizione 7.9 *Sia $L \in \mathrm{SL}(2;\mathbb{Z})$ iperbolica e dato $(q,p) \in \mathbb{T}^2$, si considerino gli insiemi stabili e instabili $W_s(q,p), W_u(q,p)$.*

1. *Gli insiemi $W_s(0,0)$ e $W_u(0,0)$ sono invarianti (rispetto a L). Vale a dire*
$$L\left(W_s(0,0)\right) \subset W_s(0,0), \qquad L\left(W_u(0,0)\right) \subset W_u(0,0).$$
2. *Dato un punto arbitrario $(q,p) \in \mathbb{T}^2$, l'insieme stabile $W_s(q,p)$ e l'insieme instabile $W_u(q,p)$ vengono trasformati dalla dinamica L negli insiemi stabili ed instabili di $L(q,p)$. Vale a dire*
$$L\left(W_s(q,p)\right) \subset W_s(L(q,p)), \qquad L\left(W_u(q,p)\right) \subset W_u(L(q,p)).$$
3. *Dato $(q,p) \in \mathbb{T}^2$ e $(q',p') \in W_s(q,p)$,*
$$\lim_{n\to\infty} d(L^n(q',p'), L^n(q,p)) = 0$$
dove d è la naturale distanza in $\mathbb{T}^2$.
4. *Dato $(q,p) \in \mathbb{T}^2$ e $(q',p') \in W_u(q,p)$,*
$$\lim_{n\to\infty} d(L^{-n}(q',p'), L^{-n}(q,p)) = 0$$

Osservazione 7.14. Come abbiamo già commentato in precedenza, questa combinazione di contrazione/dilatazione lungo la direzione stabile/instabile e di ripiegamento sul toro è responsabile del comportamento caotico. In figura 7.12 e figura 7.13 viene mostrato come la mappa agisce su un insieme di condizioni iniziali.

Dimostrazione: I punti 1 e 2 seguono immediatamente dalla costruzione. Vediamo ora il punto 3. Indichiamo con λ_s l'autovalore corrispondente alla direzione stabile, $|\lambda_s| < 1$, e λ_u l'autovalore corrispondente alla direzione instabile, $|\lambda_u| > 1$.

L'azione di L come trasformazione in $\mathbb{R}^2$ è la solita: $L(\mathbf{x}) = L \cdot \mathbf{x} \;\forall\, \mathbf{x} \in \mathbb{R}^2$. Consideriamo ora due punti nel piano (x_1,x_2) e (x_1',x_2') rappresentativi di (q,p) e (q',p') rispettivamente: $(q,p) = \pi(x_1,x_2)$ e $(q',p') = \pi(x_1',x_2')$.

Poiché $(q',p') \in W_s(q,p)$, possiamo supporre che i punti (x_1,x_2) e (x_1',x_2') di $\mathbb{R}^2$ giacciano su una retta parallela a W_s. Denotiamo σ il segmento che congiunge (x_1,x_2) e (x_1',x_2'). Per la linearità di L anche $L^n(\sigma)$ è un

Fig. 7.12. Azione della mappa A ai tempi $t = 0$ e $t = 1$

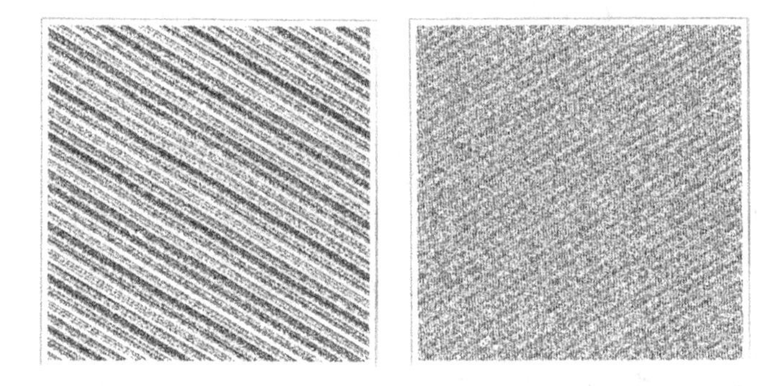

Fig. 7.13. Azione della mappa A ai tempi $t = 3$ e $t = 10$

segmento di retta che rimane parallelo a W_s. Per di più, la lunghezza di $L^n(\sigma)$ vale chiaramente $\lambda_s^n l(\sigma)$ dato che la propagazione avviene parallelamente alla direzione stabile, lungo la quale L agisce come moltiplicazione per λ_s. Pertanto $\|(L^n(x_1', x_2'), (x_1, x_2))\| \to 0$ per $n \to \infty$ e ciò implica $\lim_{n\to\infty} d(L^n[\phi_1', \phi_2'], [\phi_1, \phi_2]) = 0$. Nel caso 4 il ragionamento è del tutto analogo (basta usare L^{-1}), e la proposizione è dimostrata. □

7.6 La transitività topologica e il mescolamento

Vediamo ora un pò più in dettaglio la struttura geometrica di questa famiglia di rette stabili e instabili sul toro.[10]

Poiché i coefficienti angolari di W_s e W_u sono differenti, anche le loro proiezioni sul toro dovranno necessariamente incontrarsi in un insieme denso sul toro. Questi punti di intersezione hanno una notevole importanza.

[10] Questa costruzione rappresenta un primo esempio di costruzioni più generali che vanno sotto il nome di *foliazioni*.

Definizione 7.7 *Sia* $(q,p) \in \mathbb{T}^2$ *un punto periodico per* L. *Un punto qualsiasi* $(q',p') \neq (q,p)$ *che appartiene a* $W_u(q,p) \cap W_s(q,p)$ *si dice punto omoclinico.*

Osserviamo che $W_u(q,p)$ e $W_s(q,p)$ si incontrano sempre formando un angolo non nullo ad un punto omoclinico. In tal caso il punto omoclinico si dice *trasverso.* Si può quindi concludere:

Proposizione 7.10 *I punti omoclinici trasversi sono densi in* $\mathbb{T}^2$.

Queste idee ci permettono di provare che la dinamica discreta è in questo caso caotica per ogni dato iniziale. Più precisamente si ha

Teorema 7.2 *Sia* L *un automorfismo iperbolico del toro* $\mathbb{T}^2$. *Allora*

1. *I punti periodici di* L *sono densi in* $\mathbb{T}^2$*;*
2. L *è topologicamente transitivo;*
3. L *ha*
4. *dipendenza delicata dipendenza delicata dalle condizioni iniziali.*

Osservazione 7.15. La dinamica discreta generata dall'iterazione di L è pertanto caotica, secondo la definizione data nel Capitolo precedente (vedi Definizione 5.15).

Dimostrazione: Il punto 1 è la Proposizione 7.7 già dimostrata. Proviamo ora il punto 3.

Infatti, se $(q,p) \in \mathbb{T}^2$ e $(q',p') \in W_u[(q,p)]$, allora ogni iterazione di L allunga la distanza fra (q,p) e (q',p'), almeno lungo W_u. Di conseguenza si ha dipendenza delicata per ogni condizione iniziale sul toro $\mathbb{T}^2$.

Rimane ora da dimostrare solo il punto 2. Ricordiamo che la dinamica L è topologicamente transitiva se e solo se per ogni coppia di insiemi aperti $U, V \subset \mathbb{T}^2$, esiste $n \in \mathbb{N}$ tale che

$$L^n(U) \cap V \neq \emptyset.$$

Ovvero: L è topologicamente transitiva se e solo se le iterate di un aperto prima o poi visitano *ogni* altro insieme aperto arbitrario del toro. Fissati ora due aperti U e V, siano $x \in V$ e $y \in U$ due punti periodici [11]. Sia ora n il loro periodo comune: $L^n(x) = x$, $L^n(y) = y$. Consideriamo adesso le due rette dense sul toro $W_u(y)$ e $W_s(x)$, e sia $z \in W_u(y) \cap W_s(x)$ un punto qualsiasi scelto fra le infinite intersezioni di $W_u(y)$ con $W_s(x)$ (fig.7.14). Per costruzione, possiamo scrivere $z = y + \alpha \mathbf{v}_u$ oppure $z = x + \beta \mathbf{v}_s$, dove α e β sono opportuni numeri reali e dove $\mathbf{v}_u, \mathbf{v}_s$ sono i vettori lungo la direzione instabile e stabile precedentemente definiti. Consideriamo ora l'evoluzione nel passato del punto z, considerando solo *salti all'indietro* lunghi n (il periodo comune): $\forall s \in \mathbb{N}$

$$L^{-sn}(z) = L^{-sn}(y + \alpha \mathbf{v}_u) = L^{-sn}(y) + \lambda_u^{-sn} \alpha \mathbf{v}_u = y + \lambda_u^{-sn} \alpha \mathbf{v}_u.$$

[11] Si noti che la densità dei punti periodici ci assicura l'esistenza di infiniti punti periodici $x \in V$ e $y \in U$. Qui ne scegliamo due qualsiasi.

Nell'ultima equazione abbiamo usato la periodicità di y. Poiché $|\lambda_u| > 1$,

$$\lim_{s\to\infty} L^{-sn}(z) = y \in U$$

In modo del tutto analogo (usando L nel "futuro" e $|\lambda_s| < 1$),

$$\lim_{s\to\infty} L^{sn}(z) = x \in V.$$

In particolare, poiché U è un insieme aperto, esistono numeri interi finiti $s, t > 0$, tali che $u = L^{-tn}(z) \in U$ e $L^{sn}(z) \in V$. Vale a dire $L^{(t+s)n}(u) \in V$, o equivalentemente

$$L^{(t+s)n}(U) \cap V \neq \emptyset$$

Questo dimostra la transitività topologica e termina la dimostrazione della Proposizione. □

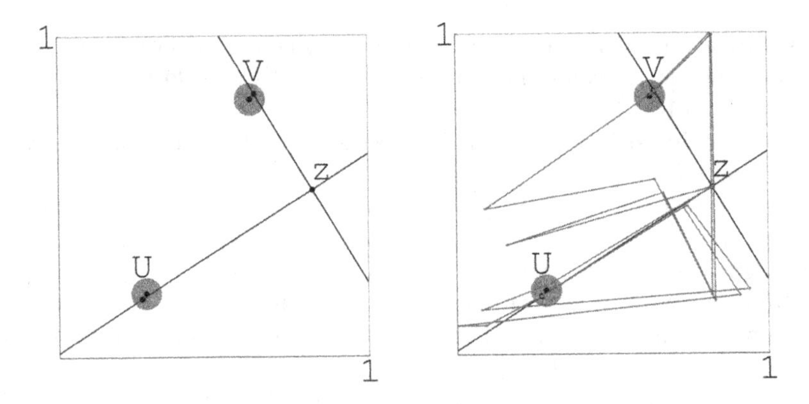

Fig. 7.14. Costruzione geometrica usata nella dimostrazione della transitività topologica. Il punto z giace nell'intersezione fra la retta instabile $W_u(y)$, $y \in U$ e la retta stabile $W_s(x)$, $x \in V$, dove x e y sono punti periodici. A destra sono raffigurate le iterate che portano il punto z in U e V rispettivamente nel passato e nel futuro

Useremo qui le mappe lineari iperboliche del toro al fine di illustrare, almeno qualitativamente, una caratteristica della dinamica comune a numerosi sistemi caotici. Questa proprietà implica un comportamento ancora più *caotico* di quello implicato dalla transitività topologica e può essere visto come una conseguenza diretta della dipendenza delicata dalle condizioni iniziali. Cominciamo con una definizione generale,

Definizione 7.8 *Una mappa invertibile* $f : \mathbb{T}^2 \to \mathbb{T}^2$ *è detta topologicamente mescolante se e solo se per ogni coppia di aperti* $U, V \subset \mathbb{T}^2$ *esiste* $n \in \mathbb{N}$ *tale che*

$$f^m(U) \cap V \neq \emptyset, \quad \forall m > n.$$

Ovvero, f è topologicamente mescolante se e solo se le iterate di un aperto visitano sempre, da un certo istante di tempo in poi un altro arbitrario insieme aperto V.

Esercizio 7.13. Confrontare questa definizione con quella data per la transitività topologica e dimostrare che se una dinamica è topologicamente mescolante allora essa è anche topologicamente transitiva. Il viceversa non vale in generale (si pensi ad esempio alle rotazioni irrazionali).

Consideriamo ora la nostra mappa lineare iperbolica usuale A, fissiamo due aperti U e V, e consideriamo un piccolo segmento I di lunghezza δ della retta instabile $W_u(0,0)$ interamente contenuto in U. Questo è possibile ancora per la densità della retta instabile.Non è difficile ora verificare che le iterate nel futuro di questo piccolo segmento finiranno per ricoprire densamente il toro. In particolare, esisterà un tempo n per il quale $A^m(I) \cap V \neq \emptyset$, per ogni $m > n$. Questo fenomeno è visualizzato nella figura 7.15 e figura 7.16. Abbiamo quindi dimostrato il seguente

Teorema 7.3 *Sia $L \in \mathrm{SL}(2,\mathbb{Z})$ iperbolica, allora L è topologicamente mescolante.*

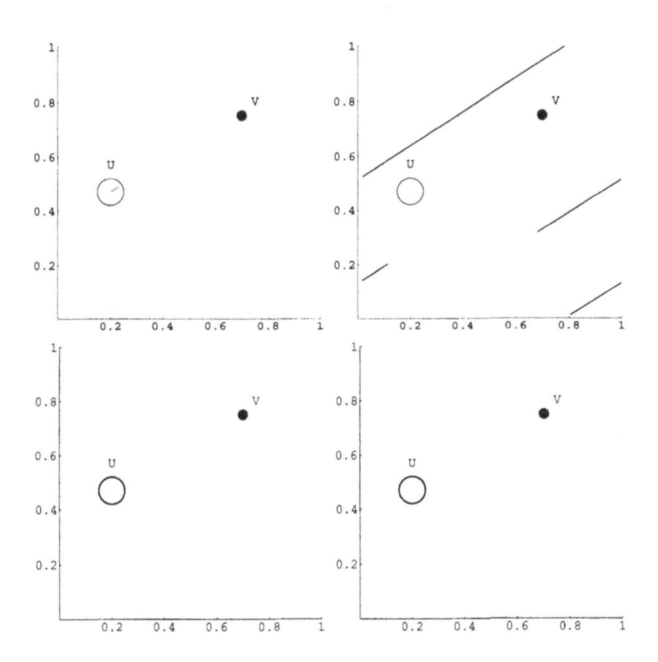

Fig. 7.15. Visualizzazione del mescolamento topologico. In alto a sinistra, l'aperto U con un intervallo I di retta stabile contenuto all'interno e un aperto arbitrario V. Le figure successive mostrano l'evoluzione di I ai tempi $n = 4, 6$ e $n = 8$ rispettivamente

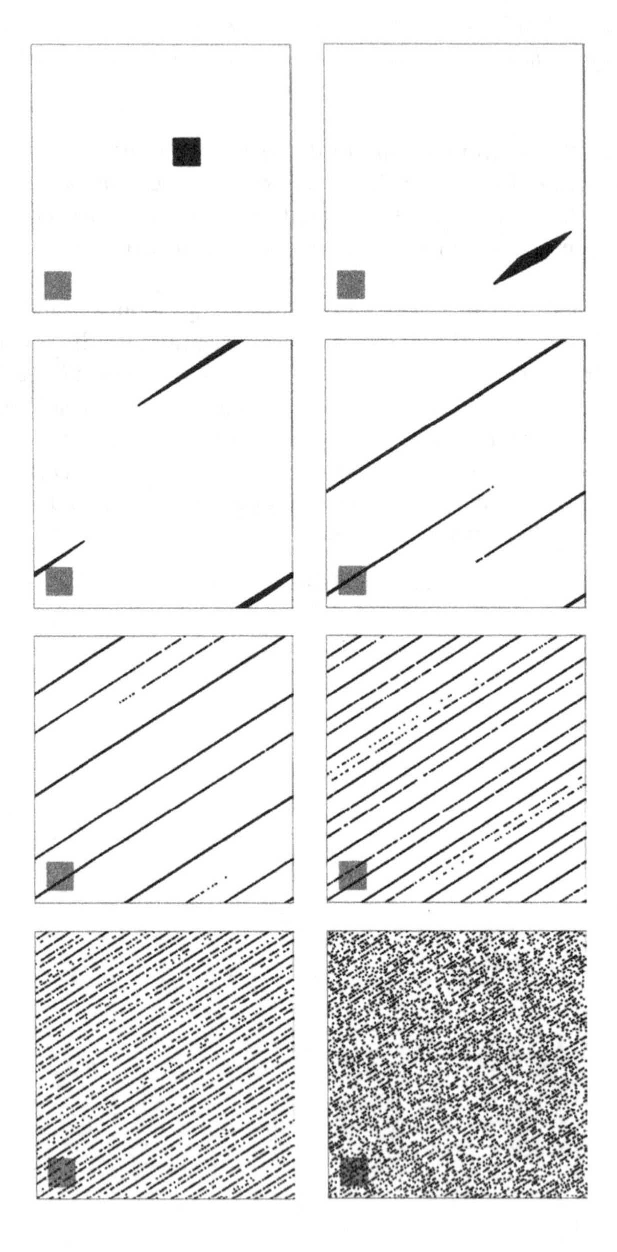

Fig. 7.16. Il mescolamento topologico. Un rettangolo arbitrario viene iterato per 8 volte (da in alto a sinistra a in basso a destra). L'immagine dei suoi punti finisce per mescolarsi uniformemente sul toro

8

Cenni sui biliardi nel piano

8.1 Il gioco del biliardo come modello matematico

In questo capitolo faremo qualche cenno alla dinamica discreta generata da una classe di sistemi meccanici che appare in modo naturale in molte situazioni concrete: i biliardi piani. Pur essendo questi sistemi particolarmente semplici da definire, la loro trattazione matematica non lo è altrettanto. Per questo, ci limiteremo qui a definirne le nozioni principali e a passare in rassegna alcuni aspetti qualitativi della dinamica. Per una trattazione sistematica e rigorosa di questi argomenti si veda [KH] e [Tab]

Un biliardo (piano) è il sistema meccanico costituito da un punto di massa 1 che si muove all'interno di una data regione limitata Q del piano (*il tavolo*). Qui ammetteremo senz'altro che Q sia aperta e semplicemente connessa, e che il suo bordo ∂Q sia una curva piana chiusa regolare tranne al più un numero finito di punti. I punti regolari di ∂Q sono quelli per cui esiste la tangente.

Si suppone poi che il moto all'interno del tavolo sia rettilineo ed uniforme[1] e che il punto, quando colpisce un punto del bordo del tavolo, *rimbalzi in maniera elastica* verso l'interno, seguendo la regola che l'angolo di *incidenza* coincide con l'angolo di *riflessione* (fig.8.1). il processo d'urto con il bordo (o rimbalzo) è elastico se non vi è perdita o acquisizione di energia. In altre parole il punto cambia direzione secondo la prescrizione geometrica dell'uguaglianza

[1] Ricordiamo che un punto si muove di moto *rettilineo uniforme* quando la sua velocità è costante nel tempo. In tal caso la sua traiettoria è una retta nello spazio (in particolare, nel piano). Se il moto avviene nel piano, la velocità è un vettore $\mathbf{v} \in \mathbb{R}^2$. Dette (v_1, v_2) le sue componenti cartesiane (equivalentemente, componenti lungo la base canonica), il *modulo*, o *valore assoluto* della velocità è $v := \sqrt{v_1^2 + v_2^2}$; la *direzione* della velocità è la retta passante per l'origine di coefficiente angolare v_2/v_1; il *verso* della velocità è positivo o negativo se si prende la radice $v = \sqrt{v_1^2 + v_2^2}$ con segno positivo o negativo, rispettivamente. Ciò equivale a fissare un verso di percorrenza sulla traiettoria rettilinea. Dire che la velocità è costante significa dire che è costante in *modulo, direzione* e *verso*.

fra angolo di incidenza e angolo di riflessione ma il valore assoluto della sua velocità rimane invariato. Gli angoli di incidenza e riflessione in un punto del bordo vengono definiti in modo naturale come gli angoli di incidenza e riflessione con la retta tangente a ∂Q in quel punto.

Osservazione 8.1. A volte, equivalentemente, si preferisce scegliere gli angoli formati con la perpendicolare *interna* alla tangente. Chiaramente, se θ è l'angolo rispetto alla tangente e α denota l'angolo rispetto alla normale: $\theta + \alpha = \pi/2$ (fig.8.1).

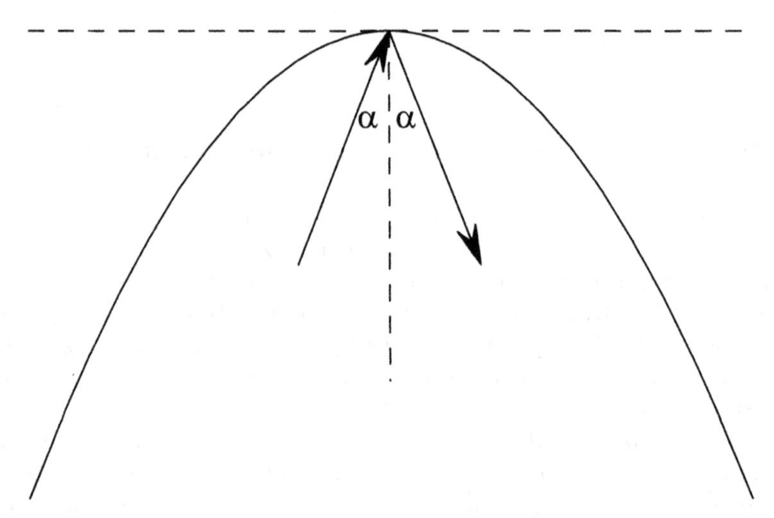

Fig. 8.1. Urto di un punto sul bordo del biliardo. L'angolo di incidenza coincide con l'angolo di riflessione

Osservazione 8.2. È evidente che le proprietà specifiche di un singolo tavolo da biliardo dipendono fortemente dalla forma del suo bordo. In generale si distinguono due importanti categorie sulle quali ci soffermeremo nei prossimi paragrafi:

1. *Biliardi compatti con bordo regolare.* A questa classe appartengono tutti i biliardi il cui bordo è una curva liscia, senza spigoli: in altre parole, essa ammette tangente in ogni suo punto. Appartengono a questa categoria i biliardi con bordo circolare, o più in generale, ellittico.
2. *Biliardi poligonali.* In questo caso il tavolo del biliardo è costituito dalla regione del piano compresa all'interno di un poligono. Appartengono a questa categoria gli usuali biliardi rettangolari. A differenza però dei biliardi che si trovano nelle sale da gioco, qui non ci sono buche e le palle sono tutte *puntiformi.* A differenza inoltre dei biliardi con bordo regolare,

quelli poligonali sono caratterizzati dall'esistenza di spigoli ed è necessario prestare attenzione alle traiettorie che finiscono per cadere in uno spigolo. In questo caso, non essendo univocamente definita la tangente al tavolo nel punto di contatto, sarà necessario definire in altro modo la legge di riflessione per le traiettorie passanti per i vertici, dette *traiettorie singolari*. Comunque, come vedremo per il quadrato, questo problema è superabile in maniera semplice e naturale.

3. Bisogna guardarsi dal pensare che l'elementarità della costruzione del sistema generi una pari elementarità delle traiettorie. Ad esempio, non esistono ancora risposte complete ed esaurienti riguardo all'esistenza di traiettorie periodiche nei biliardi triangolari.

Osservazione 8.3. Il moto del punto nel biliardo rappresenta per costruzione una dinamica continua. In altre parole, sia $(x_0, y_0) \in \overline{Q}$ la posizione del punto all'istante iniziale che possiamo sempre assumere sia $t = 0$, e sia v il valore assoluto della velocità iniziale. Allora per ogni $t \in \mathbb{R}$ v rimane costante e e la posizione del punto sarà definita dalla coppia di funzioni $t \mapsto x(t; x_0, y_0)$, $t \mapsto y(t; x_0, y_0)$. Il punto però si muove liberamente e in maniera rettilinea all'interno del tavolo e modifica il suo moto solo a causa degli urti alle pareti. Fisicamente: fra una collisione col bordo e l'altra non avviene niente di significativo; i soli istanti che contano sono quelli in cui avvengono le collisioni. Per questo motivo è semplice ridurre questo sistema ad un sistema dinamico discreto.

In pratica, senza entrare troppo in dettagli tecnici, si considerano unicamente le collisioni al bordo. Una collisione è univocamente determinata se si conosce il punto di contatto x sul bordo e la direzione della traiettoria incidente (equivalentemente, essendo il moto rettilineo e uniforme, la direzione e il verso della velocità), che può essere descritta da un unico angolo $\alpha \in [0, 2\pi[$ che descrive, ad esempio, l'inclinazione della traiettoria rispetto ad una direzione orizzontale fissata. Se $L < +\infty$ è la lunghezza del bordo del tavolo, allora (a meno di una scelta dell'origine) $x \in [0, L]$, mentre possiamo considerare, a parte qualche dettaglio tecnico che tralasciamo, $\alpha \in S^1$. Rimane così definita la cosiddetta *mappa al bordo* $T : [0, L] \times S^1 \to [0, L] \times S^1$. Dato un punto che collide al bordo nel punto x con direzione α, $T(x, \alpha) = (x', \alpha')$, dove x' rappresenta il punto sul bordo della successiva collisione e α' descrive la nuova direzione della traiettoria dopo l'urto.

Possiamo così ricondurre lo studio del biliardo allo studio del corrispondente sistema dinamico discreto generato dalla mappa T. Ne vedremo un esempio esplicito nel caso del biliardo circolare.

Osservazione 8.4. Nell' *ottica geometrica* il principio di Fermat[2] afferma che i raggi luminosi nell'attraversare una sostanza percorrono, fra tutte le traiettorie possibili, la curva che minimizza il tempo di percorrenza. Nelle sostanze il cui *indice di rifrazione* è costante, cioè con buona approssimazione quelle omogenee, i raggi luminosi si propagano allora rettilinearmente, e quando incidono su una superficie che separa una sostanza omogenea da un'altra essi vengono riflessi secondo la *legge di Snell*, che afferma l'uguaglianza fra gli angoli di incidenza e riflessione. Poiché il valore assoluto della velocità della luce è costante in ogni sostanza omogenea, vediamo che i biliardi piani rappresentano una caso particolare dell'ottica geometrica.

Cominciamo ora con l'esaminare più da vicino la prima classe di biliardi.

8.2 Il biliardo circolare

indexbiliardo ! circolare Il tavolo da biliardo più semplice è quello circolare. Il comportamento di ogni singola traiettoria è molto facile da descrivere: *ogni traiettoria forma un angolo costante con il bordo e rimane tangente ad una circonferenza concentrica* (fig.8.2). Proveremo solo parzialmente questa affer-

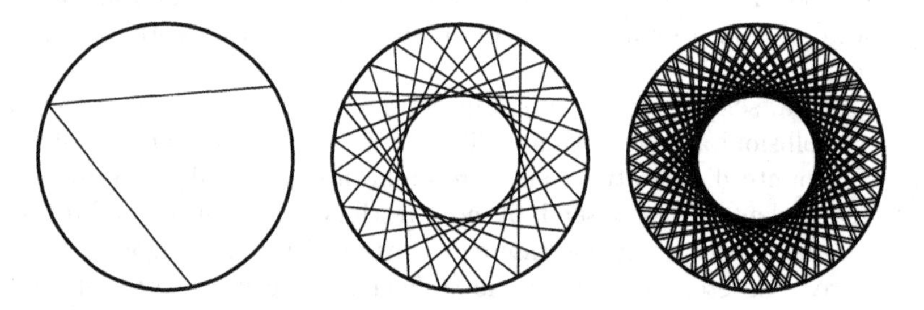

Fig. 8.2. Orbita di un punto all'interno del cerchio dopo 1 urto (sinistra, si noti la legge di riflessione), 25 urti (centro) e 100 urti (destra) rispettivamente

mazione, cercando però di motivare in via intuitiva la sua completa validità. Anzitutto possiamo caratterizzare le orbite. In questo caso la mappa T sulla circonferenza (unitaria, senza ledere la generalità) è chiaramente una mappa da $S^1 \times S^1$ in sé perché $\partial Q = S^1$, $L = 2\pi$.

[2] Pierre de Fermat (Tolosa 1602-1665), di professione magistrato, scienziato per diletto; famoso anche e soprattutto per l'*ultimo teorema di Fermat* ($x^n + y^n \neq z^n$ se x, y, z, n sono interi e $n > 2$), che fu dimostrato solo qualche anno fa dal matematico inglese A.Wiles, professore a Princeton, Stati Uniti.

Proposizione 8.1 *Sia $x \in S^1$ il dato iniziale, con velocità $\alpha \in S^1$ (misurata rispetto il diametro orizzontale). Allora $T(x, \alpha)$ è la rotazione della circonferenza di angolo $\pi - 2\alpha$:*

$$T(x, \alpha) = x + (\pi - 2\alpha) \tag{8.1}$$

Dimostrazione: Senza ledere la generalità possiamo considerare $x = (1, 0)$, $0 \leq \alpha < \pi$. Sia $x_1 \in S^1$ il punto della prima riflessione, e O l'origine. Si vede facilmente che il triangolo $x\hat{O}x_1$ è isoscele con angolo al centro $\pi - 2\alpha$ (fig.8.2). Ciò prova la proposizione. □

Possiamo quindi usare i risultati che già conosciamo (Teorema 4.1) riguardanti

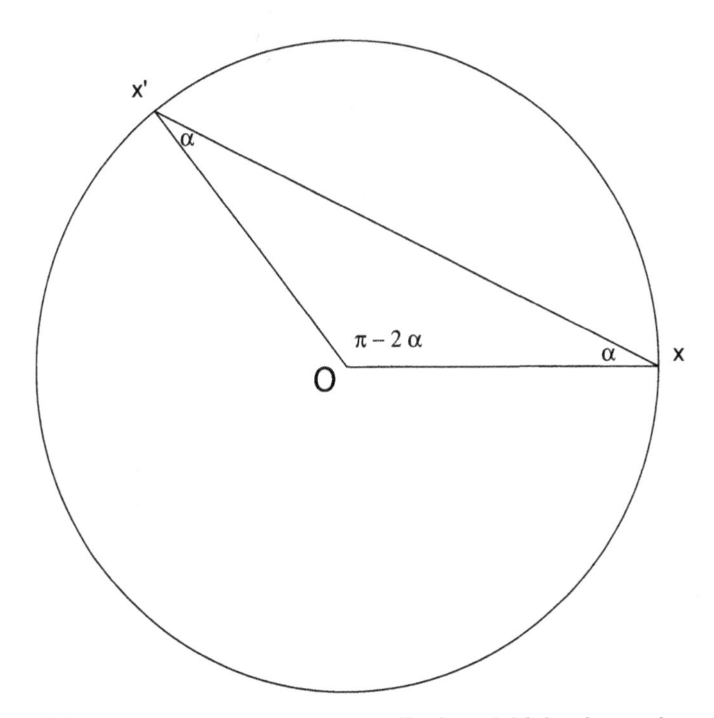

Fig. 8.3. Relazione geometrica tra i punti dell'orbita del biliardo circolare. Si veda la Proposizione 8.1

la struttura delle orbite generate dalle rotazioni per ottenere informazioni geometriche sulle traiettorie all'interno del biliardo circolare.

Esercizio 8.1. Il punto parte dal centro del cerchio con un angolo arbitrario rispetto al diametro orizzontale. Come è fatta la sua orbita?

Soluzione. Un diametro.

Esercizio 8.2. Trovare le condizioni iniziali che generano un'orbita chiusa periodica ed un'orbita densa (sul bordo del tavolo) rispettivamente.

Soluzione. Si consideri per semplicità[3] un punto che parte dal punto $(1, 0)$ sul bordo del cerchio e usiamo il Teorema di Jacobi 4.1. Se l'angolo α formato con l'orizzontale è un multiplo razionale di π, allora l'orbita corrispondente è periodica (si veda figura 8.4). Viceversa, se l'angolo α è un multiplo irrazionale di π, allora l'orbita sul bordo del cerchio è densa (si veda figura 8.5).

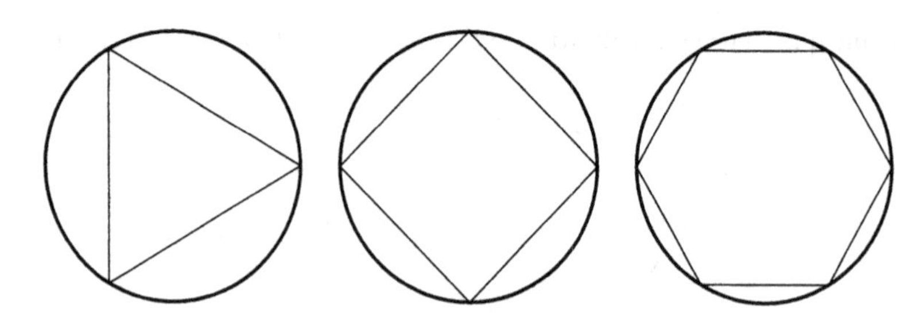

Fig. 8.4. Esempi di orbite periodiche sul cerchio

Fig. 8.5. Esempi di orbite dense sul cerchio

Introduciamo ora un concetto importante.

Definizione 8.1 *Una caustica di un biliardo è una curva tale che se una traiettoria è tangente ad essa, allora la traiettoria sarà sempre tangente alla curva stessa per tutte le collisioni successive.*

[3] Essendo il cerchio completamente invariante per una qualsiasi rotazione attorno al suo centro, possiamo sempre ricondurci a questa situazione!

Osservazione 8.5. Il biliardo in un cerchio ha una famiglia di caustiche, rappresentate da circonferenze concentriche. Ogni traiettoria diversa dai diametri è tangente ad un circonferenza, la caustica appunto.
Spiegazione meccanica (per i lettori che conoscono le nozioni fondamentali della meccanica del punto): conservazione del momento della quantità di moto. Infatti nel moto circolare uniforme su una circonferenza di raggio r il momento del quantità di moto vale $M = mr^2\dot{\theta}$. Se $m = 1$, e il moto è uniforme (cioè il punto descrive archi uguali in tempi uguali) $\dot{\theta} = \beta$, β costante. Quindi $M = r^2\beta$. L'unica differenza fra questo caso continuo e il nostro caso discreto è che la derivata temporale $\dot{\theta}$ è sostituita dalla differenza prima, che vale esattamente la costante $\pi - 2\alpha$. Dunque $M = r^2(\pi - 2\alpha)$. All'istante iniziale $r = 1$, e quindi $M = \pi - 2\alpha$. Dunque la conservazione del momento angolare impone che il solo altro moto circolare uniforme possibile sia quello sulla circonferenza di raggio $r = 1/\sqrt{|\pi - 2\alpha|}$, purché ovviamente $\alpha \neq k\pi$, il che significa che la traiettoria deve essere diversa da un diametro.

8.3 Giocare a biliardo in un'ellisse

Vogliamo discutere è il caso di un tavolo da biliardo il cui bordo è un'*ellisse.*

Osservazione 8.6. È utile in questo caso passare dalla descrizione *analitica* dell'ellisse a quella *geometrica*, e viceversa.

In geometria analitica, o cartesiana, un'ellisse di *semiassi* a e b, $a, b \in \mathbb{R}^+$ è rappresentata da tutti e soli i punti sul piano xy che soddisfano l'equazione:

$$\frac{x^2}{a^2} + \frac{y^2}{b^2} = 1.$$

In maniera più geometrica, dati due punti F_1 e F_2, detti *fuochi*, l'ellisse corrispondente è costituita dal luogo dei punti del piano per cui la somma delle distanze dai due fuochi è una costante $d > 0$. Assumendo $a^2 \geq b^2$, le relazioni tra i semiassi e i fuochi è la seguente (fig.8.6):

$$F_1 = (-\sqrt{a^2 - b^2}, 0), \qquad F_2 = (\sqrt{a^2 - b^2}, 0).$$

Osservazione 8.7. Una maniera pratica per costruire un'ellisse, usata da muratori e giardinieri, è quella di usare una corda collegata ai due fuochi. Al calcolatore è invece più comodo usare la definizione analitica.

Se, riprendendo l'analogia con l'ottica geometrica, pensiamo ad un'orbita di un punto all'interno dell'ellisse come la traiettoria di un raggio di luce, vale la seguente proprietà *ottica* delle ellissi:

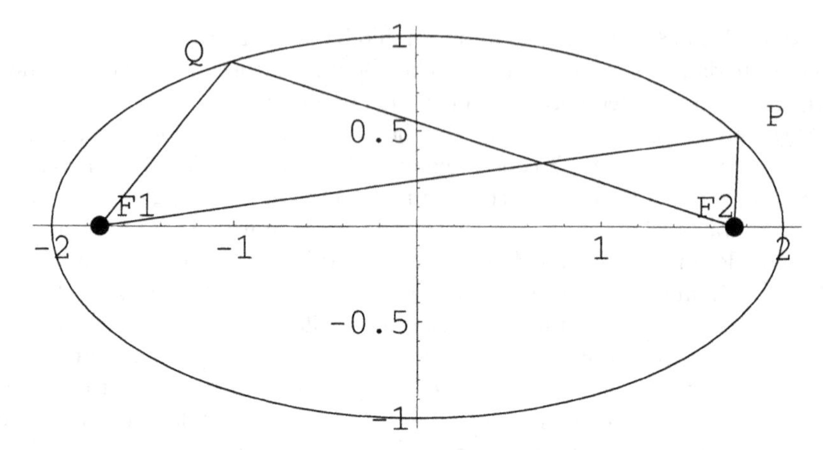

Fig. 8.6. Rappresentazione grafica di un'ellisse di semiassi $a = 2$ e $b = 1$ e con fuochi $F_1 = (-\sqrt{3}, 0)$ e $F_2 = (\sqrt{3}, 0)$. Per costruzione $|F_1Q| + |F_2Q| = |F_1P| + |F_2Q|$

Proposizione 8.2 *Un raggio di luce, emesso da un fuoco, raggiunge l'altro fuoco dopo una sola riflessione con il bordo dell'ellisse. In modo equivalente, i segmenti che uniscono un punto dell'ellisse con i suoi fuochi formano angoli uguali con il bordo dell'ellisse*[4].

Dimostrazione: E' utile e istruttivo dare una dimostrazione di questo fatto, usando un *principio estremale*, metodo fondamentale nella risoluzione dei problemi di ottica geometrica. Consideriamo qui un semplice problema: data una retta L e due punti F_1, F_2 situati su una medesima parte del semipiano individuato da L, trovare un punto X su L in maniera tale che la distanza $|F_1X| + |F_2X|$ sia *minima*[5]. La soluzione è facile da trovare: si rifletta il punto F_1 rispetto alla retta L. Questo individua un punto F_1' dall'altra parte della retta. Si congiungano ora con un segmento rettilineo i punti F_1' e F_2. Il punto di intersezione del segmento con L è esattamente il punto X cercato. Ne segue inoltre che gli angoli formati da F_1X e F_2X con L sono uguali. La costruzione è visualizzata in figura 8.7.

Esiste però anche un'altra maniera di ottenere X: si consideri la famiglia di tutte le ellissi con fuochi fissati F_1 e F_2. Allora X è il punto per cui un'ellisse di questa famiglia tocca la retta L per la prima volta. Quindi X è il punto di *tangenza* di un'ellisse con fuochi F_1 e F_2 e la retta L. Questo dimostra la Proposizione. □

Osservazione 8.8. È importante osservare un'altra proprietà ottica dell'ellisse: la traiettoria uscente da uno dei due fuochi converge al semiasse maggiore

---

[4] Cioè con la sua tangente in quel punto.

[5] Da qui il termine *estremale*: fra tutti i punti di L, si tratta di trovare quello che *minimizza* la somma delle distanze dai punti F_1 e F_2.

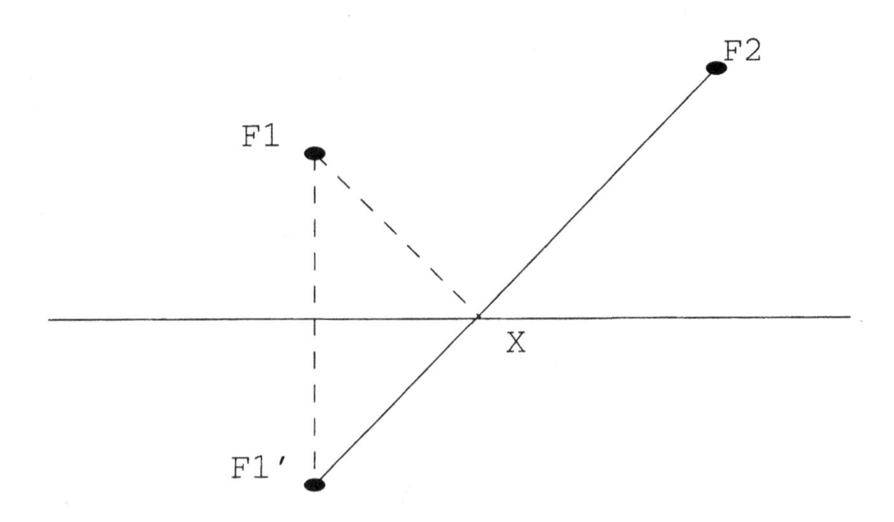

Fig. 8.7. Risoluzione geometrica del problema estremale. Si veda la dimostrazione della Proposizione 8.2

dell'ellisse. Vale a dire, dopo un certo numero di rimbalzi, il raggio di luce uscente da uno dei due fuochi finirà per rimbalzare infinite volte lungo il semiasse maggiore perpendicolare all'ellisse.

Per dimostrare questo fenomeno, basta considerare i punti successivi $A_1, A_2, \ldots, A_n$ (rispettivamente $B_1, B_2, \ldots, B_n$) d'intersezione della traiettoria con il bordo del tavolo e passanti per il fuoco F_1 (rispettivamente F_2). Come è facile vedere, il punto A_2 è più vicino di A_1 al semiasse maggiore, etc.... Quindi deve esistere il limite A_∞ della sequenza $A_1, A_2, \ldots$. Analogamente esisterà il limite B_∞ della sequenza $B_1, B_2, \ldots$. Il segmento $A_\infty B_\infty$ è quindi una traiettoria del biliardo che viene attraversata infinite volte avanti e indietro dal raggio. Per questo motivo, il segmento deve essere perpendicolare all'ellisse, e quindi deve necessariamente coincidere con il semiasse maggiore.

Il risultato più importante riguardanti i biliardi ellittici è il seguente:

Teorema 8.1 *Ogni tavolo da biliardo ellittico possiede una famiglie di caustiche. Queste caustiche consistono in ellissi e iperboli confocali*[6]. *Più precisamente, se un segmento di una traiettoria non interseca il segmento che congiunge i due fuochi F_1 e F_2, allora tutti i segmenti della traiettoria non intersecano F_1F_2 e sono tutti tangenti ad una stessa ellisse di fuochi F_1 e F_2; se un segmento di una traiettoria interseca F_1F_2, allora tutti i segmenti di questa traiettoria intersecano F_1F_2 e sono tutti tangenti alla stessa iperbole con fuochi F_1 e F_2.*

Osservazione 8.9. In figura 8.8 vengono visualizzate le due diverse tipologie di caustiche che si possono incontrare nei biliardi ellittici.

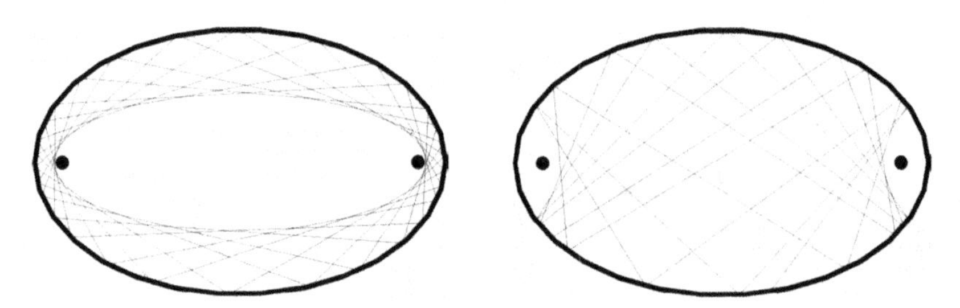

Fig. 8.8. Caustica ellittica (sinistra) e caustica iperbolica (destra) per un biliardo ellittico

Osservazione 8.10. L'esistenza di caustiche nel biliardo ellittico costringe le orbite a non essere libere di assumere tutte le posizioni e direzioni possibili sul biliardo. Sensa entrare nei dettagli, possiamo dire che l'esistenza di caustiche in un biliardo permette di concludere che il sistema dinamico corrispondente giace all'estremo opposto di quelli che potremmo chiamare *caotici*. Infatti biliardi che presentano l'esistenza di caustiche vengono detti *regolari*, o più precisamente *integrabili*. Vedremo più avanti esempi di tavoli da biliardo *caotici*, dove non esistono caustiche e dove le orbite hanno proprietà simili a quelle di sistemi caotici precedentemente studiati. Rimandiamo il lettore interessato ai testi [KH] e [Tab] per un'esposizione più rigorosa e formale della teoria dei sistemi dinamici applicata ai biliardi.

Dimostrazione: Si consiglia innanzitutto di seguire questa dimostrazione disegnando la costruzione su carta. Siano A_0A_1 e A_1A_2 due segmenti consecutivi di una traiettoria. Si assuma che A_0A_1 non intersechi il segmento F_1F_2 (il caso contrario è trattato in maniera equivalente). Dalla legge di riflessione, segue che gli angoli $A_0A_1F_1$ e $A_2A_1F_2$ sono identici. Si rifletta ora F_1

[6] Un ellisse ed una iperbole sono dette confocali se e solo se i loro fuochi coincidono.

rispetto a A_0A_1. Questo produce il punto F_1'. Analogamente denotiamo F_2' il punto ottenuto riflettendo il fuoco F_2 rispetto al segmento A_1A_2. Si ponga ora $B = F_1'F_2 \cap A_0A_1$, $C = F_2'F_1 \cap A_1A_2$. Si consideri ora l'ellisse di fuochi F_1 e F_2 tangente al segmento A_0A_1. Poiché gli angoli F_2BA_1 e F_1BA_0 sono identici, l'ellisse tocca il segmento A_0A_1 esattamente nel punto B. In maniera analoga, esiste un'unica ellisse di fuochi F_1 e F_2 tangente al segmento A_1A_2 esattamente nel punto C. Rimane ora da dimostrare che queste due ellissi così costruite coincidono, o equivalentemente che $|F_1B| + |F_2B| = |F_1C| + |F_2C|$. Quest'ultima affermazione è in effetti equivalente alla relazione $F_1'F_2 = F_1F_2'$. Si osservi ora che i triangoli $F_1'A_1F_2$ e $F_1A_1F_2'$ sono congruenti. Infatti, per simmetria $F_1'A_1 = F_1A_1$, $F_2A_1 = F_2'A_1$. Inoltre gli angoli $F_1'A_1F_2$ e $F_1A_1F_2'$ sono uguali. Quindi $F_1'F_2 = F_1F_2'$ e l'affermazione è provata. □

Osservazione 8.11. Dunque i biliardi ellittici hanno la proprietà di ammettere l'esistenza di *caustiche*. Ci sono altri biliardi che condividono questa proprietà? G.D.Birkhoff [7] ha in effetti congetturato che non ce ne sono.
Congettura di Birkhoff: Se in un biliardo con bordo = *strettamente convesso* e *regolare*[8] si possono trovare famiglie di caustiche[9], allora il bordo del biliardo è un'ellisse.
È interessante notare come questa congettura rimanga uno dei tanti problemi ancora aperti nella teoria dei biliardi.

8.4 Biliardi in tavoli poligonali

Un'altra classe particolare di biliardi è costituita dai *biliardi poligonali*. Qui Q è un qualsiasi poligono del piano con un numero finito di vertici. Il bordo quindi è dato dall'unione di segmenti rettilinei che si incontrano in un numero finito di vertici. In particolare, questa classe contiene gli *usuali* biliardi rettangolari. Si veda fig. 8.9 e fig. 8.10 per alcuni esempi di biliardi poligonali regolari.

Invece di soffermarci sulla teoria generale, preferiamo qui passare in rassegna alcuni esempi fondamentali.

8.5 Biliardi quadrati

Iniziamo con il studiare il caso più semplice di biliardo poligonale: il tavolo quadrato. E' sorprendente quanto in effetti si possa imparare da questo caso *elementare*.

[7] George David Birkhoff, (1884-1944), grande matematico americano.
[8] Vale a dire con un bordo descritto da funzioni infinitamente derivabili.
[9] In termini rigorosi, una *foliazione* in caustiche.

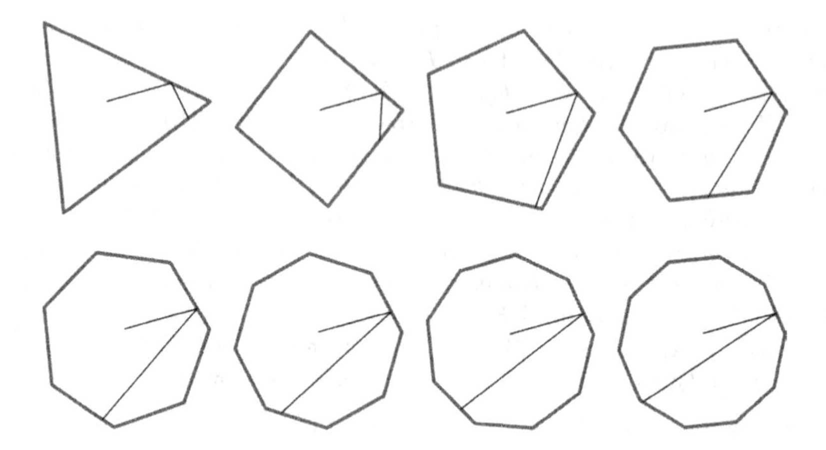

Fig. 8.9. Alcuni biliardi poligonali regolari.Un punto parte dal centro del tavolo e collide una volta con il bordo

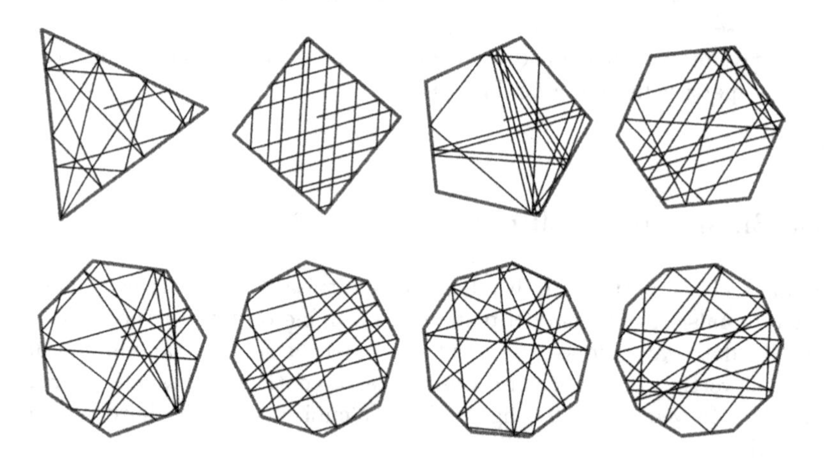

Fig. 8.10. Alcuni biliardi poligonali regolari. Un punto parte dal centro del tavolo e collide 20 volte con il bordo

Innanzitutto, descriviamo un procedimento[10] che permette di *sviluppare* nel piano una traiettoria qualsiasi. Questo procedimento, vedremo, ammette una generalizzazione a qualsiasi tipo di biliardo poligonale. Invece di riflettere la traiettoria a causa di un urto con un lato del tavolo, riflettiamo il poligono lungo questo lato e *prolunghiamo* linearmente la traiettoria. In figura 8.11 è possibile vedere questa procedura nel caso di un tavolo quadrato con lato unitario. Questa costruzione stabilisce quindi una corrispondenza fra le traiettorie

[10] Noto in inglese come processo di *unfolding*.

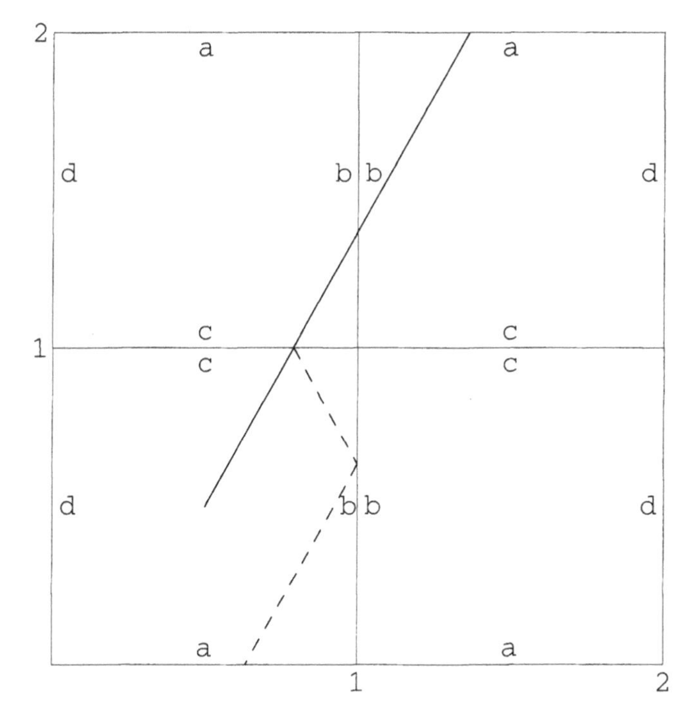

Fig. 8.11. *Sviluppo* di un segmento d'orbita all'interno di un biliardo quadrato di lato unitario. Il punto parte dal centro del quadrato e collide tre volte con il bordo del biliardo. La traiettoria reale è rappresentata all'interno del quadrato. La retta continua rappresenta la traiettoria sviluppate, mentre le lettere individuano i lati delle copie del tavolo riflesso

all'interno del biliardo e rette nel piano suddiviso[11] in quadrati unitari[12].

Per costruzione, due rette nel piano corrispondono alla medesima traiettoria nel biliardo se e solo se esse differiscono a meno di una traslazione di un vettore $v = (n, m)$, con $n, m \in \mathbb{Z}$ (fig. 8.12).

Osservazione 8.12. Due quadrati unitari adiacenti hanno orientazione opposta: essi sono infatti simmetrici per riflessione attorno al lato comune (fig. 8.11).

Consideriamo ora il quadrato di lato 2 costituito da 4 copie adiacenti del tavolo (fig. 8.11). Se identifichiamo i lati opposti otteniamo un toro, come descritto nel capitolo precedente. Questa costruzione conduce immediatamente alla seguente

[11] o meglio: *tassellato*

[12] Tralasciamo qui di discutere le orbite che finiscono esattamente in uno spigolo del tavolo. In ogni caso, la procedura qui discussa dimostra come anche le orbite passanti per i vertici possano essere *prolungate* in maniera naturale.

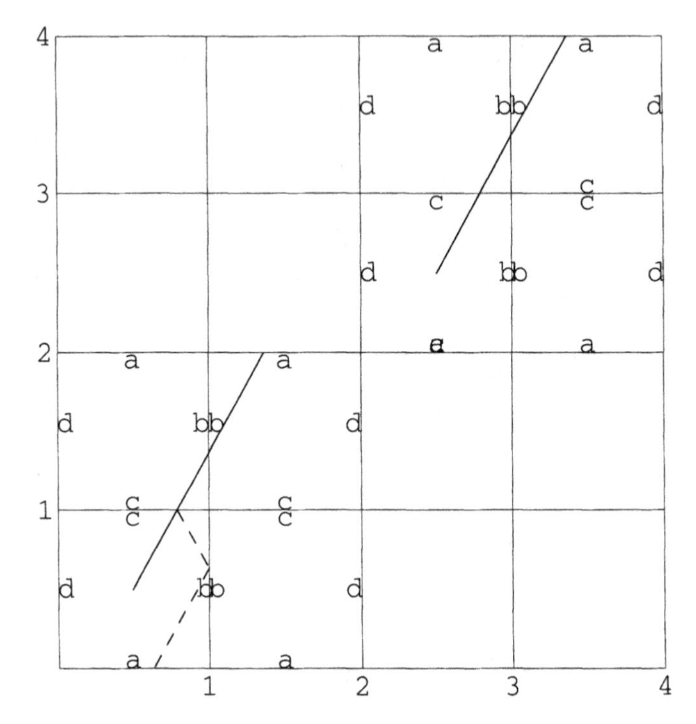

Fig. 8.12. Le due rette visualizzate con la linea continua corrispondono alla medesima traiettoria del biliardo raffigurata nel quadrato unitario con centro l'origine

Proposizione 8.3 *Esiste una corrispondenza biunivoca fra le traiettorie nel biliardo quadrato e le rette sul toro ottenuto identificando i lati di un quadrato di lato 2: rette chiuse nel caso di un'orbita periodica, oppure rette dense sul toro in corrispondenza di traiettorie dense sul biliardo.*

Si consideri ora una traiettoria nel biliardo quadrato che parte da un punto arbitrario e con una fissata direzione che forma un angolo α con l'asse orizzontale. Se consideriamo successive intersezioni con un lato del quadrato, diciamo quello orizzontale inferiore, esse saranno date dalle orbite della mappa sulla circonferenza S^1:

$$f(x) = x + 2\cot\alpha, \mod 1 \tag{8.2}$$

Osservazione 8.13. In figure 8.13 è possibile rendersi conto di come le successive intersezioni $x_0, x_1, x_2, \ldots$ di una data orbita con un lato fissato (in questo caso quello inferiore) siano in effetti date dai punti dell'orbita generata dalla mappa del cerchio (8.2).

Si consideri ora una rotazione irrazionale T della circonferenza. Come sappiamo, ogni orbita è densa nella circonferenza (Teorema 4.1) e (Teorema di

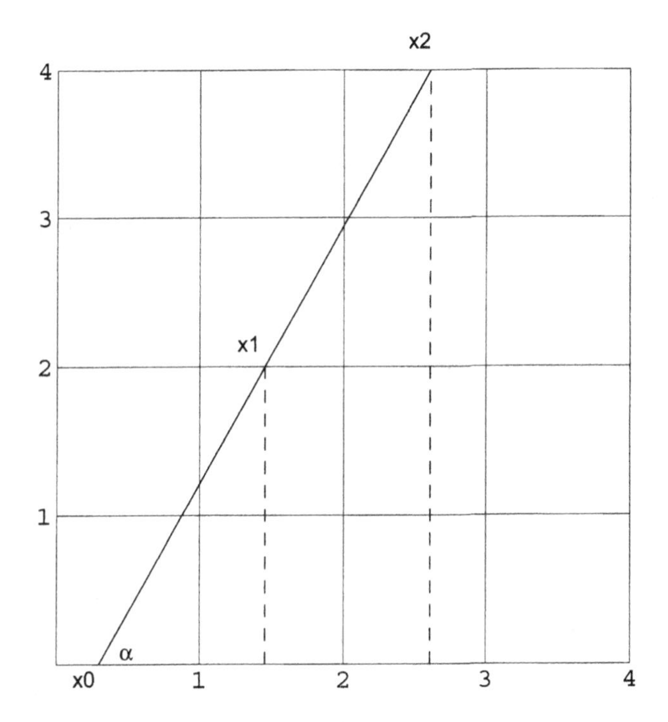

Fig. 8.13. *Sviluppo* di una data orbita sul quadrato. x_0 rappresenta il punto iniziale, mentre i punti x_1 e x_2 corrispondono ai successivi rimbalzi sul lato inferiore del quadrato. La trigonometria elementare ci mostra come i punti x_1 e x_2 sul lato del quadrato siano effettivamente dati dalle successive iterazioni della mappa 8.2, dove α è l'angolo iniziale rispetto all'orizzontale

Weyl [13]) *equidistribuita.* Equivalentemente, un'orbita arbitraria spende in un dato intervallo I un tempo proporzionale alla lunghezza dell'intervallo stesso:

$$\lim_{n\to\infty} \frac{1}{n}\sharp\{k : 0 \leq k < n,\, T^k(x) \in I\} := |I|, \quad \forall x \in I$$

Esempio 8.1. Può essere utile a questo punto richiamare una ben nota applicazione dell' equidistribuzione delle orbite generate dalle rotazioni irrazionali alla teoria dei numeri .

Si consideri la successione numerica definita dalle potenze di 2*:* $2, 4, 8, 16, \ldots$ *I numeri di questa successione inizieranno più spesso con il numero* 7*, oppure con il numero* 8*?*

Cominciamo con l'osservare che 2^k inizia con 7 se e solo se $7 \cdot 10^m \leq 2^k < 8 \cdot 10^m$, per un arbitrario numero intero m. Se prendiamo il logaritmo in base 10 di questa diseguaglianza, otteniamo:

[13] Si veda l'osservazione che segue il Teorema 4.1.

$$\log_{10} 7 + m \leq k \log_{10} 2 < \log_{10} 8 + m.$$

Consideriamo ora la rotazione sulla circonferenza unitaria di un angolo $\alpha = \log_{10} 2$. Il numero medio di volte (frequenza) per cui 2^k inizia con 7 coincide quindi con il numero medio di volte per cui l'orbita $k\alpha \mod 1$ visita l'intervallo $[\log_{10} 7, \log_{10} 8]$. L'equidistribuzione dell'orbita associata al numero irrazionale α ci dice che questo numero medio coincide con $\log_{10} 8 - \log_{10} 7 = \log_{10}(8/7)$. Questo numero è maggiore della frequenza di apparizione della cifra iniziale 8 che, per lo stesso motivo, è data da $\log_{10}(9/8)$.

Ritornando ai nostri biliardi quadrati, e sfruttando quello che già abbiamo visto nel capitolo precedente riguardo le rette sul toro con coefficiente angolare razionale o irrazionale, possiamo immediatamente enunciare la seguente

Proposizione 8.4 *Ogni traiettoria che forma un angolo α con l'orizzontale è periodica se e solo* $\tan\alpha$ *è razionale. Se* $\tan\alpha$ *è irrazionale, tutte le traiettorie sono dense nel quadrato.*

8.6 Biliardi caotici: lo stadio di Bunimovich

Ci proponiamo ora di studiare un biliardo introdotto soltanto alcuni decenni fa e che ha l'interessante proprietà di possedere una dinamica che, a differenza dei biliardi fin qua visti, potremmo definire caotica secondo i criteri introdotti per la famiglia logistica (vedi Definizione 5.15). Poiché l'analisi completa di questo sistema richiede conoscenze matematiche avanzate, ci limitiamo qui ad una descrizione qualitativa delle sue caratteristiche essenziali.

Nello stadio di Bunimovich[14] il tavolo da biliardo è ottenuto da un tavolo rettangolare dove i due lati verticali sono sostituiti da due semi-cerchi (si veda figura 8.14). La forma è quella di uno stadio, appunto. Non ci addentriamo qui negli aspetti particolari ma ci riduciamo a fare le seguenti osservazioni

1. Il tavolo non ha spigoli e il *rimbalzo al bordo* è sempre ben definito. In figura 8.15 sono visualizzate un paio di traiettorie.
2. Esistono delle traiettorie periodiche molto facili da individuare: sono quelle traiettorie perpendicolari ai segmenti rettilinei del bordo. Queste orbite non sono *isolate* ma costituiscono delle *bande* di orbite periodiche.
3. Esiste un'altra orbita periodica facilmente individuabile: è quella che attraversa il biliardo orizzontalmente lungo l'asse maggiore. Si noti che questa orbita periodica è *isolata*: orbite vicine hanno un comportamento completamente diverso e tendono ad allontanarsi dall'orbita periodica (si veda ad esempio figura 8.16). Suggeriamo allo studente di verificare questo provando a disegnare (anche a mano) qualche orbita vicina a quella periodica.

[14] Leonid Bunimovich, scienziato russo. Attualmente Professore al Georgia Institute of Technology, Atlanta (USA).

Fig. 8.14. Lo stadio di Bunimovich

4. All'interno delle due estremità curve del tavolo è dove avvengono i fenomeni più interessanti. A causa dell'urto contro le pareti curvilinee, traiettorie parallele finiscono per diventare divergenti (effetto di defocalizzazione), mentre può accadere che orbite non parallele finiscano per avvicinarsi (focalizzazione). Non entreremo nei dettagli matematici di queste affermazioni abbastanza generali, ci preme però ribadire che questo fenomeno di focalizzazione/defocalizzazione delle orbite è del tutto analogo al fenomeno di contrazione/espansione (iperbolicità) che abbiamo visto per le mappe iperboliche sul toro. È questo fenomeno, insieme alla presenza dei segmenti rettilinei che impedisce la comparsa di caustiche, la causa del comportamento caotico delle orbite, secondo la Definizione 5.15.

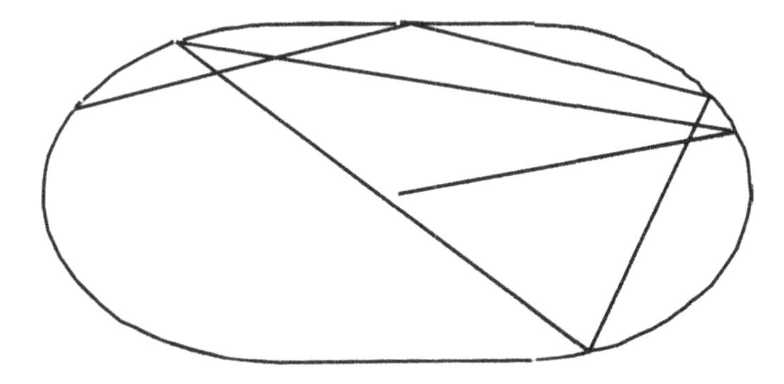

Fig. 8.15. Una traiettoria nello stadio di Bunimovich

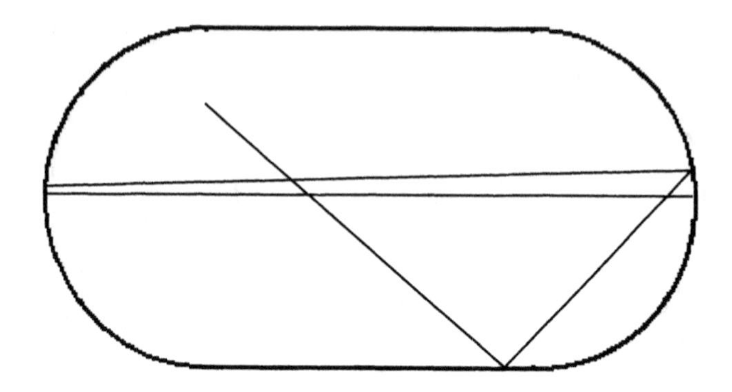

Fig. 8.16. L'orbita periodica isolata rappresentata dall'asse maggiore e una traiettoria inizialmente vicina all'orbita periodica

Appendice

A.1 Dimostrazione del Teorema 5.1

Cominciamo col dimostrare che S è iniettiva. Siano $(x, y) \in \Lambda$ e supponiamo $S(x) = S(y)$. Dobbiamo far vedere che $x = y$. Se $S(x) = S(y)$ $f_\mu^n(x)$ e $f_\mu^n(y)$ stanno dalla stessa parte rispetto al punto medio $1/2$ di I. Ciò implica che $f_\mu(x)$ è monotona nell'intervallo di estremi $f_\mu^n(x)$ e $f_\mu^n(y)$. Di conseguenza tutti i punti di questo intervallo devono rimanere in $I_0 \cup I_1$ sotto l'azione della dinamica, ma ciò contraddice il fatto che Λ non contiene alcun intervallo.

Adesso facciamo vedere che S è su, cioè la sua immagine è Σ_2. A questo scopo, introduciamo la notazione seguente: sia $J \subset I$ un intervallo chiuso. Sia

$$f_\mu^{-n}(J) := \{x \in I \mid f_\mu^n(x) \in J\}$$

In particolare, $f_\mu^{-1}(J)$ denota la preimmaagine di J rispetto a f_μ. Si osservi che se $J \subset$ è un intervallo chiuso, allora $f_\mu^{-1}(J)$ consiste di due sottointervalli, uno in I_0 e l'altro in I_1.

Sia ora $\mathbf{s} = (s_0, s_1, s_2, \ldots)$. Dobbiamo costruire un $x \in \Lambda$ tale che $S(x) = \mathbf{s}$. A questo scopo definiamo

$$\begin{aligned} I_{s_0 s_1 \ldots s_n} &= \{x \in I \mid x \in I_0, f_\mu(x) \in I_{s_1}, \ldots, f_\mu^n(x) \in I_{s_n}\} \\ &= I_{s_0} \bigcap f_\mu^{-1}(I_{s_1}) \bigcap \cdots \bigcap f_\mu^{-n}(I_{s_n}) \end{aligned}$$

Affermiamo che $I_{s_0 s_1 \ldots s_n}$ forma una successione di intervalli chiusi e non vuoti in cui il successivo è sempre contenuto nel precedente. Si noti che

$$I_{s_0 s_1 \ldots s_n} = I_{s_0} \bigcap f_\mu^{-1}(I_{s_1, \ldots, s_n})$$

e pertanto possiamo concludere che l'insieme $\bigcap_{n \geq 0} I_{s_0 s_1 \ldots s_n}$ non è vuoto. Si noti che se $x \in \bigcap_{n \geq 0} I_{s_0 s_1 \ldots s_n}$ allora $x \in I_{s_0}$, $f_\mu(x) \in I_{s_0}$, ecc. Pertanto $S(x) = (s_0, s_1, s_2, \ldots)$. Questo dimostra che S è suriettiva.

Si noti poi che $\bigcap_{n\geq 0} I_{s_0 s_1 \dots s_n}$ consiste di un unico punto. Questo segue subito dal fatto che S è $1-1$. In particolare abbiamo che la lunghezza di $I_{s_0 s_1 \dots s_n}$ tende a 0 per $n \to \infty$.

Dimostriamo ora la continuità di S. Sia $x \in \Lambda$, e supponiamo che sia $S(x) = (s_0, s_1, s_2, \dots)$. Sia $\epsilon > 0$, e scegliamo n in modo tale da avere $2^{-n} < \epsilon$. Consideriamo gli intervalli chiusi $I_{t_0 t_1 \dots t_n}$ definiti sopra per tutte le possibili combinazioni $t_0 t_1 \dots t_n$. Questi intervalli sono tutti disgiunti, e Λ è contenuto nella loro unione. Ci sono 2^{n+1} simili intervalli, e $I_{s_0 s_1 \dots s_n}$ è uno di essi. Pertanto possiamo scegliere δ tale che $|x-y| < \delta$, e $y \in \Lambda$ implica che $y \in I_{s_0 s_1 \dots s_n}$. Pertanto i primi $n+1$ termini di $S(x)$ e $S(y)$ sono gli stessi. Pertanto, come sappiamo,

$$d[S(x), S(y)] < \frac{1}{2^n} < \epsilon$$

e questo prova la continuità di S. È agevole poi verificare che anche S^{-1} è continua. Pertanto S è un omeomorfismo.

Adesso dimostriamo che la codificazione generata da S rende equivalenti le dinamiche di f_μ su Λ e di σ su Σ_2, ciè dimostriamo che $S \circ f_\mu = \sigma \circ S$. Un punto $x \in \Lambda$ è individuato univocamente dalla successione di intervalli inscatolati

$$\bigcap_{n\geq 0} I_{s_0 s_1 \dots s_n}$$

determinati dall'itinerario $S(x)$. Ora:

$$I_{s_0 s_1 \dots s_n} = I_{s_0} \bigcap f_\mu^{-1}(I_{s_1}) \bigcap \dots \bigcap f_\mu^{-n}(I_{s_n})$$

cosicché $f_\mu(I_{s_0 s_1 \dots s_n})$ può essere scritta nel modo seguente

$$I_{s_1} \bigcap f_\mu^{-1}(I_{s_2}) \bigcap \dots \bigcap f_\mu^{-n+1}(I_{s_n}) = I_{s_1 s_2 \dots s_n}$$

dato che $f_\mu(I_{s_0}) = I$. Pertanto

$$S f_\mu(x) = S f_\mu \left(\bigcap_{n\geq 0} I_{s_0 s_1 \dots s_n} \right) = S \left(\bigcap_{n=1}^{\infty} I_{s_0 s_1 \dots s_n} \right) = (s_1, s_2, \dots) = \sigma S(x)$$

e questo prova il teorema.

A.2 Dimostrazione dei Teoremi 6.1, 6.2, 6.3

Dimostrazione del Teorema 6.1. Si consideri la funzione di due variabili $G(x, \lambda) := f_\lambda(x) - x$, definita e regolare per $(x, \lambda) \in I \times N$. Per ipotesi $G(x_0, \lambda_0) = 0$. Inoltre:

$$\frac{\partial G}{\partial x}(x_0, \lambda_0) = f'_\lambda(x_0) - 1 \neq 0$$

Dunque possiamo applicare il teorema della funzione implicita e desumere l'esistenza di un intervallo I_1 attorno a x_0, di un intervallo N_1 attorno a λ_0 e di una funzione regolare $p : N_1 \to I_1$ tale che $p(x_0) = \lambda_0$ e $G(p(\lambda), \lambda) = 0$ per ogni $\lambda \in N$. Per di più $G(x, \lambda) \neq 0$ se $x \neq p(\lambda)$, e ciò conclude la dimostrazione.

Dimostrazione del Teorema 6.2. Sia ancora $G(x, \lambda) := f_\lambda(x) - x$, e si noti che la condizione $G = 0$ significa che f_λ ha un punto fisso a x. Applichiamo ancora il teorema della funzione implicita a G. Possiamo farlo perché $G(0, \lambda_0) = 0$ e

$$\frac{\partial G}{\partial \lambda}(0, \lambda_0) = \left.\frac{\partial f_\lambda}{\partial \lambda}\right|_{\lambda=\lambda_0}(0) \neq 0$$

Dunque esisterà una funzione regolare $p(x)$ in un intorno di $x = 0$ tale che $G(x, p(x)) = 0$. Per la regola di derivazione delle funzioni composte possiamo scrivere

$$\frac{\partial G}{\partial x} + \frac{\partial G}{\partial \lambda} p'(x) = 0$$

Pertanto

$$p'(x) = -\frac{\partial G}{\partial x}(x, p(x)) / \frac{\partial G}{\partial \lambda}(x, p(x))$$

Derivando questa espressione si trova subito

$$p''(0) = -\frac{\dfrac{\partial^2 G}{\partial x^2}(0) \left.\dfrac{\partial G}{\partial \lambda}\right|_{\lambda=\lambda_0}(0)}{\left(\dfrac{\partial G}{\partial \lambda}\right)^2} = -\frac{f''_{\lambda_0}(0)}{\left.\dfrac{\partial f}{\partial \lambda}\right|_{\lambda=\lambda_0}(0)}$$

e ciò conclude la dimostrazione.

Dimostrazione del Teorema 6.3. Qui definiamo invece $G(x, \lambda) := f^2_\lambda(x) - x$. Non si può applicare direttamente il teorema della funzione implicita dato che

$$\begin{aligned}\frac{\partial G}{\partial \lambda}(0, \lambda_0) &= \frac{\partial f_\lambda}{\partial x}(0, \lambda_0)\frac{\partial f_\lambda}{\partial \lambda}(0, \lambda_0) + \frac{\partial f_\lambda}{\partial \lambda}(0, \lambda_0) = \\ &= \frac{\partial f_\lambda}{\partial \lambda}(0, \lambda_0)\left[1 + \frac{\partial f_\lambda}{\partial x}(0, \lambda_0)\right] = 0\end{aligned}$$

per la Condizione 2. Definiamo allora

$$H(x; \lambda) = \begin{cases} \dfrac{G(x, \lambda)}{x}, & x \neq 0 \\ \dfrac{\partial G}{\partial x}(0, \lambda), & x = 0 \end{cases}$$

Si verifica subito che H è regolare e che

$$\frac{\partial H}{\partial x}(0,\lambda_0) = \frac{1}{2}\frac{\partial^2 G}{\partial x^2}(0,\lambda_0)$$
$$\frac{\partial^2 H}{\partial x^2}(0,\lambda_0) = \frac{1}{3}\frac{\partial^3 G}{\partial x^3}(0,\lambda_0)$$

Possiamo allora applicare il teorema della funzione implicita a H. Si noti che

$$H(0,\lambda_0) = \frac{\partial G}{\partial x}(0,\lambda_0) =$$
$$= (f^2_{\lambda_0})'(0) - 1 = f'_{\lambda_0}(0)\cdot f'_{\lambda_0}(0) - 1 = 0$$

D'altra parte per ipotesi si ha

$$\frac{\partial H}{\partial \lambda}(0,\lambda_0) = \left.\frac{\partial}{\partial \lambda}\right|_{\lambda=\lambda_0}(0,\lambda_0)((f^{\circ 2}_{\lambda_0})'(0) - 1) =$$
$$= \frac{\partial (f^{\circ 2}_{\lambda})')}{\partial \lambda}(0) \neq 0$$

Pertanto esiste una funzione regolare $p(x)$ definita in un intorno di 0 che soddisfa $p(0) = \lambda_0$ e $H(x, p(x)) = 0$. In particolare

$$\frac{1}{x}G(x,p(x)) = 0$$

per $x \neq 0$. Ne segue che x è un punto periodico di periodo 2 per $f_{p(x)}$. Si noti che x non è fissato da $f_{p(x)}$ per il teorema 6.1. Come sopra, possiamo calcolare $p'(0)$:

$$p'(0) = -\frac{\dfrac{\partial H}{\partial x}(0,\lambda_0)}{\dfrac{\partial H}{\partial \lambda}(0,\lambda_0)} = 0$$

dato che

$$(f^2_{\lambda_0})''(0) = f''_{\lambda_0}(0)\cdot(f'_{\lambda_0}(0))^2 + f''_{\lambda_0}(0)\cdot f'_{\lambda_0}(0) = 0$$

dove abbiamo usato l'ipotesi $f'_{\lambda_0}(0) = -1$. Ciò completa la dimostrazione.

A.3 Dimostrazione delle proposizioni sulla derivata di Schwarz

Dimostrazione del Teorema 6.4.

1. Se $P'(x)$ ha N radici reali e distinte, denotate $a_i : i = 1, \ldots, N$ possiamo scrivere

$$P'(x) = \prod_{i=1}^{N}(x - a_i), \quad a_1 < a_2 < \ldots < a_N$$

Pertanto si ha

$$P''(x) = \sum_{j=1}^{N} \frac{P'(x)}{x - a_j} = \sum_{j=1}^{N} \frac{\prod_{i=1}^{N}(x - a_i)}{x - a_j}$$

$$P'''(x) = \sum_{j=1}^{N} \sum_{\substack{k=1 \\ k \neq j}} \frac{\prod_{i=1}^{N}(x - a_i)}{(x - a_j)(x - a_k)}$$

Di conseguenza possiamo scrivere

$$\begin{aligned} SP(x) &= \sum_{j \neq k} \frac{1}{(x - a_j)(x - a_k)} - \frac{3}{2} \left(\sum_{j=1}^{N} \frac{1}{x - a_j} \right)^2 \\ &= -\frac{1}{2} \left(\sum_{j=1}^{N} \frac{1}{x - a_j} \right)^2 - \left(\sum_{j=1}^{N} \frac{1}{x - a_j} \right)^2 < 0 \end{aligned}$$

2. Facendo uso della regola di derivazione delle funzioni composte si ha

$$(f \circ g)''(x) = f''(g(x)) \cdot (g'(x))^2 + f'(g(x)) \cdot g''(x)$$

e inoltre

$$(f \circ g)'''(x) = f'''(g(x)) \cdot (g'(x))^3 + 3f''(g(x)) \cdot g''(x) \cdot g'(x) + f'(g(x)) \cdot g'''(x)$$

Ne segue che

$$S(f \circ g)(x) = Sf(g(x)) \cdot (g'(x))^2 + Sg(x)$$

e quindi $S(f \circ g)(x) < 0$.

Per dimostrare il punto 3 dobbiamo premettere tre lemmi.

Lemma A.1. *Se $Sf < 0$ allora $f'(x)$ non può avere un minimo locale positivo o un massimo locale negativo.*

Dimostrazione. Sia x_0 un punto critico di $f'(x)$, cioè sia $f''(x_0) = 0$. Poiché $Sf < 0$, risulterà $f'''(x_0)/f'(x_0) < 0$ e quindi $f'''(x_0)$ e $f'(x_0)$ hanno segni opposti, e questo chiaramente basta a provare l'asserzione: ad esempio, se $f'(x)$ avesse un minimo locale positivo in x_0 la sua derivata seconda ivi, cioè $f'''(x_0)$, dovrebbe essere positiva.

Questo lemma implica che il grafico di $f'(x)$ deve tagliare l'asse delle x fra due punti critici successivi. In particolare, quindi, deve esistere un punto critico di f fra questi due punti.

Lemma A.2. *Se $f^{(}x)$ ha un numero finito di punti critici, $f^m(x)$ gode della stessa proprietà.*

Dimostrazione. Sia c arbitrario nel codominio di f. Allora la preimmagine $f^{-1}(c)$ è formata da un numero finito di punti. Infatti fra due punti qualsiasi della premimmagine di c deve esserci almeno un punto critico di f. Ne segue senza difficoltà che anche la controimmagine $f^{-m}(c) := \{x \mid f^m(x) = c\}$ è un insieme finito.

Ora supponiamo $(f^m)'(x) = 0$. per la regola di derivazione delle funzioni composte possiamo scrivere

$$(f^m)'(x) = \prod_{i=1}^{n-1} f'(f^i(x))$$

Pertanto $f^i(x)$ è un punto critico di f per almeno un i, $0 \leq i \leq m-1$. Quindi l'insieme dei punti critici di f^m è composto dall'unione delle controimmagini di ordine minore di m dell'insieme dei punti critici di m asseime alle loro orbite. Per l'osservazione precedente, anche questo insieme di punti è finito.

Lemma A.3. *Supponiamo che $f(x)$ abbia un numero finito di punti critici e che $Sf < 0$. Allora per ogni intero m f ha solo un numero finito di punti periodici di periodo m.*

Dimostrazione. Sia $g := f^m$. Allora i punti periodici di periodo m di f sono punti fissi di g. Per la Proposizione 6.1, $Sg < 0$.

Supponiamo che g abbia infiniti punti fissi. Per il teorema del valor medio, esistono allora infiniti punti per cui $g'(x) = 1$. Fra ogni tre punti consecutivi per cui $g'(x) = 1$ ci deve essere un punto per cui $g'(x) < 1$. Infatti $g'(x) = 1$ non vale 1 identicamente su un qualche intervallo perché altrimenti risulterebbe $Sg = 0$ contraddicendo l'ipotesi $Sg < 0$. Inoltre, per il Lemma A.1, $g'(x)$ non può avere un minimo locale positivo fra questi tre punti. Pertanto devono esserci punti per cui $g'(x) < 0$. Di conseguenza ci sono punti in cui $g'(x) = 0$. Questo però implica che g ha infiniti punti critici. Questo contraddice il Lemma A.2 e completa la prova del Lemma presente.

Conclusione della dimostrazione del Teorema 6.4. Sia p un punto periodico attrattivo di f di periodo m. Sia $W(p)$ l'intervallo massimale attorno a p tutti i punti del quale tendono a p asintoticamente tramite la mappa f^m (il cosiddetto *bacino di attrazione* di p). In formule, $W(p)$ è la componente connessa che contiene p dell'insieme $\{x \mid f^{m_j} \to p \mid j \to \infty\}$. Chiaramente $W(p)$ è un intervallo aperto invariante rispetto a f^m, cioè $f^m W(p) \subset W(p)$. Supponiamo per il momento che p sia un punto fisso. Poiché $W(p) \subset W(p)$ e $W(p)$ è massimale, ne segue che o f conserva gli estremi (ℓ, r) di $W(p)$ oppure almeno uno fra ℓ e r è infinito. Nel caso finito si presentano tre possibilità:

1. $f(\ell) = \ell$ e $f(r) = r$;
2. $f(\ell) = r$ e $f(r) = \ell$;

3. $f(\ell) = f(r)$.

Se $f(\ell) = \ell$ e $f(r) = r$ allora il grafico di f mostra che esistono a, b che soddisfano le disuguaglianze $\ell < a < p < b < r$ e $f'(a) = f'(b) = 1$. Poiché $f'(p) < 1$ e $f'(x)$ non può avere un minimo locale positivo per il Lemma A.1, ne segue che deve esistere un punto critico nell'intervallo $]a, b[$. Il secondo caso segue allo stesso modo considerando f^2 invece di f. Nel caso 3, f deve avere un minimo o un massimo fra ℓ e r, cosicché esiste un punto critico di f anche in questo caso. Il ragionamento però non è applicabile al caso in cui uno almeno fra ℓ e r è infinito. Tuttavia questi casi aggiungono al più due punti fissi.

Se p è un punto periodico, i medesimi ragionamenti mostrano l'esistenza di un punto critico di f^m in $W(p)$. Ora un punto nell'orbita di questo punto critico deve però essere un punto critico di f per la regola di derivazione delle funzioni composte. Ciò conclude la dimostrazione del teorema.

Bibliografia

[BaPo] R. Badii e A. Politi:*Complexity: hierarchical structures and scaling in physics* ,University Press, Cambridge (1997)

[CoEk] P. Collet e J.P: Eckmann:*Iterated maps on the interval as dynamical systems*, Birkhäuser,Boston [etc.] (1983)

[Dev] Robert L. Devaney:*An Introduction to Chaotic Dynamical Systems*, Addison-Wesley,Redwood City, Calif. (1989)

[DEG] M. Degli Esposti e S. Graffi: *The Mathematical Aspects of Quantum Maps*, M. Degli Esposti and S. Graffi (Eds.) Springer Lecture Notes in Physics 618 (2003)

[KH] A. Katok e B. Hasselbaltt: *Introduction to the modern theory of dynamical systems*, Cambridge University Press, Cambridge (1995)

[Tab] S. Tabachnikov :*Billiards*, Societe de Mathematique (1995)

[Wag] S. Wagon: *Mathematica in Action*, W.H. Freeman and Company,New York(1991)

[Wol] S. Wolfram Research:*The Mathematica Book (4-th edition)*,Wolfram Media and Cambridge University Press (2002)

Indice Analitico

GL(2; $\mathbb{R}$), 178
SL(2; $\mathbb{R}$), 203
SL(2; $\mathbb{Z}$), 203

mappa
  espandente, 141

Abel Niels Henrik, 20
Achille
  paradosso di, 40
algebra
  teorema fondamentale dell', 19
aritmetica
  progressione, 8, 34
Arnold
  gatto di, 205
  Vladimir I., 205
aspettazione, 70
attrattore, 113
automorfismo
  del piano, 173
  del toro, 202, 203
  iperbolico del toro, 206
autospazio, 183
autovalori, 182, 197
autovettori , 182, 197
  linearmente indipendenti, 188
  ortogonali, 188, 190

Bernoulli
  Jakob, 62
  successione di, 62, 68
biforcazione, 123
biliardo
  bordo del, 217
  caotico, 232
  ellittico, 223
  integrabile, 226
  legge di riflessione, 217
  piano, 217
  poligonale, 218, 227
  quadrato, 227
  regolare, 226
  sviluppo (*unfolding*) del, 228
  tavolo del, 217
binaria
  numerazione, 41
binomio di Newton, 4
Birkhoff
  congettura di, 227
  George David, 227
Bombelli Rafael, 20
Bortolotti Ettore, 20
Bunimovich
  Leonid, 232
  lo stadio di, 232

calendario, 49
cammino aleatoro, 78
Cantor
  Georg, 126
  insieme di, 126, 130, 134, 145
Cardano Gerolamo, 20
Cataldi Pietro Antonio, 51
Cauchy Augustin-Louis, 25
caustica, 222, 226, 227, 233
Cesaro
  convergenza in media di, 81

Ernesto, 81
Chebychev
I disuguaglianza di, 71
Pafnuty Lvovich, 71
seconda disuguaglianza di, 73
Clavio Cristoforo, 50
coefficiente binomiale, 3
Collatz
Lothar, 114
problema di, 114
coniugazione topologica, 143, 146
Cramer
formula di, 177
regola di, 198

Dal Ferro Scipione, 20
determinante, 178
diagramma delle orbite, 168
dinamica bidimensionale, 173
dinamica lineare in $\mathbb{R}^2$, 192
dinamica simbolica, 135
dinamica sul toro, 204
dipendenza delicata, 149
distribuzione normale, 76

equivalenza
classe di, 201
classi di, 203
relazione di, 201, 202
esponenziale
decremento, 8
incremento, 8
Euclide , 46
algoritmo di, 46, 47
Euler Leonhard, 50
Eulero-Mascheroni
costante di, 90
eventi
elementari, 57, 58
frequenza relativa, 59
indipendenti, 63
insieme completo di, 58
mutuamente esclusivi, 58, 68
spazio degli, 58

Feigenbaum
Mitchell J., 117
Fermat
Pierre de, 220
principio di, 220
Fibonacci , 12
Liber abaci, 95
numeri di, 12, 13
ricorrenza di, 196, 205
frazione continua, 46, 52

Gauss
Carl Friedrich, 35
distribuzione di, 76
funzione degli errori di, 75
geometrica
progressione, 8, 34
serie, 36

insieme
denso, 140
iperbolico, 135
perfetto, 130
totalmente disconesso, 130
insiemi equipotenti, 129
instabile
insieme, 210
insieme o varietà, 198
retta, 208
interesse composto, 1, 10

Jacobi
Carl Gustav, 108
teorema di, 108, 210, 221, 230

Kronecker
simbolo di, 83

Lagrange
Giuseppe Luigi, 56
teorema di, 56
Lagrange-Taylor
formula di, 120
Lambert Johann Heinrich, 50
legge debole dei grandi numeri, 73, 74
legge dei grandi numeri, 65, 74
Leibnitz
Gottfried Wilhelm, 4
Lindemann
Ferdinand von, 56

mappa
bidimensionale, 173
caotica, 151

espandente, 141, 142, 144
mappa logistica, 11, 111, 117, 121, 124, 131, 145, 159
matrice di rotazione, 181
matrici simili, 184
mescolamento, 214

Nepero
John, 34
numero di, 34
Neumann John Von, 45
Newton , 4
binomio di, 4, 33, 64, 91
Isaac, 4
nodo-sella
biforcazione, 153, 157
nucleo di una trasformazione lineare, 176
numero aureo, 16

omoclinico
punto, 213
orbite periodiche, 204
ottica geometrica, 220

Pascal
Blaise, 6
triangolo di, 6
Poincaré
Henri, 148
Poisson
distribuzione di, 93
Simeon Denis, 93
polinomio caratteristico, 182, 208
Principio dell'induzione matematica, 4
principio estremale, 224
probabilità
distribuzione di, 61
empirica, 59
prodotto scalare euclideo, 173
produttoria, 21
punto fisso, 102, 103
punto fisso iperbolico, 120, 122

raddoppiamento del periodo
biforcazione, 155, 158–160, 170
repulsore, 113
rinormalizzazione
operatore di, 160
rotazione della circonferenza, 107
Ruffini Paolo, 20

scarto quadratico medio, 70, 72
Schwarz
derivata di, 166
serie numeriche, 34
Snell
legge di, 220
stabile
insieme, 210
insieme o varietà, 198
retta, 208
Stirling
formula di, 64, 91
James, 64
successione , 23
binaria, 57
limitata, 23
limite di, 25, 31
monotona, 23
periodica, 23
visualizzazione grafica della, 25
successioni numeriche, 6

Tartaglia
Niccolò, 6, 20
triangolo di, 6
Teorema della distribuzione normale, 75
toro bidimensionale, 199, 201
transitività topologica, 149, 213
trascendenti
equazioni, 19
trasformazione lineare, 173

valor medio, 70
Vandermonde
determinante di, 21
Joseph, 21
variabile aleatoria, 67
varianza, 70, 72

Zenone
di Elea, 39
paradosso di, 39

Springer - Collana Unitext

a cura di

Franco Brezzi
Ciro Ciliberto
Bruno Codenotti
Mario Pulvirenti
Alfio Quarteroni

Volumi pubblicati

A. Bernasconi, B. Codenotti
Introduzione alla complessità computazionale
1998, X+260 pp, ISBN 88-470-0020-3

A. Bernasconi, B. Codenotti, G. Resta
Metodi matematici in complessità computazionale
1999, X+364 pp, ISBN 88-470-0060-2

A. Quarteroni, R. Sacco, F. Saleri
Matematica numerica (2a Ed.)
2000, XIV+448 pp, ISBN 88-470-0077-7

A. Quarteroni, F. Saleri
Introduzione al calcolo scientifico
2002, X+232 pp, ISBN 88-470-0149-8

E. Salinelli, F. Tomarelli
Modelli dinamici discreti
2002, XII+354 pp, ISBN 88-470-0187-0

A. Quarteroni
Modellistica numerica per problemi differenziali (2a Ed.)
2003, XII+334 pp, ISBN 88-470-0203-6

S. Bosch
Algebra
2003, VIII+346 pp, ISBN 88-470-0221-4

C. Canuto, A. Tabacco
Analisi matematica I
2003, XIV+376 pp, ISBN 88-470-0220-6

S. Graffi, M. Degli Esposti
Fisica matematica discreta
2003, X+248 pp, ISBN 88-470-0212-5